层次化混合模型
遥感影像分割原理与方法

石 雪 著

气象出版社
China Meteorological Press

内容简介

本书以基于层次化混合模型的高分辨率遥感影像分割方法的理论和实践为主线，重点阐述了基于层次化混合模型的高分辨率遥感影像分割方法，并给出了相应的高分辨率遥感影像分割实例，涉及的遥感影像类型包括光学和合成孔径雷达影像。本书内容可为基于高分辨率遥感影像的土地覆盖及利用、地物目标辨识及提取等应用提供有效手段，促进高分辨率遥感影像在国土资源调查、灾害预测、环境监测等领域的广泛应用。本书可供遥感和地学领域研究人员和技术人员参考，也可作为院校相关专业人员的参考书。

图书在版编目（CIP）数据

层次化混合模型遥感影像分割原理与方法 / 石雪著
. -- 北京 : 气象出版社, 2023.1
ISBN 978-7-5029-7920-1

Ⅰ. ①层… Ⅱ. ①石… Ⅲ. ①高分辨率－遥感图像－图像处理－研究 Ⅳ. ①TP751

中国国家版本馆CIP数据核字(2023)第022886号

Cengcihua Hunhe Moxing Yaogan Yingxiang Fen'ge Yuanli yu Fangfa
层次化混合模型遥感影像分割原理与方法

出版发行：气象出版社
地　　址：北京市海淀区中关村南大街 46 号　　**邮政编码**：100081
电　　话：010-68407112(总编室)　010-68408042(发行部)
网　　址：http://www.qxcbs.com　　**E-mail**：qxcbs@cma.gov.cn
责任编辑：蔺学东　张盼娟　　**终　　审**：张　斌
责任校对：张硕杰　　**责任技编**：赵相宁
封面设计：艺点设计
印　　刷：北京中石油彩色印刷有限责任公司
开　　本：787 mm×1092 mm　1/16　　**印　　张**：11.25
字　　数：288 千字
版　　次：2023 年 1 月第 1 版　　**印　　次**：2023 年 1 月第 1 次印刷
定　　价：80.00 元

前　言

遥感技术的不断创新和发展，可方便、快捷地获取海量高性能（高空间、光谱、辐射、时间分辨率）的遥感数据，并广泛应用于生产和生活等各个领域。而与遥感数据获取的速度相比，遥感数据处理方法较为落后，无法满足应用领域对这些新型遥感数据信息识别、提取和解译的要求。因此，研究出有效的遥感影像解译方法，以满足日益增长的遥感数据应用领域对这些海量高性能遥感数据的处理要求，以及对其蕴含信息的提取需求，是当前遥感技术发展和应用的关键之一。

遥感影像分割是遥感数据处理任务中的基础工作之一，其结果将直接影响后续分析和解译任务的精准程度。因此，遥感影像分割是遥感数据精准解译的关键。一方面，与中低空间分辨率遥感影像相比，高空间分辨率（简称“高分辨率”）使得遥感影像中地物目标的细节特征更加突出，这为遥感影像的精准分割提供了充分的特征信息基础。另一方面，高分辨率也导致遥感影像中同一地物区域内像素光谱测度差异性变大，不同地物区域内差异性变小，进而导致像素光谱测度统计分布呈现复杂特性等。所有这些问题都给高分辨率遥感影像分割算法的设计带来了很大困难，使得适用于中低分辨率遥感影像分割的传统分割算法无论是在算法效率还是分割结果的精度上都无法满足高分辨率遥感影像的分割要求，进而极大地限制了其应用。

高空间分辨率遥感影像包含丰富的地物信息，同时存在同物异谱和同谱异物现象，这使得其光谱测度统计分布呈现复杂的特性，给影像分割带来了巨大困难。为了更准确地建模高分辨率遥感影像的统计特性，实现精确影像分割，可构建新的混合模型以更好地拟合复杂统计分布。因此，如何构建混合模型并将其应用于影像分割是高分辨率遥感影像精确分割的关键。

层次化混合模型是一种新的有限混合模型，本书以基于层次化混合模型的高分辨率遥感影像分割理论与算法设计为主线，重点阐述层次化混合模型理论和基于层次化混合模型的分割方法，并对每类分割问题给出相应的高分辨率遥感影像分割实例，以表征其分割模型的有效性和实用性。针对上述内容，全书共分五章，涉及高分辨率遥感影像分割问题、基础理论、关键技术和应用范例，具体的章节安排如下。第 1 章介绍了影像分割和高分辨率遥感卫星技术的发展，论述了高分辨率遥感影像的特点，以及综述了基于统计模型的影像分割方法。第 2 章介绍了本书涉及的基础理论知识，包括不同类型的有限混合模型、建模先验概率的马尔可夫随机场模型、常用的有限混合模型参数估计方法等。第 3 章围绕空间约束有限混合模型影像分割方法展开，对各分割方法给出了相应的高分辨率遥感影像分割实例。第 4 章重点阐述了层次化混合模型，包括层次化混合模型的构建、统计特性、建模特点和参数估计，以展示层次化混合模型的建模能力和作用。第 5 章重点阐述了基于层次化混合模型的高分辨率遥感影像分割方法，包括基于层次化高斯混合模型、层次化多元高斯混合模型、层

次化学生 t 混合模型和层次化伽马混合模型的分割方法，对各分割方法给出了相应的高分辨率遥感影像分割实例，以验证各分割方法的有效性和实用性，并对比分析层次化混合模型拟合高分辨率遥感影像的非对称、重尾、多峰等复杂直方图的准确性，进而验证其在高分辨率遥感影像分割中的作用。

本书提出了一种普适的遥感影像统计模型，并介绍其理论基础，进而阐述层次化混合模型建模复杂分布的能力和作用，以及基于层次化混合模型的高分辨率遥感影像分割方法的实施方案。本书内容将为基于高分辨率遥感影像的大规模土地覆盖及利用、地物目标辨识及提取等应用提供有效手段，促进高分辨率遥感影像在国土资源调查、灾害预测、环境监测等领域的广泛应用。作为一种新技术和新方法，目前该领域研究和应用还处于初始阶段，鲜有研究者对此开展系统性研究工作。因此，本书也试图填补这方面研究的空白。

本书由广西自然科学基金项目（No. 2022GXNSFBA035567；2020GXNSFBA297096）、国家自然科学基金项目（41901370，42261063）和桂林理工大学科研启动基金资助项目（No. GUTQDJJ2020102）资助出版。为了系统化和完整性，本书也参考了其他研究者的部分成果，并一一指出其出处，对此表示衷心的感谢。

高分辨率遥感影像是一种应用前景广阔的对地观测数据源，其处理和解译的理论和技术涉及物理学、地学、数学和信息论等众多学科和领域，且处于快速发展的阶段。本书仅仅试图将多分布加权作为混合模型组分的思想引入高分辨率遥感影像分割问题解决中。作者理论水平和对该类问题研究深度不够，希望本书能够起到抛砖引玉的作用，启发更多研究者进入该领域的研究。

此外，限于作者的学术水平，书中的疏漏在所难免，恳请广大读者批评指正。

石　雪
2022 年 12 月

目 录

前 言

第 1 章 绪论 …… 1

1.1 影像分割 …… 1
1.2 高分辨率遥感卫星 …… 2
1.3 高空间分辨率遥感影像特点 …… 12
1.4 基于统计模型的影像分割方法 …… 13

第 2 章 有限混合模型理论 …… 20

2.1 有限混合模型 …… 20
2.2 MRF 模型 …… 24
2.3 模型参数求解方法 …… 30

第 3 章 有限混合模型遥感影像分割 …… 47

3.1 结合 GMM 和平滑因子的影像分割 …… 47
3.2 结合多元 GMM 和共轭方向的影像分割算法 …… 55
3.3 基于空间约束 GaMM 的影像分割算法 …… 61

第 4 章 层次化混合模型 …… 68

4.1 层次化混合模型概述 …… 68
4.2 层次化混合模型构建 …… 69
4.3 层次化混合模型统计特性 …… 73
4.4 层次化混合模型的建模特点 …… 77
4.5 层次化混合模型参数估计 …… 85

第 5 章 层次化混合模型高分辨率遥感影像分割 …… 88

5.1 基于 HGMM 的遥感影像分割 …… 88
5.2 基于 HmGMM 的遥感影像分割 …… 108
5.3 基于 HmSMM 的遥感影像分割 …… 122
5.4 基于 HGaMM 的 SAR 影像分割 …… 135

参考文献 …… 160
附录 A 变量和数学符号注释表 …… 167
附录 B 缩略语清单 …… 171

第1章　绪　论

随着遥感传感器技术的不断发展，所获得遥感影像的空间分辨率不断提高，目前已经达到了亚米级。为了满足人们生产和生活的需求，高空间分辨率遥感影像分割方法的设计成为学者们关注和研究的热点。本章主要介绍了影像分割的概念和应用领域、高分辨率遥感卫星、高分辨率遥感影像的特点以及基于统计模型影像分割方法的研究现状。

1.1　影像分割

从20世纪60年代开始，随着计算机技术的不断进步，数字影像处理理论和技术获得了飞跃式的发展，在工业、农业、军事、医疗和教育等许多领域得到广泛的应用（贾永红，2015；Bhuyan，2019）。数字影像处理是指利用计算机技术对数字影像进行处理。广义的影像处理的主要内容包括影像去噪、影像增强、影像变换、影像分割和影像识别等。狭义的影像处理是指通过改变影像的视觉效果，如影像去噪、影像增强、影像变换，以便于人们进行影像分析和理解。影像分析是指对影像中感兴趣的目标或区域进行检测和测量，以获得其客观信息，便于对影像进行描述（Soille，1999；Chen et al.，2018）。影像分析主要包括影像分割、特征提取和目标识别等内容，其实现过程是将影像分割成不同的区域，然后提取各个区域的特征，根据不同区域之间的特征关系对其进行分类和识别。影像处理和影像分析既相互交叉重叠，又有所不同。影像理解是指在影像分析的基础上对各目标的性质和目标之间的联系进行研究，以理解图像的内容和所包含的客观事物。影像处理、影像分析和影像理解三者之间相互联系又存在区别，其中影像处理是低层的操作，主要在影像像素级上进行处理；影像分析是中层的操作，主要是利用简洁的非图形式进行影像描述；影像理解是高层的操作，主要是在符号上进行运算，其处理过程与人类的思维推理比较相似，三者之间的关系如图1.1所示。

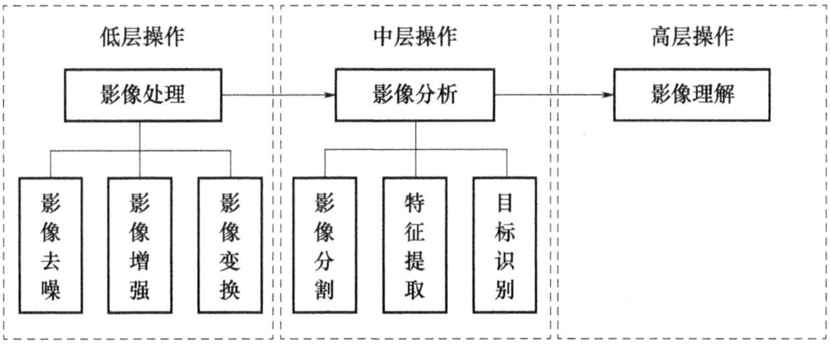

图1.1　影像处理、影像分析和影像理解关系

影像分割是由影像处理到影像分析的关键步骤，是将一幅影像划分为多个具有特定属性区域的过程（Pal et al.，1993；Naik et al.，2014；Kaut et al.，2016）。令集合 $\boldsymbol{R}$ 表示待分割影像区域，对 $\boldsymbol{R}$ 的分割可看作，将 $\boldsymbol{R}$ 划分成 k 个满足以下五个条件的非空子集（子区域）$\boldsymbol{R}_1,\boldsymbol{R}_2,\cdots,\boldsymbol{R}_k$：

(1)$\bigcup_{i=1}^{k} \boldsymbol{R}_i = \boldsymbol{R}$;

(2)对所有的 i 和 j,$i \neq j$,有 $\boldsymbol{R}_i \cap \boldsymbol{R}_j = \Phi$;

(3)对 $i=1,2,\cdots,k$,有 $P(\boldsymbol{R}_i)=\text{TRUE}$;

(4)对 $i \neq j$,有 $P(\boldsymbol{R}_i \cup \boldsymbol{R}_j)=\text{FALSE}$;

(5)对 $i=1,2,\cdots,k$,$\boldsymbol{R}_i$ 是连通的区域。

其中,$P(\cdot)$表示对集合中所有元素的逻辑谓词,Φ 表示空集。

影像分割是影像分析中的第一步,精确的影像分割结果对影像分析的后续步骤具有重要的意义。影像分割在众多领域均有重要的应用(许新征 等,2010;张亚一 等,2020)。其中,在工业领域,影像分割提高了工业生产的效率和精确性,进而提高了社会生产力水平,如工件表面字符提取、工业零件影像分割等(段西利,2019;侯木舟 等,2019;王文哲 等,2018;陈甦欣 等,2020);在农业领域,精确的影像分割结果在农作物病害检测和产量预测等方面具有很大的应用潜力(何旭 等,2016;姚巧鸽 等,2017;黄巧义 等,2018);在医学领域,精确的医学影像分割为医生诊断和分析病情等提供了更多的相关信息,如白细胞检测和提取、磁共振成像影像分割以及脑肿瘤影像分割等(郑彩侠 等,2018;李永焯 等,2018;何俊 等,2019;赵晓晴 等,2019);在海洋领域,影像分割给海洋经济发展和环境保护等方面提供了有效信息,如船舶提取和海洋石油泄漏提取等(王荔霞 等,2014;赵泉华 等,2016a;Xu et al.,2017;张程 等,2018;魏宏昌 等,2019)。因此,影像分割在经济发展和民生建设等方面具有重要的研究意义和应用价值。

1.2 高分辨率遥感卫星

1957 年,全球第一颗人造地球卫星成功发射,标志着人类从空间观测地球和探索宇宙奥秘进入了一个新纪元,也为遥感技术的进一步发展提供了新的技术手段。随后,美国、日本、法国、中国等国家相继发射了人造地球卫星,以实现对地观测和宇宙探索。利用卫星从太空观测地球并获取其影像,是 20 世纪人类的重大技术进步。遥感卫星已成为人类观察、分析、描述地球环境的有效手段之一。

利用航天器对地观测始于 20 世纪 60 年代,以美国发射的 TIROS-1 太阳同步气象卫星为标志。1972 年,美国发射了第一颗地球资源卫星(ERTS-1),后改称为陆地卫星(Landsat),是第一颗遥感专用卫星,其空间分辨率为 80 m。20 世纪 80—90 年代,主要的遥感数据来自美国 Landsat 系列和法国 SPOT 系列卫星。20 世纪 90 年代末,随着 IKONOS 和 QuickBird 卫星的发射,遥感影像的空间分辨率提升到了 10 m 以内(杨秉新,2002;Jeong et al.,2015)。近年来,随着遥感技术的发展,遥感影像的空间分辨率不断提高,已达到厘米级,高分辨率遥感卫星具有巨大的军事和经济价值,受到了各领域的高度重视(李德仁 等,2020)。目前,世界上载有高分辨率成像系统的卫星众多,常用的高分辨率遥感卫星参数的具体介绍如下。

1.2.1 中国高分系列卫星

(1)高分一号。高分一号卫星于 2013 年 4 月 26 日由长征二号丁运载火箭在酒泉卫星发射基地成功发射,是我国首颗高分辨率卫星,提供 2 m 分辨率全色影像、16 m 分辨率多光谱影像,重访周期为 4 天。该卫星的特点是宽覆盖,16 m 成像分辨率幅宽为 800 km,2 m 分辨率幅宽为 60 km。高分一号卫星参数见表 1.1。该卫星突破了高空间分辨率、多光谱与宽覆盖相结合的光学遥感关键技术，在分辨率和幅宽的综合指标上达到了当前国内外民用光学遥感卫星的领先水平。

表 1.1 高分一号卫星参数

波段名称	波段范围/nm	分辨率/m	幅宽/km	重访周期/天
全色	450～900	2	60	4
	450～520(蓝) 520～590(绿) 630～690(红) 770～890(近红外)	8		
多光谱	450～520(蓝) 520～590(绿) 630～690(红) 770～890(近红外)	16	800	2

(2)高分二号。高分二号卫星于 2014 年 8 月 19 日由长征四号乙运载火箭在太原卫星发射中心成功发射，提供 0.81 m 分辨率全色影像和 3.24 m 分辨率多光谱影像，重访周期为 5 天，幅宽为 45 km。高分二号卫星参数见表 1.2。高分二号卫星具有亚米级空间分辨率、高定位精度和快速姿态机动能力等特点，是我国当前空间分辨率最高的民用陆地观测卫星，标志着我国遥感卫星进入了亚米级高分时代。

表 1.2 高分二号卫星参数

波段名称	波段范围/nm	分辨率/m	幅宽/km	重访周期/天
全色	450～900	0.81	45	5
多光谱	450～520(蓝) 520～590(绿) 630～690(红) 770～890(近红外)	3.24		

(3)高分三号。高分三号卫星于 2016 年 8 月 10 日在太原卫星发射中心成功发射升空，是中国首颗 1 m 分辨率的 C 频段多极化合成孔径雷达(Synthetic Aperture Radar，SAR)卫星，具有 12 种成像模式，是当前工作模式最多的 SAR 卫星。高分三号卫星成像模式见表 1.3。高分三号卫星具有高分辨率、大成像幅宽、多成像模式和长寿命运行等特点。

表 1.3 高分三号卫星成像模式

成像模式	幅宽/km	分辨率/m		入射角范围/(°)	极化方式
		方位向	距离向		
聚束	10×10	1.0～1.5	0.9～2.5	20～50	可选单极化
超精细条带	30	3	2.5～5	20～50	
精细条带 1	50	5	4～6	19～50	可选双极化
精细条带 2	100	10	8～12	19～50	
标准条带	130	25	15～30	17～50	
窄幅扫描	300	50～60	30～60	17～50	
宽幅扫描	500	100	50～110	17～50	

续表

成像模式		幅宽/km	分辨率/m		入射角范围/(°)	极化方式
			方位向	距离向		
全极化条带 1		30	8	6～9	20～41	全极化
全极化条带 2		40	25	15～30	20～38	
波成像模式		5×5	10	8～12	20～41	
全球观测成像模式		650	500	350～700	17～53	可选双极化
扩展模式	高入射角	80	25	20～30	10～20	
	低入射角	130	25	15～30	50～60	

1.2.2 美国高分辨率遥感卫星

(1)IKONOS 卫星。IKONOS 卫星于 1999 年 9 月 24 日在加利福尼亚州的范登堡空军基地成功发射，并于 2015 年 1 月 22 日停止运行。IKONOS 卫星是世界上第一颗商用高分辨率卫星，它的成功发射标志着遥感技术新时代的到来（文沃根，2001）。IKONOS 卫星成像光谱波段包括全色波段，蓝、绿、红和近红外波段，提供 1 m 分辨率全色影像和 4 m 分辨率多光谱影像，平均运行轨道高度为 681 km，最大重访周期为 3 天。IKONOS 卫星参数见表 1.4。IKONOS 卫星的最大特点是快速获得大面积高分辨率遥感影像，可以更方便、更快捷地生成数字高程模型（Digital Elevation Model，DEM）和数字正射影像（Digital Orthophoto Map，DOM）。

表 1.4　IKONOS 卫星参数

波段名称	波段范围/nm	视场角度/(°)	分辨率/m	幅宽/km	重访周期/天
全色	450～900	0	0.82	—	—
		26	≤1	350	3.2
		44	≤1.5	700	1.6
		51	≤2	930	1.2
		55	≤2.5	—	1.0
多光谱	445～516(蓝) 506～595(绿) 632～699(红) 757～853(近红外)	—	4	—	—

(2)QuickBird 卫星。QuickBird 卫星于 2001 年 10 月 18 日在加利福尼亚州的范登堡空军基地成功发射，并于 2015 年 1 月 27 日停止使用。QuickBird 卫星是目前世界上最先提供亚米级分辨率的商业卫星。QuickBird 卫星成像波段包括全色波段，蓝、绿、红和近红外波段，运行轨道高度为 450 km，采用推扫式扫描成像方式，星下点成像±25 °，不同的天底角对应不同的地面分辨率，提供星下点 0.61 m 分辨率全色遥感影像和 2.44 m 分辨率多光谱遥感影像，重访周期为 2～11 天。QuickBird 卫星参数见表 1.5。根据卫星所处的纬度不同、倾角的不同，重访周期不同，见表 1.6。QuickBird 卫星数据产品主要为土地利用变化、农业和森林气候变化、环境变化等应用领域提供基础数据。

表 1.5　QuickBird 卫星参数

波段名称	波段范围/nm	分辨率/m
全色	450～900	0.61～0.72
多光谱	450～520(蓝) 520～600(绿) 630～690(红) 760～900(近红外)	2.44～2.88

表 1.6　QuickBird 卫星重访周期

纬度/(°)	重访周期/天	
	倾角 0°～15°	倾角 0°～25°
0	11	6
10	11	6
20	9	5
30	9	5
40	8	5
50	7	4
60	7	4
70	5	3
80	3	2

(3)GeoEye-1 卫星。GeoEye-1 卫星于 2008 年 9 月 6 日在加利福尼亚州的范登堡空军基地成功发射，成像波段包括全色波段(450～800 nm)，蓝色(450～510 nm)、绿色(510～580 nm)、红色(655～690 nm)和近红外波段(780～920 nm)，轨道高度为 770 km，重访周期为 2～8 天，提供 0.46 m 分辨率全色遥感影像和 1.84 m 分辨率多光谱遥感影像。GeoEye-1 卫星的最大特点是提供小于 3 m 的平面定位精度，提供 4 m 的立体影像平面定位精度，提供 6 m 的高程定位精度，因此，GeoEye-1 一经投入使用便成为能力最强、分辨率和精度最高的商业遥感成像卫星。表 1.7 为不同天底角度的分辨率和重访周期。

表 1.7　GeoEye-1 卫星分辨率和重访周期

天底角/(°)	分辨率/m	重访周期/天
10	0.42	8.3
28	0.50	2.8
35	0.59	2.1

(4)Worldview-1 卫星。Worldview-1 卫星于 2007 年 9 月 18 日在加利福尼亚州的范登堡空军基地成功发射，在星下点，提供 0.46 m 分辨率全色影像，幅宽为 16 km，轨道高度为 496 km，重访周期为 1.7 天，并配备了最先进的地理定位系统。卫星参数见表 1.8。

表 1.8　Worldview-1 卫星参数

波段名称	波段范围/nm	分辨率/m	幅宽/km	重访周期/天
全色	450～800	0.46	16	1.7

(5)Worldview-2 卫星。Worldview-2 卫星于 2009 年 10 月 6 日在加利福尼亚州的范登堡空军基地成功发射，提供 0.46 m 分辨率全色影像和 1.8 m 分辨率多光谱影像，幅宽为 16 km，轨道高度为 770 km，重访周期为 1.1 天。星载多光谱遥感器不仅具有 4 个标准波段(红、绿、蓝和近红波段)，还新增了 4 个额外波段，包括海岸带、黄、红边缘和近红外远端波段。新增波段的具体参数和用途见表 1.9，多样化的波段选择将为用户提供更加精确的变化检测和制图能力。

表 1.9　Worldview-2 卫星新增光谱波段

波段名称	波段范围/nm	用途
海岸带波段	400～450	植被识别分析，还支持基于叶绿素和水穿透特性的水深研究、大气散射研究、大气校正技术的改进
黄波段	585～625	识别“黄色”特征，重点在于植被应用，在人类视觉表现上可用于真彩色恢复的细微校正
红边缘波段	705～745	用于植被生长状况的分析，其指标直接与反映植被生长状况的叶绿素水平相关
近红外远端波段	860～1040	不受大气的影响，有利于植被分析和生物量研究

(6)Worldview-3 卫星。Worldview-3 卫星于 2014 年 8 月 13 日在加利福尼亚州的范登堡空军基地成功发射，轨道高度为 617 km，重访周期小于 1 天，幅宽为 13.1 km，提供 0.31 m 分辨率全色影像、1.24 m 分辨率多光谱影像、3.7 m 分辨率红外短波影像和 30 m 分辨率 CAVIS 影像，是唯一装载 CAVIS 装置(云、气溶胶、水汽和冰雪等气象条件下大气校正设备)的遥感卫星，通过该装置可以监测各种气象条件及其数据校正。卫星角度不同其分辨率不同，见表 1.10。除了包括与 Worldview-2 卫星相同的全色波段和 8 个多光谱波段，Worldview-3 卫星成像波段还包括 8 个短波红外波段(Shortwave Infrared，SWIR)和 12 个 CAVIS 波段，各成像波段参数见表 1.11。Worldview-3 卫星新增和加强的应用包括特征提取、变化监测、植被分析和土地分类等，具有较强的阴霾穿透能力。

表 1.10　Worldview-3 卫星不同角度的分辨率

角度	分辨率/m			
	全色	多光谱	SWIR	CAVIS
星下点	0.31	1.24	3.70	30
偏离星下点 20°	0.34	1.38	4.10	—

表 1.11　Worldview-3 卫星新增波段范围

波段名称	波段范围/nm	用途
SWIR	1195～1225(SWIR-1) 1550～1590(SWIR-2) 1640～1680(SWIR-3) 1710～1750(SWIR-4) 2145～2185(SWIR-5) 2185～2225(SWIR-6) 2235～2285(SWIR-7) 2295～2365(SWIR-8)	主要用于穿透阴霾、尘雾、烟雾、粉尘和卷云

续表

波段名称	波段范围/nm	用途
CAVIS	405～420(沙漠云层) 459～509(气溶胶 1) 525～585(绿) 620～670(气溶胶 2) 845～885(水 1) 897～927(水 2) 930～965(水 3) 1220～1252(NDVI-SWIR) 1350～1410(卷云) 1620～1680(雪) 2105～2245(气溶胶 3) 2105～2245(气溶胶 3P)	用于云、气溶胶、水汽和冰雪等气象条件下的大气校正

(7)Worldview-4 卫星。Worldview-4 卫星于 2016 年 11 月 11 日在加利福尼亚州范登堡空军基地成功发射，轨道高度为 617 km，重访周期小于 1 天，提供 0.31 m 分辨率全色影像、1.24 m 分辨率多光谱影像。Worldview-4 卫星参数见表 1.12。除了继承 Worldview-3 卫星的高分辨率之外，Worldview-4 卫星可以在更短时间内获得高质量影像，实现精确地理定位，提供前所未有的精确视图，用于二维或三维绘图、变化检测和影像分析。2019 年 1 月 7 日，Worldview-4 卫星出现故障，导致卫星无法收集影像。

表 1.12　Worldview-4 卫星参数

波段名称	波段范围/nm	卫星角度/(°)	分辨率/m
全色	450～800	星下点	0.31
		距星下点 20	0.34
		距星下点 56	1.00
		距星下点 65	3.51
多光谱	450－510(蓝)	星下点	1.24
	510～580(绿)	距星下点 20	1.38
	655～690(红)	距星下点 56	4.00
	780～920(近红外)	距星下点 65	14.00

1.2.3　法国高分辨率遥感卫星

(1)Pleiades 系列卫星。Pleiades 卫星星座由两颗完全相同的卫星(Pleiades 1 卫星和 Pleiades 2 卫星)组成，其中 Pleiades 1 卫星于 2011 年 12 月 17 日成功发射，Pleiades 2 卫星于 2012 年 12 月 1 日成功发射。两颗卫星在同一轨道上，相互间隔 180°，重访周期为 1 天，幅宽 20 km，提供 0.5 m 分辨率全色影像、2 m 分辨率多光谱影像。Pleiades 卫星参数见表 1.13。

表 1.13 Pleiades 卫星参数

波段名称	波段范围/nm	分辨率/m	幅宽/km	重访周期/天
全色	450～800	0.5	20	1
多光谱	430～550(蓝) 490～610(绿) 600～720(红) 750～950(近红外)	2		

(2)SPOT-5 卫星。SPOT-5 卫星于 2002 年 5 月 3—4 日于库鲁的圭亚那航天中心发射成功，并于 2015 年 3 月 31 日退役，提供 2.5 m 分辨率全色影像、10 m 分辨率多光谱影像，轨道高度 832 km，重访周期为 2～3 天，成像光谱波段包括全色波段，绿色、红色、近红外和短波红外波段。SPOT-5 卫星参数见表 1.14。另外，SPOT-5 还可提供 DEM 产品，主要应用领域包括中型测绘、城乡规划、油气勘探和自然灾害管理等。

表 1.14 SPOT-5 卫星参数

波段名称	波长范围/nm	分辨率/m	幅宽/km	重访周期/天
全色	490～690	2.5 或 5	60	2～3
多光谱	490～610	10		
	610～680	10		
	780～890	10		
	1580～1750	20		

(3)SPOT-6/7 卫星。SPOT-6 和 SPOT-7 卫星为双子星卫星，分别于 2012 年 9 月 9 日和 2014 年 6 月 30 日由印度 Satish Dhawan 航天中心成功发射。两者具有相同的性能和指标，轨道高度为 694 km，重访周期为 1 天，幅宽为 60 km，提供 1.5 m 分辨率全色影像、6 m 分辨率多光谱影像，成像光谱波段包括全色波段，蓝色、绿色、红色和近红外波段。两颗卫星的图像获取能力达到 6×10^{6} km^{2}，SPOT-6 和 SPOT-7 卫星参数见表 1.15。SPOT-6 和 SPOT-7 卫星主要应用于国防、农业、森林和环境等领域。

表 1.15 SPOT-6/7 卫星参数

波段名称	波长范围/nm	分辨率/m	幅宽/km	重访周期/天
全色	455～690	1.5	60	1
多光谱	455～525(蓝) 530～590(绿) 625～695(红) 760～890(近红外)	6		

1.2.4 加拿大 RadarSat 系列卫星

(1)RadarSat-1 卫星。RadarSat-1 卫星于 1995 年 11 月 4 日成功发射，是世界上第一个商业化的 SAR 运行系统，提供 8.5 m 分辨率 SAR 影像，轨道高度为 800 km，重访周期为 24 天，在 C 波段(波长 5.6 m)采用 HH 极化，具有 7 种成像模式、25 种波束。RadarSat-1 卫星成像模式见表 1.16。RadarSat-1 卫星主要探测目标为海冰、海浪和海风。

表 1.16　RadarSat-1 卫星成像模式

成像模式	分辨率/(m×m)	幅宽/km	入射角范围/(°)
标准波束	25×28	100	20～50
宽幅波束	25×35	150	20～40
精细波束	8×10	50	37～48
窄幅 Scan SAR	50×50	300	20～40
宽幅 Scan SAR	100×100	500	20～50
超高入射角波束	25×28	75	50～60
超低入射角波束	25×28	75	10～23

(2)RadarSat-2 卫星。RadarSat-2 卫星于 2007 年 12 月 14 日成功发射，轨道高度为 798 km，重访周期为 24 天，具有 11 种成像模式。RadarSat-2 卫星成像模式见表 1.17。除了延续 RadarSat-1 卫星的数据获取能力和成像模式外，还增加了 3 m 分辨率的超精细模式和 8 m 分辨率的全极化模式。RadarSat-2 卫星主要应用于防灾、农业、制图、林业、水文、海洋和地质等。

表 1.17　RadarSat-2 卫星成像模式

<table>
<tr><th>成像模式</th><th>幅宽/km</th><th>分辨率/(m×m)</th><th>入射角/(°)</th><th colspan="2">极化方式</th></tr>
<tr><td>超精细波束</td><td>20</td><td>3×3</td><td>30～40</td><td>HH 或 HV</td><td rowspan="2">单极化</td></tr>
<tr><td>多视精细波束</td><td>50</td><td>11×9</td><td>30～50</td><td>VH 或 VV</td></tr>
<tr><td>全极化精细波束</td><td>25</td><td>11×9</td><td>20～41</td><td rowspan="2">HH、VV、HV、VH</td><td rowspan="2">全极化</td></tr>
<tr><td>全极化标准波束</td><td>25</td><td>25 ×28</td><td>20～41</td></tr>
<tr><td>精细波束</td><td>50</td><td>8×8</td><td>30～50</td><td rowspan="5">HH、VV、HV、VH
HH 和 VV、HV 和 VH</td><td rowspan="5">可选单或
双极化</td></tr>
<tr><td>标准波束</td><td>100</td><td>25×28</td><td>20～49</td></tr>
<tr><td>宽幅波束</td><td>150</td><td>25×28</td><td>20～45</td></tr>
<tr><td>扫描 SAR(窄)</td><td>300</td><td>50×50</td><td>20～46</td></tr>
<tr><td>扫描 SAR(宽)</td><td>500</td><td>100×100</td><td>20～49</td></tr>
<tr><td>高入射角波束</td><td>75</td><td>20×28</td><td>49～60</td><td rowspan="2">HH</td><td rowspan="2">单极化</td></tr>
<tr><td>低入射角波束</td><td>170</td><td>40×28</td><td>10～23</td></tr>
</table>

注：H 表示水平极化，V 表示垂直极化，HH 为水平发送和水平接收，VV 为垂直发送和垂直接收，HV 为水平发送和垂直接收，VH 为垂直发送和水平接收。

1.2.5　欧洲 Sentinel 系列卫星

(1)Sentinel-1 卫星。Sentinel-1 卫星包含两颗卫星，Sentinel-1A 和 Sentinel-1B 卫星。它们分别于 2014 年 4 月 5 日和 2016 年 4 月 25 日成功发射，载有 C 波段 SAR 系统，轨道高度为 700 km，单个卫星重访周期为 12 天，A/B 双星座重访周期缩短至 6 天，赤道地区重访周期 3 天，北极地区 2 天，最高幅宽为 400 km，提供最高 5 m 空间分辨率 SAR 影像，具有 4 种成像模式。Sentinel-1 卫星成像模式见表 1.18。Sentinel-1 卫星主要提供多种监测服务，包括环境监测、海上安全监测和地表变形监测。其产品可用于反演海洋和极地信息，双极化产品多用于农业、林业和地表覆盖分类。

表 1.18　Sentinel-1 卫星成像模式

<table>
<tr><th>成像模式</th><th>幅宽/km</th><th>分辨率/(m×m)</th><th>入射角/(°)</th><th colspan="2">极化方式</th></tr>
<tr><td>条带成像</td><td>80</td><td>5×5</td><td>20～45</td><td rowspan="3">HH 和 HV，
VH 和 VV，
HH，VV</td><td rowspan="3">可选单极化
或双极化</td></tr>
<tr><td>干涉幅宽</td><td>250</td><td>5×20</td><td>29～46</td></tr>
<tr><td>超幅宽</td><td>400</td><td>20×40</td><td>19～47</td></tr>
<tr><td>波浪</td><td>20×20</td><td>20×20</td><td>22～35
35～38</td><td>HH，VV</td><td>单极化</td></tr>
</table>

(2)Sentinel-2 卫星。Sentinel-2 卫星包含两颗卫星，Sentinel-2A 和 Sentinel-2B 卫星。它们分别于 2015 年 6 月 23 日和 2017 年 3 月 7 日成功发射，均携带多光谱成像仪，覆盖 13 个光谱波段，涵盖了可见光、近红外和短波红外，提供 10 m 空间分辨率，幅宽为 290 km，单颗卫星重访周期为 10 天，双星重访周期为 5 天。Sentinel-2 卫星参数见表 1.19。

表 1.19　Sentinel-2 卫星参数

波段名称	中心光谱/nm	分辨率/m
波段 1-沿海气溶胶	443	60
波段 2-蓝	490	10
波段 3-绿	560	10
波段 4-红	665	10
波段 5-植物红边	705	20
波段 6-植物红边	740	20
波段 7-植物红边	783	20
波段 8-近红外	842	10
波段 8A-植物红边	865	20
波段 9-水蒸气	945	60
波段 10-SWIR 卷云	1375	60
波段 11-SWIR	1610	20
波段 12-SWIR	2190	20

总结上述常用的光学遥感卫星和 SAR 卫星的主要技术参数，见表 1.20 和表 1.21。

表 1.20　光学遥感卫星主要技术参数

卫星名称	国家	发射时间	分辨率/m	波段/nm	重访周期/天	量化/bit	轨道高度/km	幅宽/km
IKONOS	美国	1999	0.82(PAN) 4(MS)	PAN：450～900 MS：445～516、506～595、632～699、757～853	1～4	11	681	930
QuickBird	美国	2001	0.61(PAN) 2.44(MS)	PAN：450～900 MS：450～520、520～600、630～690、760～900	2～11	8/16	450	16.5

续表

卫星名称	国家	发射时间	分辨率/m	波段/nm	重访周期/天	量化/bit	轨道高度/km	幅宽/km
SPOT-5	法国	2002	2.5(PAN) 10(MS)	PAN:490～690 MS:490～610、610～680、780～890、1580～1750	2～3	11	832	60
WorldView-1	美国	2007	0.46(PAN)	PAN:450～800	1.7	11	496	16
GeoEye-1	美国	2008	0.46(PAN) 1.84(MS)	PAN:450～800 MS:450～510、510～580、655～690、780～920	<3	11	770	15
WorldView-2	美国	2009	0.46(PAN) 1.8(MS)	PAN:450～800 MS:400～1,040	1.1	11	770	16
SPOT-6/7	法国	2012	1.5(PAN) 6(MS)	PAN:455～690 MS:455～525、530～590、625～695、760～890	1	11	694	60
高分一号	中国	2013	2(PAN) 16(MS)	PAN:450～900 MS:450～520、520～590、630～690、770～890	4	—	644	60/800
高分二号	中国	2014	0.81(PAN) 3.24(SM)	PAN:450～900 MS:450～520、520～590、630～690、770～890	5	—	631	45
WorldView-3	美国	2014	0.31(PAN) 1.24(MS) 3.7(SWIR)	PAN:450～800 MS:400～1040 SWIR:1195～2365 CAVIS:405～2245	<1	11(PAN,MS) 14(SWIR)	617	13.1
WorldView-4	美国	2016	0.31(PAN) 1.24(MS)	PAN:450～800 MS:450～510、510～580、655～690、780～920	<1	11	617	13.1

注:PAN 为 Panchromatic,全色;MS 为 Multispectral,多光谱。

表 1.21 高空间分辨率 SAR 卫星技术参数

卫星	Rardarsat-1	Rardarsat-2	Sentinel-1 A	高分三号
国家/地区	加拿大	加拿大	欧洲	中国
时间	1995	2007	2014	2016
轨道高度/km	800	798	700	755
入射角/(°)	10～60	10～60	20～47	10～60
极化方式	单极化	单极化/双极化/全极化	单极化/双极化	单极化/双极化/全极化
分辨率/m	8～100	3～100	5～40	1～700
工作频率/GHz	C(5.3)	C(5.3)	C(5.3)	C(5.3)
成像模式	7 种	11 种	4 种	12 种
成像幅宽/km	50～500	20～500	20～400	10～650

1.3 高空间分辨率遥感影像特点

随着卫星和遥感技术的不断发展，更多载有遥感传感器的卫星成功发射升空，进而获得了大量的遥感影像，对地球环境监测和资源勘测以及对地观测等研究得到了极大的发展。近年来，人们对遥感影像质量和数量的要求不断提高，随着遥感传感器技术发展不断深入，遥感影像的光谱、空间和时间分辨率均得到了极大的提高，并获得了具有高光谱、高空间分辨率、全天时和全天候的遥感影像。而随着法国成功发射了 SPOT 卫星，高空间分辨率遥感卫星的应用引起了世界各国的广泛关注。目前，遥感影像的空间分辨率正逐步提升，已经达到了亚米级，使人们实现了“不出门而观天下事”。高空间分辨率遥感影像在环境监测、土地利用、城市规划和农业发展等方面均有广泛的应用，对军事目标识别和战场环境模拟等方面更具有重要的意义(李德仁 等，2012，2014a；李德仁，2013)。

高分辨率遥感影像的特点包括以下三点。

(1)空间分辨率高，地物纹理信息丰富。在高分辨率遥感影像中地物目标的几何结构和细节信息更加清晰，其中空间分辨率表示影像中一个像素所表示的实际地面的尺寸大小，如30 m分辨率表示影像中一个像素代表了地面上的 30 m×30 m 面积，而 0.5 m 分辨率表示影像中一个像素代表地面上的 0.5 m×0.5 m 面积，这使得遥感影像中的地物信息更加清晰和丰富。

(2)数据量大，存储空间要求大(李德仁 等，2014b；李德仁，2016)。随着遥感影像分辨率的提高，其数据量随之增大，进而存储数据所需的空间也提高。图 1.2 为 120 m×120 m 区域不同分辨率影像的数据量示意图。图 1.2(a)为在 30 m 分辨率的影像中，一个像素表示 30 m×30 m 的地面面积，则 120 m×120 m 的区域需要 16 个像素表示；图 1.2(b)为在 3 m 分辨率的影像中，一个像素表示 3 m×3 m 的地面面积，则 120 m×120 m 的区域需要 1600 个像素表示；图 1.2(c)为在 0.3 m 分辨率的影像中，一个像素表示 0.3 m×0.3 m 的地面面积，则 120 m×120 m 的区域需要 160000 个像素表示。因此，随着空间分辨率的增加，覆盖同样面积区域遥感影像所需要的像素数量增加。

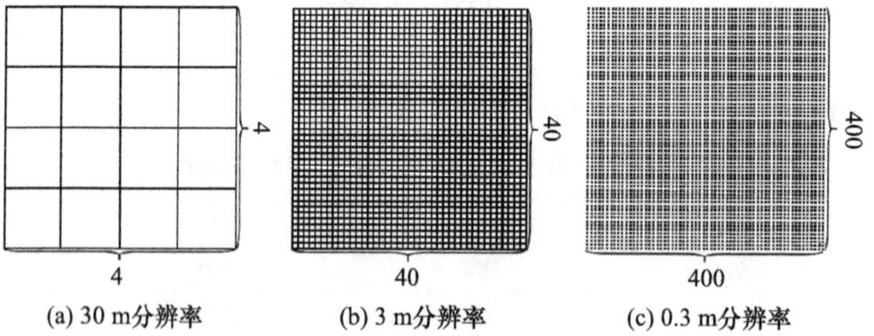

(a) 30 m分辨率　(b) 3 m分辨率　(c) 0.3 m分辨率

图 1.2　不同分辨率影像的数据量

(3)像素光谱测度统计特性更加复杂(石雪 等，2018，2019)。在统计学角度上，高分辨率遥感影像中同一区域内像素光谱测度统计分布呈现出复杂的特性，其中非对称性是最普遍存在的。另外，当目标区域内包含少量光谱异质性像素时，其光谱测度统计分布可呈现单侧重尾或双侧重尾的特性；当目标区域内存在大量光谱异质性像素时，其光谱测度统计分布可呈现双峰或多峰的特性。如图 1.3 所示，其中图 1.3(a)～(e)分别为高分辨率遥感影像中林地、人行道路、裸地、车行道路和草地五类地物局部区域的灰度直方图。直方图的横轴和纵轴分别为灰度值和各灰度值所对应的频数。图中各类地物的灰度直方图均具有非对称特性，另外还呈现单侧重尾或双侧重尾、双峰、尖峰等复杂特性，如林地区域内，树木和土地光谱测度存在较小的差异，其灰度直方图呈现出重尾特性；车行道路的光谱测度比较集中，仅存在少量光谱异质性的车辆，其灰度直方图呈现出尖峰且右侧尾部较长的特性；由于草地的光谱测度差异性较大，其灰度直方图呈现出双峰特性。综上所述，高分辨率遥感影像中各目标区域内像素光谱测度的统计分布通常呈现出非对称性，而由于目标区域内光谱测度差异性的不同，使得像素光谱测度统计分布呈现重尾、尖峰、双峰或多峰等复杂统计特性。

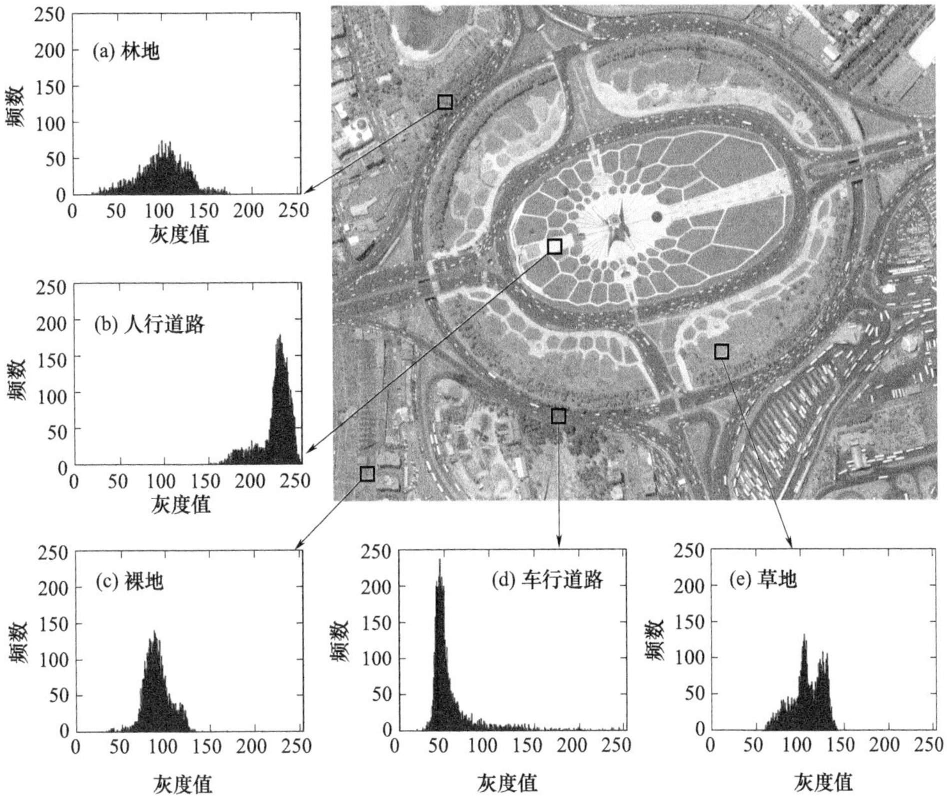

图 1.3 高分辨率遥感影像不同地物的灰度直方图

总之，高分辨率遥感影像在提高地物细节清晰度的同时，使得同一目标区域内像素同质性降低而异质性增强，不同目标区域之间像素同质性增强，使得高分辨率遥感影像各目标区域的可分割性降低，给高分辨率遥感影像分割方法的研究带来了难题和挑战。

1.4 基于统计模型的影像分割方法

基于统计模型的影像分割方法以统计学理论为基础，根据影像各目标区域内像素光谱测度统计特性服从于某概率分布这一假设而设计。该方法的基本思路是，利用概率分布建模影像内像素光谱测度统计分布，进而构建模型参数似然函数作为影像统计模型，通过最大化似然函数估计将影像分割问题转化为模型参数求解问题，最优模型参数估计值即对应影像最优分割结果。该方法的优势是以概率分布方式对影像内信息进行建模，便于将先验知识融入统计模型进而对影像分割进行指导。常用的统计模型分割方法包括基于单一概率分布（王玉 等，2016a，2018）、有限混合模型（Mclachlan et al.，2000；Bouguila et al.，2010；Long et al.，2014）的影像分割方法。

1.4.1 基于单一概率分布的影像分割

基于单一概率分布的影像分割方法是一种最简单直接的统计模型分割方法。该方法假设影像内像素光谱测度服从同一概率分布，依据各像素之间相互独立的假设，通过构建像素光谱测度联合概率分布，即似然函数，作为影像统计模型；设置像素类属标号场，采用概率分布建模像素标号，作为影像标号模型；根据贝叶斯定理构建标号和参数的后验分布，通过最大化后验分布估计模型参数和优化标号场以实现影像分割。

基于单一概率分布的影像分割方法重点研究内容包括：①统计模型的构建，即概率分布的选取。依据影像内像素光谱测度呈现不同的统计特性，选择可近似刻画像素光谱测度统计特性的概率分布，进而构建影像统计模型。②像素标号场模型构建。采用概率分布建模像素类属标号，并将像素局部位置信息引入其中以提高影像分割精度。③模型求解方法设计。根据贝叶斯定理可构建影像分割模型，设计模型求解方法既可准确求解模型参数又可优化像素标号，进而获得高质量的分割结果。

依据像素光谱测度统计特性，可采用不同类型的概率分布构建影像统计模型。例如，全色遥感影像内像素光谱测度近似呈现对称统计特性，而高斯分布结构简单易于实现，因此假设像素光谱测度服从同一独立的高斯分布；多光谱遥感影像由多个波段构成，因此假设像素光谱测度矢量服从同一独立的多元高斯分布；SAR 影像内像素光谱测度呈现出右侧重尾的统计特性，因此假设像素强度服从同一独立的伽马分布。

影像统计模型仅对像素光谱信息建模，为了表达像素类属性，设置像素标号场，并利用局部像素类属性建模标号概率分布。常用的标号概率分布是马尔可夫随机场（Markov Random Field，MRF）模型，该概率分布依据局部像素类属性具有较强相似性这一事实而设计，即某一像素的类属性与其邻域像素类属性有关，通过比较中心像素与其邻域像素标号相同的比例构建像素标号概率分布，可有效提高影像分割精度（Hou et al.，2011；王玉 等，2014；Song et al.，2017）。

影像分割即分布参数和标号场的求解过程，根据贝叶斯定理，结合影像统计模型和标号概率分布构建影像分割模型。其中，对于基于高斯分布的影像分割模型，采用最大似然估计求解分布参数（均值和方差），采用马尔可夫链蒙特卡洛（Markov Chain Monte Carlo，MCMC）方法设计更新标号操作，并通过计算更新标号接受率实现标号优化（Comer et al.，2000；Marroquín et al.，2000；赵泉华 等，2013a）；对于基于伽马分布的影像分割模型，由于伽马分布结构比较复杂，采用 MCMC 方法分别设计更新分布参数操作和更新像素标号操作，并计算对应的参数更新接受率以优化分布参数和标号场（王玉 等，2016b）。

综上所述，基于单一概率分布的影像分割方法采用单一分布建模各类别内像素光谱测度统计分布，未考虑到像素类属的不确定性，导致该方法对噪声或异常值比较敏感。另外，该方法需构建像素标号场以表达其类属性，但缺少建模像素标号的概率分布，需要优化标号场，给分割模型求解方法的设计带来了挑战。

1.4.2 基于有限混合模型的影像分割

有限混合模型是一种可有效建模数据统计分布规律的统计模型。混合模型这一思想由生物统计学家 Pearson 首次提出，并获得了学者们的广泛关注和研究，应用于天文学、生物学、医学、经济学和工程等领域（Titterington，1985；Mclachlan et al.，1994；Land，2001；Lambert et al.，2010）。在这些应用领域中，有限混合模型主要用于聚类、判别分析和影像分析等方面。有限混合模型由多个组分概率分布加权和构成，其组分由同一已知概率分布定义。有限混合模型以结构简单且建模灵活的特点成功用于解决影像分割问题。在影像分割中有限混合模型用于建模像素光谱测度的统计分布，其组分用于建模各类别地物所包含像素的光谱测度统计分布，组分数对应于地物类别数。基于有限混合模型分割方法的具体实现过程是，采用有限混合模型建模各像素光谱测度的概率分布，假设各像素之间相互独立，通过连乘构建像素光谱测度的联合概率分布，即似然函数作为影像统计模型，通过最大化似然函数估计求解模型参数，进而获得影像分割结果。

基于有限混合模型分割方法主要研究内容包括：① 影像光谱测度统计建模。有限混合模型建模像素光谱测度统计分布的过程即像素聚类过程。因此，准确建模像素光谱测度的统计分布是获得高精度影像分割结果的有效途径之一。依据影像内像素光谱测度的统计特性，定义不同的有限混合模型构建影像统计模型以满足影像的统计建模要求。②空间信息统计建模。由于局部像素类属具有很强的相似性，将局部像素空间关系引入混合模型可有效提高影像分割精度。③设计有效的模型求解方法。最大似然估计将影像分割问题转化为参数求解问题，通过求解最优模型参数可有效提高影像分割精度。④解决自适应确定混合模型组分数的问题。自适应确定组分数一直是有限混合模型研究中的热点问题，在确定了影像地物类别数的前提下，才能获得高质量分割结果。根据上述有限混合模型研究内容，学者们进行了大量的研究以提高影像分割质量。

(1)统计模型。在影像统计建模研究中，根据不同类型遥感影像内像素光谱测度所呈现的统计特性，采用不同概率分布作为有限混合模型组分，进而形成不同的有限混合模型。常用的有限混合模型包括高斯混合模型（Gaussian Mixture Model，GMM）、学生 t 混合模型（Student's t Mixture Model，SMM）和伽马混合模型（Gamma Mixture Model，GaMM）等，具体内容如下。

GMM 以高斯分布作为有限混合模型的组分，由多个高斯分布加权构成，是一种应用最广泛的有限混合模型(Zhao et al.，2013；Ban et al.，2018；Bi et al.，2018；李辉，2018)。高斯分布是典型的钟形分布，具有对称特性。高斯分布包括均值和方差两个参数，用于建模一维数据的统计分布，而多元 GMM 包括均值矢量和协方差矩阵两个参数，用于建模多维数据的统计分布。由于高斯分布的结构简单易于实现，因此在影像统计建模中应用非常广泛。在影像分割中，GMM 常用于建模全色和多光谱遥感影像统计模型(Ji et al.，2014a；赵泉华 等，2017；石雪 等，2017；杨军 等，2018)。

SMM 是以学生 t 分布作为有限混合模型的组分，由多个学生 t 分布加权构成（Wei et al.，2012；Nguyen et al.，2013a；Zhou et al.，2014；牛艺蓉 等，2015；徐超 等，2017；Sun et al.，2018）。学生 t 分布具有对称且重尾特性，相比于高斯分布更具有鲁棒性，除了与高斯分布包含相同的均值和方差参数以外，还包含自由度参数，用于控制其概率分布尾部的厚度和长度。当自由度参数无限趋近于无穷大时，学生 t 分布近似于高斯分布。而自由度参数以伽马函数形式存在其概率分布中，因此学生 t 分布参数结构比高斯分布更加复杂。另外，学生 t 分布用于建模一维数据的统计分布，而多元学生 t 分布包含均值矢量、协方差矩阵和自由度三个参数，用于建模多维数据的统计分布。在影像分割中，SMM 常用于建模医学影像以及多光谱和 SAR 遥感影像统计模型(Zhang et al.，2002；Nguyen et al.，2012；Xiong et al.，2013；Gao et al.，2016；Zhu et al.，2016；Banerjee et al.，2017)。

GaMM 以伽马分布作为有限混合模型的组分，由多个伽马分布加权构成(Goodman，1963；李琴洁 等，2014；Papadimitriou et al.，2018；孙培蕾 等，2019；李晓丽 等，2020)。伽马分布具有非对称且右侧重尾的特性，包含形状参数和尺度参数，两个参数共同控制伽马分布峰值的高度和右侧尾部的厚度。另外，形状参数以伽马函数形式存在其概率分布，固此伽马分布参数结构比较复杂。在影像分割中，GaMM 常用于建模 SAR 影像统计模型(文政颖 等，2014；Boudaren et al.，2016；李玉 等，2017；李恒恒 等，2017；Zhao et al.，2017；Li et al.，2019)。

(2)空间信息统计建模。有限混合模型建模影像统计模型仅考虑了影像光谱信息，而由于局部像素隶属于同一类别的可能性更大，因此对局部像素空间关系统计建模可大大提高影像分割质量。将像素空间信息引入混合模型的方式有两种，一种方式是利用局部像素光谱测度统计分布构建新的组分概率分布(Zhang et al.，2013a，2013b，2014a)。有限混合模型的组分由同一概率分布定义，为了将像素位置关系引入混合模型，采用局部像素概率分布均值定义有限混合模型组分，在建模像素光谱信息的同时考虑像素局部空间信息。但该方式所构建的有限混合模型参数结构非常复杂，给模型参数求解方法设计带来了巨大的挑战，因此限制了该方式在影像分割中的应用。另一种方式是基于 MRF 的空间信息统计建模，利用局部像素类属性构建组分权重先验分布(Li，2009；Hedhli et al.，2017；Saladi et al.，2018)。将组分权重视为 MRF，则当前组分权重的变化仅与上一次迭代过程中的组分权重有关，采用 Gibbs 分布利用上一次迭代过程中邻域像素组分权重均值定义当前组分权重的先验分布，根据贝叶斯定理结合影像统计模型和组分权重先验分布可构建影像分割模型，以将像素空间信息融入其中。以该种方式引入空间信息可有效提高分割精度，但同时导致分割模型中组分权重结构比较复杂，给模型参数求解方法设计带来了挑战。

基于 MRF 的空间信息统计建模方式在影像分割中应用更加广泛，采用 Gibbs 分布建模组分权重先验分布，而 Gibbs 分布是由负势能函数的指数函数定义，为了最大化组分权重先验分布，在设计势能函数时应使其达到最小值。通过定义不同的势能函数可构建不同的先验分布，常用的组分权重先验分布包括空间可变先验分布(Sanjay-Gopal et al.，1998；朱峰 等，2011；申小虎 等，2014)、高斯-MRF 先验分布(Nikou et al.，2007；Nikou et al.，2015)、狄利克雷复合多项式(Dirichlet Compound Multinomial，DCM)先验分布(Nguyen et al.，2011；Nikou et al.，2010；Zhang et al.，2014b；Hu et al.，2017)、平滑因子先验分布(Nguyen et al.，2013b；Singh et al.，2017；Ji et al.，2014b，2017)等。

空间可变先验分布是一种最经典的基于 MRF 的组分权重先验分布，其构建过程为：根据中心像素与其邻域像素组分权重误差刻画局部像素类属相似性，即误差值越大表示类属差异性越大，反之，误差值越小表示类属相似性越大。因此，利用中心像素与邻域像素组分权重的误差平方和定义势能函数，势能函数越小表示该局部像素类属相似性大，进而组分权重先验分布概率值越大。在势能函数中引入平滑系数，调节局部像素类属性的平滑程度。总之，该先验分布中组分权重结构比较复杂，通过最大似然估计难以获得组分权重表达式。为此，常采用参数优化方法，如梯度下降(Gradient Descent，GD)方法或 MCMC 方法等，以获得最优参数估计值(Hager et al.,2004;Blekas et al.,2005)。另外,平滑系数通常是经验值或实验值,难以实现自适应平滑系数,易于产生过分割或欠分割结果。

高斯-MRF先验分布是一种具有高斯分布形式的组分权重先验分布,其构建过程为:假设中心像素与其邻域像素组分权重误差服从均值为0和某一标准差的高斯分布,其中标准差即为平滑系数,进而构建出具有高分布形式的组分权重先验分布。考虑到不同类别内像素类属性平滑程度不同,将平滑系数定义为与类别相关的随机变量;考虑到不同方向上邻域像素对中心像素类属性平滑程度不同,将平滑系数定义为与方向相关的随机变量,如水平、垂直、两个对角线方向等。总之,该先验分布中组分权重结构比较复杂,难以通过最大似然估计获得组分权重表达式,但由于该先验分布具有高斯分布结构,因此通过最大似然估计可推导出平滑系数表达式,实现自适应平滑系数,避免人为设置数值产生的分割误差。

DCM先验分布结合狄利克雷分布和多项式分布建模像素类属性,进而推导出组分权重表达式。其构建过程为:假设像素类属标号服从多项式分布,而狄利克雷分布为多项式分布的共轭先验分布,因此采用狄利克雷分布建模多项式分布参数的先验分布,在贝叶斯理论框架下推导出由狄利克雷参数表示的组分权重公式,进而将求解组分权重转化为求解狄利克雷分布参数。相比于求解组分权重过程中较多的约束条件,求解狄利克雷分布参数仅需满足其非负条件。利用局部像素类属性建模狄利克雷分布参数有两种方式,其一是采用空间可变先验分布或高斯-MRF先验分布建模狄利克雷分布参数,以将像素空间位置关系融入模型,但这种方式同样存在狄利克雷分布参数求解困难的问题;另一种方式是对邻域像素类属后验概率均值取指数函数,以满足参数非负条件同时将像素空间位置关系引入模型,这种方式简化了狄利克雷分布参数求解过程,但难以实现自适应平滑系数。

平滑因子先验分布通过最大化似然函数可推导出组分权重的解析式,避免了参数求解过程中组分权重求解困难、计算量大等问题。其构建过程为:根据贝叶斯定理,结合像素光谱测度概率分布和像素类属性先验分布构建像素类属性后验概率分布;计算当前迭代中的邻域像素类属性后验概率和先验概率(即组分权重)的均值,对该均值取指数函数作为平滑因子,并将平滑系数引入平滑因子中以控制邻域像素对中心像素类属性的平滑程度;为了实现组分权重最大似然估计,利用平滑因子和组分权重对数的乘积定义关于组分权重的势能函数,将势能函数代入Gibbs分布得到组分权重的先验分布。其中平滑因子为当前迭代的结果而组分权重为下一次迭代的结果,因此组分权重先验分布与对数组分权重有关系,且仅依赖于这一项。该先验分布将局部像素空间信息以平滑因子的形式引入其中,可有效降低影像噪声或异常值对分割结果的影响;同时该先验分布结构简单,通过最大似然估计可计算组分权重的解析式,进而降低计算量提高分割效率。

(3)模型参数求解。统计模型分割方法将影像分割问题转化为参数求解问题,准确且高效求解模型参数可大大提高影像分割质量。目前,常用于有限混合模型参数求解的方法包括最大化期望(Expectation Maximization,EM)方法(Dempster,1977;Bishop,2006;Mclachlan et al.,2017)、GD方法(Nocedal et al.,2006)和MCMC方法(Metropolis et al.,1949;Gilks et al.,1996)等。

EM方法是一种常用于有限混合模型参数估计的最大似然估计方法,包括E步和M步。其中E步用于计算关于似然函数的条件期望函数,M步用于实现最大化条件期望计算模型参数解析式,在迭代中交替执行两个步骤直到参数收敛或似然函数收敛。EM方法具体实现过程为:初始化模型参数和设置迭代次数,在迭代中执行E步计算后验概率,执行M步计算新的模型参数，计算似然函数并判断似然函数是否收敛，若似然函数收敛则输出当前模型参数，否则继续进行迭代操作直至似然函数收敛。由于高斯分布参数结构简单，EM 方法常用于求解 GMM 的模型参数，可获得各参数的解析式（Wu et al.，2003；Diplaros et al.，2007；Kim et al.，2007；Mallouli，2019）；由于学生 t 分布和伽马分布的参数结构比较复杂，如自由度参数以其伽马函数的形式存在于学生 t 分布中，形状参数以其伽马函数形式存在伽马分布中，这导致 EM 方法的 M 步难以直接求解自由度参数或形状参数，通常需要将 EM 方法与参数优化方法相结合用于实现参数求解。EM 方法具有原理简单易于实现的优点，由于可获得参数解析式，因此具有较高的分割效率。但由于 M 步需要计算模型参数的导数，导致 EM 方法不适用于模型参数结构复杂的参数求解（Deng et al.，2004；赵泉华 等，2013b；张英海 等，2016；张金静 等，2016）。

GD 方法是一种求解参数最小值点的优化方法，在基于有限混合模型影像分割中，将负对数似然函数作为损失函数，利用 GD 方法实现损失函数最小化，进而求解出最优模型参数。由于负梯度为损失函数的最快下降方向，因此将损失函数的负梯度作为搜索方向，通过选取合适步长以搜索到损失函数最小值点。GD 方法的具体实现过程为：初始化模型参数和设定迭代次数，在迭代中计算损失函数关于模型参数的梯度，将负梯度作为搜索方向，设定步长，利用步长和搜索方向乘积更新模型参数，计算损失函数并判断损失函数是否收敛，若损失函数收敛则输出当前模型参数，否则继续进行迭代操作直至损失收敛。GD 方法仅需计算模型参数的梯度值，因此计算量比较小，适用于模型参数结构复杂的分割模型求解（Nguyen et al.，2010；赵泉华 等，2016b）。但 GD 方法易受参数初始值影响陷入局部最优解，且在参数求解过程中容易产生锯齿现象导致其在最小值附近收敛慢，进而导致分割效率低。另外，人为设置步长影响收敛速度和分割精度。为此，学者们在 GD 方法的基础上提出了共轭梯度方法，通过两次迭代的梯度构建共轭方向，且该方向时刻指向最小值，弥补了 GD 方法局部最优和效率较低的不足，在影像分割中常用于复杂模型参数估计（李艳灵 等，2009；石雪 等，2017）。另外，共轭梯度方法的两个重点研究内容分别为最优步长的确定（杜雄 等，2016；刘金魁 等，2017）和共轭方向的构建，目前常用共轭梯度方法包括 Fletcher 和 Reeves（1964）提出的 FR（Fletcher-Reeves）型共轭方向和 Polak 和 Ribiere（1969）提出的 PR（Polak-Ribiere）型共轭方向等，并在此基础上进行改进提出不同的改进方法（王开荣 等，2017；林穗华，2017；陈恩，2018）。

MCMC 方法是一种统计模拟方法，设计模型参数更新操作，并依据最大化后验分布计算参数接受率以判断是否接受参数更新。MCMC 方法是由 Metropolis 等（1949）提出的，包括蒙特卡罗方法和马尔可夫链两个部分。MCMC 方法的原理是采用蒙特卡洛方法构造出符合细致平稳条件的马尔可夫链并用于采样，即找到转移核使得概率分布满足细致平稳条件。经过推导可知满足细致平稳条件的转移核是由任意转移核乘以接受率得到的（Tu et al.，2001；Andrieu et al.，2003；Green et al.，2015）。其具体实现过程是，从转移核中得到当前参数采样值，计算当前参数与其采样值的接受率，接受率大于任一 0 到 1 之间的数值，则接受采样值的转移，否则不接受。通过多次迭代采样可得到满足细致平稳条件的概率分布样本集。由于 MCMC 方法接受率的计算数值较小，导致大量采样值被拒绝转移，采样效率较低。

常用的 MCMC 方法包括 M-H（Metropolis-Hastings）方法、Gibbs 采样和可逆跳 MCMC（Reversible Jump MCMC，RJMCMC）方法。其中，M-H 方法为 Hastings（1970）在 MCMC 方法的基础上改进的统计模拟方法。M-H 方法在满足细致平稳条件的前提下扩大了接受率的数值，以避免 MCMC 方法的局限性。因此，M-H 方法常被用于模拟参数后验分布，以优化模型参数,进而模拟复杂分割模型实现影像分割(Fan et al.,2007;李玉 等,2018;林文杰 等,2018;赵泉华 等,2018)。为了实现多维度参数采样,Geman 等(1984)提出了 Gibbs 采样方法。该方法采用条件概率分布代替联合概率分布以满足细致平稳条件,常被用于统计模型的参数优化,进而实现影像分割(刘伟峰 等,2011;Bourouis et al.,2014;Lv et al.,2016)。为了实现不同维度参数采样,Green(1995)首次提出了 RJMCMC 方法,并将该方法应用于模拟影像分割模型以实现影像分割。RJMCMC 方法的提出受到了学者们的广泛关注和研究,并将 RJMCMC 方法应用于有限混合模型参数估计且自适应确定混合模型组分数,进而实现基于有限混合模型的影像分割(Zhang et al.,2004;Dellaportas et al.,2006;Papastamoulis et al.,2009;Li et al.,2010;Askari et al.,2013;王玉 等,2015;Wang et al.,2015)。如,Kato(2008)将 RJMCMC 方法应用于彩色影像分割,在贝叶斯理论框架下设计 RJMCMC 方法模拟模型参数后验分布,定义了更新组分权重、更新参数集、更新标号场、更新超参数、分裂或合并组分、生成或删除一个空组分操作。由于 RJMCMC 方法需要在迭代中进行大量采样,导致分割效率低。综上所述,MCMC 方法适用于复杂结构模型的参数求解,但由于需要进行大量参数采样才能达到参数收敛,导致分割效率比较低,且存在标号转换问题。

(4)组分数确定。确定影像内地物类别数是进行影像分割的第一步,有限混合模型组分数对应地物类别数,因此如何确定组分数一直是有限混合模型研究的热点问题。常用的组分数确定方法包括贝叶斯信息准则(Bayesian Information Criterion,BIC)和 RJMCMC 方法。BIC 准则是一种衡量模型拟合准确程度的准则,其结合似然函数和模型复杂度惩罚项构建 BIC 量,其数值越小表示模型拟合越准确。由于 EM 方法具有较高的分割效率,BIC 准则常与其结合用于影像分割中,在不同组分数的情况下利用 EM 方法求解模型参数,并计算对应的 BIC 量,通过比较不同组分数的 BIC 量判断最优组分数。BIC 准则具有较大的计算量,降低了其分割效率。RJMCMC 方法是一种统计模型方法,该方法可实现在不同维度的参数采样,可确定最优组分数,但由于该方法分割效率低,限制了其在影像分割中的应用。

综上所述,基于有限混合模型分割方法利用概率分布加权结构,考虑不同类别内像素类属不确定性,可有效避免基于单一概率分布分割方法存在的建模不准确问题。另外,有限混合模型中包含组分权重参数,给像素空间位置关系统计建模提供了新的思路,便于引入像素的空间信息。

第 2 章　有限混合模型理论

在基于有限混合模型的影像分割中，将影像分割问题转换为模型参数求解问题。考虑到影像中像素光谱信息和空间位置信息的相关性，通过构建模型参数后验概率分布作为影像分割模型，通过最大化后验分布实现模型参数求解。本章主要介绍基于有限混合模型的影像分割相关的理论和方法，包括用于构建像素光谱测度条件概率分布的有限混合模型理论，构建像素空间位置相关性的 MRF 理论，求解模型参数的常用方法。

2.1　有限混合模型

有限混合模型是一种有效建模数据统计分布的统计模型，定义为多个组分概率分布加权和。每个组分概率分布建模一类数据的统计分布，选取合适的有限混合模型组分概率分布是混合模型的研究热点之一。本节主要介绍有限混合模型理论，包括在影像分割中研究和应用广泛的 GMM、SMM 和 GaMM 模型。

令 $\boldsymbol{X}=\{X_i;i=1,2,\cdots,n\}$ 为可观测随机场，X_i 为第 i 个随机变量；$\boldsymbol{Z}=\{Z_i;i=1,2,\cdots,n\}$ 为不可观测随机场；Z_i 为第 i 个随机变量；集合 $\boldsymbol{O}=\{1,2,\cdots,o\}$ 和 $\boldsymbol{K}=\{1,2,\cdots,k\}$ 分别为随机变量 X_i 和 Z_i 的状态空间，对于 $\forall i$，有 $X_i\in\boldsymbol{O}$ 和 $Z_i\in\boldsymbol{K}$。令 $\boldsymbol{x}=\{x_i;i=1,2,\cdots,n\}$ 为随机场 $\boldsymbol{X}$ 的一个实现，则在状态空间 $\boldsymbol{O}$ 中随机变量 X_i 可取值 x_i，有 $p(X_i=x_i)=p(x_i)$。令 $\boldsymbol{z}=\{z_i;i=1,2,\cdots,n\}$ 为随机场 $\boldsymbol{Z}$ 的一个实现，则在状态空间 $\boldsymbol{K}$ 中随机变量 Z_i 可取值 z_i，有 $p(Z_i=z_i)=p(z_i)$。

给定一组观测数据集表示为 $\boldsymbol{x}=\{\boldsymbol{x}_i;i=1,2,\cdots,n\}$，$i$ 为数据索引，n 为总数据数，$\boldsymbol{x}_i=(x_{id};d=1,2,\cdots,D)$ 为第 i 个矢量数据，d 为维数索引，D 为总维度。为了将 n 个数据划分为若干个类别，令 $\boldsymbol{z}=\{z_i;i=1,2,\cdots,n\}$ 表示标号集合，$z_i\in\{1,2,\cdots,k\}$ 为第 i 个类属标号，k 为类别数。令 l 表示类别索引。

假设类别 l 内数据服从给定参数集 $\boldsymbol{\Omega}_l$ 的概率分布，则数据矢量 $\boldsymbol{x}_i$ 的概率分布表示为

$$p(\boldsymbol{x}_i\mid Z_i=l)=p_l(\boldsymbol{x}_i\mid\boldsymbol{\Omega}_l)\tag{2.1}$$

式中，$p_l(\boldsymbol{x}_i\mid\boldsymbol{\Omega}_l)$ 由已知的概率分布定义，称其为有限混合模型的组分；$\boldsymbol{\Omega}_l$ 表示组分 l 的参数集合。

假设第 i 个数据 $\boldsymbol{x}_i$ 隶属于类别 l 的概率分布表示为

$$p(Z_i=l)=\pi_{li}\tag{2.2}$$

式中，π_{li} 为组分 l 的权重，表示数据 $\boldsymbol{x}_i$ 隶属于类别 l 的先验概率分布，满足条件 $0\leqslant\pi_{li}\leqslant1$ 和 $\sum_{l=1}^{k}\pi_{li}=1$。

在贝叶斯理论框架下，结合式(2.1)和式(2.2)可得到数据矢量 $\boldsymbol{x}_i$ 与标号 $Z_i=l$ 的联合概率分布。由于标号 Z_i 为离散变量，通过对该联合概率分布的随机变量 Z_i 求和得到数据 $\boldsymbol{x}_i$ 的边缘概率分布，表示为

$$p(\boldsymbol{x}_i) = \sum_{Z_i} p(\boldsymbol{x}_i \mid Z_i = l) p(Z_i = l) = \sum_{l=1}^{k} \pi_{li} p_l(\boldsymbol{x}_i \mid \boldsymbol{\Omega}_l) \tag{2.3}$$

给定数据 i 的模型参数集 $\boldsymbol{\Psi}_i$，式(2.3)进一步被改写为

$$p(\boldsymbol{x}_i \mid \boldsymbol{\Psi}_i) = \sum_{l=1}^{k} \pi_{li} p_l(\boldsymbol{x}_i \mid \boldsymbol{\Omega}_l) \tag{2.4}$$

式中，模型参数集重新表示为 $\boldsymbol{\Psi}_i = \{\boldsymbol{\pi}_i, \boldsymbol{\Omega}\}$；$\boldsymbol{\pi}_i = \{\pi_{li}; l=1,2,\cdots,k\}$ 为数据 i 的组分权重集；$\boldsymbol{\Omega} = \{\boldsymbol{\Omega}_l; l=1,2,\cdots,k\}$ 为组分参数集。式(2.4)为有限混合模型的基本表达式。选取合适的有限混合模型组分概率分布是有限混合模型的研究热点之一，可以准确建模各类别内数据的概率分布。学者们提出了采用高斯分布、学生 t 分布和伽马分布等作为有限混合模型组分，进而构成了 GMM、SMM 和 GaMM。

2.1.1　GMM

GMM 由多个高斯分布加权和构成，以高斯分布作为有限混合模型组分。高斯分布具有结构简单且易于实现的优点，因此成为应用最广泛的混合模型之一。在遥感影像分割中，GMM 常用于建模全色或多光谱遥感影像的统计模型。

给定矢量数据 $\boldsymbol{x}_i = (x_{id}; d=1,2,\cdots,D)$，采用 GMM 建模数据 $\boldsymbol{x}_i$ 的条件概率分布时，将 GMM 组分定义为多元高斯分布，表示为

$$p_l(\boldsymbol{x}_i \mid \boldsymbol{\Omega}_l) = (2\pi)^{-D/2} \left|\boldsymbol{\Sigma}_l\right|^{-1/2} \exp\left(-\frac{1}{2}(\boldsymbol{x}_i - \boldsymbol{\mu}_l)\boldsymbol{\Sigma}_l^{-1}(\boldsymbol{x}_i - \boldsymbol{\mu}_l)^{\mathrm{T}}\right) \tag{2.5}$$

式中，$\boldsymbol{\Omega}_l = \{\boldsymbol{\mu}_l, \boldsymbol{\Sigma}_l\}$ 为组分 l 的参数集；$\boldsymbol{\mu}_l = (\mu_{ld}; d=1,2,\cdots,D)$ 表示组分 l 的均值矢量；μ_{ld} 表示在维度 d 内组分 l 的均值；$\boldsymbol{\Sigma}_l$ 表示组分 l 的协方差矩阵，为了方便计算通常将协方差矩阵 $\boldsymbol{\Sigma}_l$ 视为对角阵，对角线元素表示各维度的方差 ${\sigma_{ld}}^2$；$|\cdot|$ 为矩阵取行列式符号；T 为矩阵取转置符号；π 为圆周率。将式(2.5)代入式(2.4)得到 GMM 用于建模矢量数据 $\boldsymbol{x}_i$ 的条件概率分布，表示为

$$p(\boldsymbol{x}_i \mid \boldsymbol{\Psi}_i) = \sum_{l=1}^{k} \pi_{li} p_l(\boldsymbol{x}_i \mid \boldsymbol{\Omega}_l) = \sum_{l=1}^{k} \pi_{li}\ (2\pi)^{-D/2}\ \left|\boldsymbol{\Sigma}_l\right|^{-1/2} \exp\left(-\frac{1}{2}(\boldsymbol{x}_i - \boldsymbol{\mu}_l)\ \boldsymbol{\Sigma}_l^{-1}\ (\boldsymbol{x}_i - \boldsymbol{\mu}_l)^{\mathrm{T}}\right) \tag{2.6}$$

式中，数据 i 的模型参数集表示为 $\boldsymbol{\Psi}_i = \{\boldsymbol{\pi}_i, \boldsymbol{\mu}, \boldsymbol{\Sigma}\}$；$\boldsymbol{\pi}_i = \{\pi_{li}; l=1,2,\cdots,k\}$ 为数据 i 的组分权重集；$\boldsymbol{\mu} = \{\boldsymbol{\mu}_l; l=1,2,\cdots,k\}$ 为均值矢量集合；$\boldsymbol{\Sigma} = \{\boldsymbol{\Sigma}_l; l=1,2,\cdots,k\}$ 为协方差集合。

给定一维数据 x_i，采用 GMM 建模数据 x_i 的条件概率分布时，将 GMM 组分定义为一元高斯分布，并将高斯分布代入式(2.4)得到 GMM 用于建模一维数据 x_i 的条件概率分布，表示为

$$p(x_i \mid \boldsymbol{\Psi}_i) = \sum_{l=1}^{k} \pi_{li} p_l(x_i \mid \boldsymbol{\Omega}_l) = \sum_{l=1}^{k} \pi_{li}\ (2\pi\sigma_l^2)^{-1/2} \exp\left(-\frac{(x_i - \mu_l)^2}{2{\sigma_l}^2}\right) \tag{2.7}$$

式中，数据 i 的模型参数集表示为 $\boldsymbol{\Psi}_i = \{\boldsymbol{\pi}_i, \boldsymbol{\mu}, \boldsymbol{\sigma}^2\}$；$\boldsymbol{\pi}_i = \{\pi_{li}; l=1,2,\cdots,k\}$ 为数据 i 的组分权重集；$\boldsymbol{\mu} = \{\mu_l; l=1,2,\cdots,k\}$ 为均值集合；$\boldsymbol{\sigma}^2 = \{{\sigma_l}^2; l=1,2,\cdots,k\}$ 为方差集合；$\boldsymbol{\Omega}_l = \{\mu_l, {\sigma_l}^2\}$ 为组分 l 的参数集；μ_l 表示组分 l 的均值；${\sigma_l}^2$ 表示组分 l 的方差。

图 2.1 为三个高斯分布加权和构成的 GMM 概率分布曲线，横坐标和纵坐标分别为随机变量和概率，虚线为 GMM 组分概率分布曲线，实线为 GMM 概率分布曲线。从虚线可看出高斯分布具有对称性，为典型的钟形分布，所构成的 GMM 各峰值同样具有高斯分布特性。

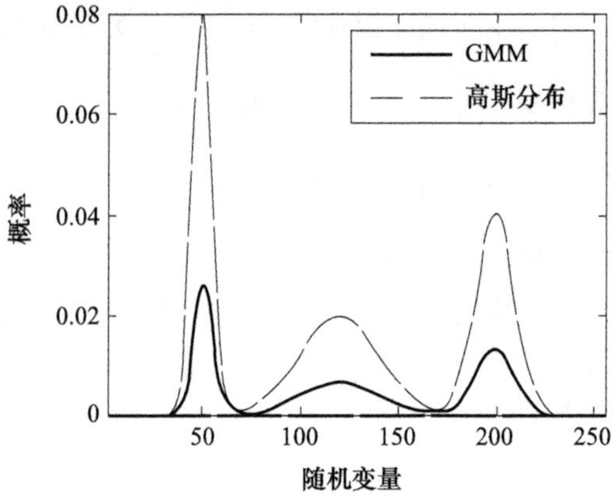

图 2.1　GMM 概率分布曲线

2.1.2　SMM

SMM 由若干个学生 t 分布加权和构成，以学生 t 分布作为有限混合模型组分，该分布为对称且重尾分布。在遥感影像分割中，SMM 常用于建模多光谱遥感影像和 SAR 影像的统计分布。

给定矢量数据 $\boldsymbol{x}_i=(x_{id};d=1,2,\cdots,D)$，采用 SMM 建模矢量数据 $\boldsymbol{x}_i$ 的条件概率分布时，将 SMM 组分定义为多元学生 t 分布，表示为

$$p_l(\boldsymbol{x}_i|\boldsymbol{\Omega}_l)=\frac{\Gamma\left(\frac{\upsilon_l+D}{2}\right)}{\Gamma\left(\frac{\upsilon_l}{2}\right)(\upsilon_l\pi)^{D/2}|\boldsymbol{\Sigma}_l|^{1/2}}\left(1+\frac{(\boldsymbol{x}_i-\boldsymbol{\mu}_l)\boldsymbol{\Sigma}_l^{-1}(\boldsymbol{x}_i-\boldsymbol{\mu}_l)^{\mathrm{T}}}{\upsilon_l}\right)^{-\frac{(\upsilon_l+D)}{2}} \tag{2.8}$$

式中，$\boldsymbol{\Omega}_l=\{\boldsymbol{\mu}_l,\boldsymbol{\Sigma}_l,\upsilon_l\}$为组分 l 的参数集；$\upsilon_l\in[0,+\infty)$表示组分 l 的自由度参数，用于控制学生 t 分布尾部的厚度；$\Gamma(\cdot)$为伽马函数。将式(2.8)代入式(2.4)得到 SMM 用于建模矢量数据 $\boldsymbol{x}_i$ 的条件概率分布，表示为

$$\begin{aligned}p(\boldsymbol{x}_i\mid\boldsymbol{\Psi}_i)&=\sum_{l=1}^{k}\pi_{li}p_l(\boldsymbol{x}_i\mid\boldsymbol{\Omega}_l)\\&=\sum_{l=1}^{k}\pi_{li}\frac{\Gamma\left(\frac{\upsilon_l+D}{2}\right)}{\Gamma\left(\frac{\upsilon_l}{2}\right)(\upsilon_l\pi)^{D/2}|\boldsymbol{\Sigma}_l|^{1/2}}\left(1+\frac{(\boldsymbol{x}_i-\boldsymbol{\mu}_l)\boldsymbol{\Sigma}_l^{-1}(\boldsymbol{x}_i-\boldsymbol{\mu}_l)^{\mathrm{T}}}{\upsilon_l}\right)^{-\frac{(\upsilon_l+D)}{2}}\end{aligned} \tag{2.9}$$

式中，数据 i 的模型参数集表示为 $\boldsymbol{\Psi}_i=\{\boldsymbol{\pi}_i,\boldsymbol{\mu},\boldsymbol{\Sigma},\boldsymbol{\upsilon}\}$；$\boldsymbol{\pi}_i=\{\pi_{li};l=1,2,\cdots,k\}$为数据 i 的组分权重集，与多元高斯分布相同；$\boldsymbol{\mu}=\{\boldsymbol{\mu}_l;l=1,2,\cdots,k\}$为均值矢量集合；$\boldsymbol{\Sigma}=\{\boldsymbol{\Sigma}_l;l=1,2,\cdots,k\}$为协方差集合；$\boldsymbol{\upsilon}=\{\upsilon_l;l=1,2,\cdots,k\}$为自由度参数集。

给定一维数据 x_i，采用 SMM 建模数据 x_i 的条件概率分布时，将 SMM 组分定义为一元学生 t 分布，并将学生 t 分布代入式(2.4)得到 SMM 用于建模一元数据 x_i 的条件概率分布，表示为

$$p(x_i\mid\boldsymbol{\Psi}_i)=\sum_{l=1}^{k}\pi_{li}p_l(x_i\mid\boldsymbol{\Omega}_l)=\sum_{l=1}^{k}\pi_{li}\frac{\Gamma\left(\frac{\upsilon_l+1}{2}\right)}{\Gamma\left(\frac{\upsilon_l}{2}\right)(\upsilon_l\pi\sigma_l^2)^{1/2}}\left(1+\frac{(x_i-\mu_l)^2}{\upsilon_l\sigma_l^2}\right)^{-\frac{(\upsilon_l+1)}{2}} \tag{2.10}$$

式中，数据 i 的模型参数集表示为 $\boldsymbol{\Psi}_i=\{\boldsymbol{\pi}_i,\boldsymbol{\mu},\boldsymbol{\sigma}^2,\boldsymbol{\upsilon}\}$；$\boldsymbol{\pi}_i=\{\pi_{li};l=1,2,\cdots,k\}$ 为数据 i 的组分权重集，与一元高斯分布相同；$\boldsymbol{\mu}=\{\mu_l;l=1,2,\cdots,k\}$ 为均值集合；$\boldsymbol{\sigma}^2=\{\sigma_l{}^2;l=1,2,\cdots,k\}$ 为方差集合，与多元学生 t 分布相同；$\boldsymbol{\upsilon}=\{\upsilon_l;l=1,2,\cdots,k\}$ 为自由度参数集；υ_l 为组分 l 的自由度参数；$\boldsymbol{\Omega}_l=\{\mu_l,\sigma_l{}^2,\upsilon_l\}$ 为组分 l 的参数集。

图 2.2 为三个学生 t 分布加权和构成的 SMM 概率分布曲线，横坐标和纵坐标分别为随机变量和概率，虚线为 SMM 组分概率分布曲线，实线为 SMM 概率分布曲线。从虚线可看出学生 t 分布具有尖峰和两侧重尾特性，所构成的 SMM 各峰值同样具有尖峰特性，波谷处比较平缓。

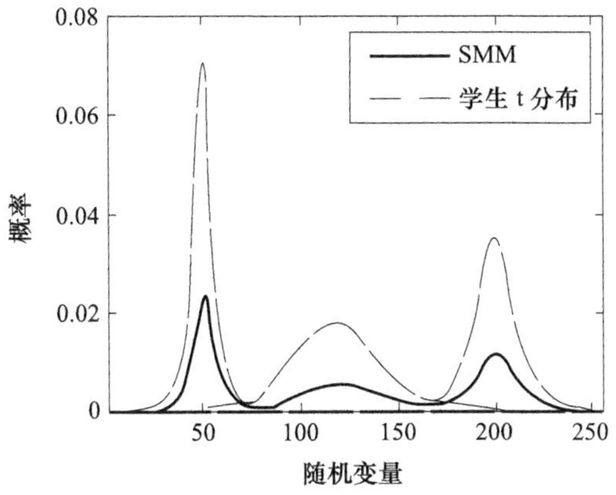

图 2.2　SMM 概率分布曲线

2.1.3　GaMM

GaMM 由若干个伽马分布加权和构成，以伽马分布作为有限混合模型组分，伽马分布具有非对称且右侧重尾的特性。在遥感影像分割中，常用于 SAR 强度影像的统计建模。

给定一维数据 x_i，采用 GaMM 建模数据 x_i 的条件概率分布时，将有限混合模型组分定义为伽马分布，表示为

$$p_l(x_i\mid\boldsymbol{\Omega}_l)=\frac{x_i{}^{\alpha_l-1}}{\Gamma(\alpha_l)\beta_l{}^{\alpha_l}}\exp\left(-\frac{x_i}{\beta_l}\right) \tag{2.11}$$

式中，$\boldsymbol{\Omega}_l=\{\alpha_l,\beta_l\}$ 为组分 l 的参数集；α_l 表示组分 l 的形状参数；β_l 表示组分 l 的尺度参数；$\Gamma(\alpha_l)$ 为关于形状参数的伽马函数，表示为 $\Gamma(\alpha_l)=\int_0^{+\infty}t^{\alpha_l-1}\mathrm{e}^{-t}\mathrm{d}t$。将式(2.11)代入式(2.4)得到 GaMM，用于建模数据 x_i 的条件概率分布，表示为

$$p(x_i\mid\boldsymbol{\Psi}_i)=\sum_{l=1}^{k}\pi_{li}p_l(x_i\mid\boldsymbol{\Omega}_l)=\sum_{l=1}^{k}\pi_{li}\frac{x_i{}^{\alpha_l-1}}{\Gamma(\alpha_l)\beta_l{}^{\alpha_l}}\exp\left(-\frac{x_i}{\beta_l}\right) \tag{2.12}$$

式中，数据 i 的模型参数表示为 $\boldsymbol{\Psi}_i=\{\boldsymbol{\pi}_i,\boldsymbol{\alpha},\boldsymbol{\beta}\}$；$\boldsymbol{\pi}_i=\{\pi_{li};l=1,2,\cdots,k\}$ 为数据 i 的组分权重集；$\boldsymbol{\alpha}=\{\alpha_l;l=1,2,\cdots,k\}$ 为形状参数集合；$\boldsymbol{\beta}=\{\beta_l;l=1,2,\cdots,k\}$ 为尺度参数集合。

图 2.3 为三个伽马分布加权和构成的 GaMM，横坐标和纵坐标分别为随机变量和概率，虚线为 GaMM 组分概率分布曲线，实线为 GaMM 概率分布曲线。从虚曲线可看出伽马分布具有非对称和右侧重尾特性，所构成的 GaMM 在波谷处比较平坦。

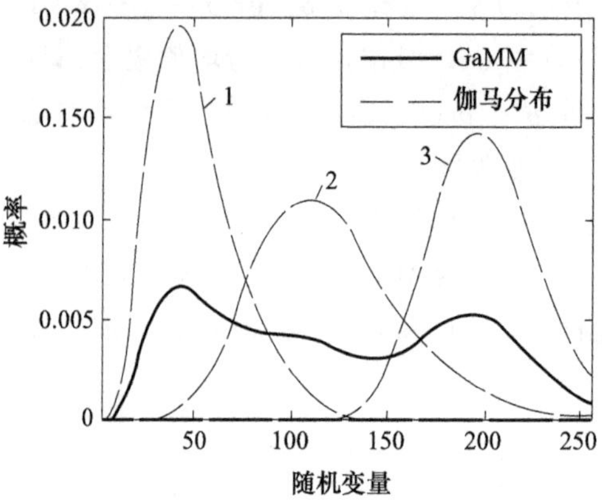

图 2.3　GaMM 概率分布曲线

2.2　MRF 模型

在影像分割中，有限混合模型用于建模像素光谱测度的统计分布，因其仅考虑像素光谱信息，导致分割算法对影像噪声比较敏感。考虑到影像中局部像素空间位置具有强相关性，采用 MRF 建模组分权重先验分布，以概率形式将像素局部位置关系引入混合模型，提高影像分割结果质量。本节主要介绍 MRF 理论和常用的组分权重先验分布，包括空间可变先验分布、高斯-MRF 先验分布、DCM 先验分布、平滑因子先验分布。

2.2.1　MRF 理论

MRF 是指具有马尔可夫性的随机场，主要包括马尔可夫性和随机场两个部分(Li,2009)。其中，马尔可夫性指按照时间顺序将随机变量序列排列开，第 $t+1$ 时刻的分布特征仅与第 t 时刻随机变量取值相关，而与第 t 时刻之前的随机变量取值无关，如图 2.4 所示。另外，随机场包含位置和相空间两个部分，依据某种分布从相空间中选取值赋给每个位置的全体称为随机场。其中，相空间内包含的是属性值。

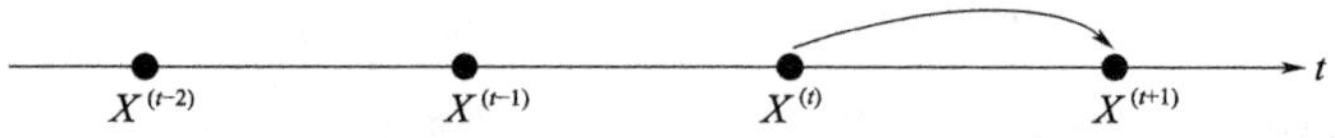

图 2.4　马尔可夫性

构建 MRF 需满足正性条件和马尔可夫链性条件，其中正性条件表示随机场内各随机变量的概率分布为正值，马尔可夫链性条件表示随机场内随机变量的概率分布仅与其邻域随机变量有关。在有限混合模型中，组分权重表示像素类属性的先验概率，各像素的组分权重集 $\boldsymbol{\pi}=\{\boldsymbol{\pi}_i; i=1,2,\cdots,n\}$ 满足 MRF 的正性条件和马尔可夫链性条件，因此可将其视为 MRF。这两个条件表示为

$$p(\pi_{li})>0, \forall \pi_{li} \tag{2.13}$$

$$p(\boldsymbol{\pi}_i \mid \boldsymbol{\pi}_{C-\{i\}})=p(\boldsymbol{\pi}_i \mid \boldsymbol{\pi}_{\mathbf{N}_i}) \tag{2.14}$$

式中，C 为像素的空间域；$C-\{i\}$ 表示两个集合之间相减；$\boldsymbol{\pi}_{C-\{i\}}$ 表示不包括像素 i 在内的空间域 C 上所有像素的组分权重；$\boldsymbol{\pi}_{\mathbf{N}_i}=\{\boldsymbol{\pi}_{i'} \mid i' \in \mathbf{N}_i\}$ 表示像素 i 邻域位置像素的组分权重集合；i'

为邻域像素索引；$\boldsymbol{N}_i$为邻域像素索引(位置)集合。式(2.13)中，组分权重的概率分布为正值，满足 MRF 正性条件。式(2.14)中，在给定像素 i 邻域组分权重条件下像素 i 组分权重的概率分布等价于给定全局(不包括像素 i 自身)组分权重条件下像素 i 组分权重的概率分布。由于像素 i 与其周围像素具有相同类属性的可能性很大，尤其是当它们位于同一目标区域内时。而随着邻域像素位置与像素 i 距离的增加，其类属的相关性降低。因此，组分权重的概率分布满足 MRF 的马尔可夫链性条件，利用局部像素类属相关性代替全局像素类属相关性。

像素 i 的邻域集 $\boldsymbol{N}_i$具有以下特征：①像素 i 位置不包含于其邻域集内，即 $i \notin \boldsymbol{N}_i$；②邻域的关系是相互的，即 $i \in \boldsymbol{N}_{i'} \Leftrightarrow i' \in \boldsymbol{N}_i$。像素 i 位置的邻域集被定义为以位置 i 为圆心，s 为半径(s 为整数)范围内所有位置的集合。该邻域集表示为

$$\boldsymbol{N}_i = \{ i' \in \boldsymbol{C} \mid (\operatorname{dist}(\boldsymbol{\pi}_i, \boldsymbol{\pi}_{i'}))^2 \leqslant s, i' \neq i \} \tag{2.15}$$

式中，$\operatorname{dist}(\boldsymbol{\pi}_i, \boldsymbol{\pi}_{i'})$表示像素 i 位置与像素 i'位置之间的欧氏距离。

图 2.5 为具有不同阶数的邻域系统。其中，图 2.5(a)为一阶邻域系统，也称为四邻域系统，像素 i 位置有四个邻域，0 表示其邻域。图 2.5(b)为二阶邻域系统，也称为 8 邻域系统，像素 i 位置有 8 个邻域。图 2.5(c)为高阶邻域系统，图中标号 1～5 表示 1～5 阶邻域系统中最外围的邻域位置。例如，标号 1 的即为一阶邻域系统，与图 2.5(a)邻域系统相同；标号 1 和 2 的为二阶邻域系统，与图 2.5(b)的邻域系统相同；依此类推。

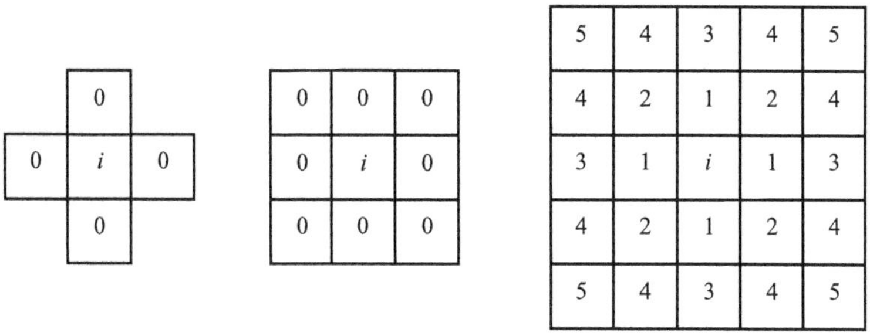

(a) 一阶邻域　(b) 二阶邻域　(c) 高阶邻域

图 2.5　邻域系统

根据 Hammersley-Clifford 定理可知，MRF 与 Gibbs 随机场具有等价性。Gibbs 随机场内随机变量服从 Gibbs 分布，因此采用 Gibbs 分布建模组分权重的概率分布，表示为

$$p(\boldsymbol{\pi}) = \frac{1}{A} \exp\left(-\frac{1}{T} U(\boldsymbol{\pi}) \right) \tag{2.16}$$

式中，T 为温度系数(通常设为 1)；A 为归一化常数，表示为

$$A = \sum_{\pi} \exp\left(-\frac{1}{T} U(\boldsymbol{\pi}) \right) \tag{2.17}$$

式中，$U(\cdot)$为能量函数，表示为

$$U(\boldsymbol{\pi}) = \eta \sum_{i=1}^{n} V_{\boldsymbol{N}_i}(\boldsymbol{\pi}_i) \tag{2.18}$$

式中，η 为平滑系数，用于控制邻域像素类属性对中心像素类属性的平滑强度；$V(\cdot)$为势能函数，通过定义不同的势能函数以使能量函数达到最小值，进而构建不同的组分权重先验分布 $p(\boldsymbol{\pi})$。

2.2.2 MRF先验分布

在空间约束有限混合模型影像分割方法中，通常采用Gibbs分布构建组分权重先验分布，以将像素局部空间位置关系引入分割模型。构建能量函数是空间约束有限混合模型影像分割方法的重点研究内容之一，常用的MRF组分权重先验分布包括空间可变先验分布(Sanjay-Gopal et al.，1998)、高斯-MRF先验分布(Nikou et al.，2007；Nikou et al.，2015)、基于DCM的先验分布(Nguyen et al.，2011；Nikou et al.，2010；Zhang et al.，2014b；Hu et al.，2017)和基于平滑因子的先验分布(Nguyen et al.，2013b；Singh et al.，2017；Ji et al.，2014，2017)等。

(1)空间可变先验分布。空间可变先验分布是一种最常用的组分权重先验分布，利用像素i的组分权重与其邻域像素组分权重的欧式距离平方定义势能函数，表示为

$$V_{\mathbf{N}_i}(\boldsymbol{\pi}_i)=\mathrm{dist}(\boldsymbol{\pi}_i-\boldsymbol{\pi}_{i'\in\mathbf{N}_i})^2=\sum_{l=1}^{k}\sum_{i'\in\mathbf{N}_i}(\pi_{li}-\pi_{li'})^2 \tag{2.19}$$

式中，邻域系统通常选取3×3像素大小的窗口，即8邻域系统。将式(2.19)势能函数代入式(2.18)得到能量函数，表示为

$$U(\boldsymbol{\pi})=\eta\sum_{i=1}^{n}\sum_{l=1}^{k}\sum_{i'\in\mathbf{N}_i}(\pi_{li}-\pi_{li'})^2 \tag{2.20}$$

进而，组分权重的先验分布表示为

$$p(\boldsymbol{\pi})=\frac{1}{A}\exp\left[-\eta\sum_{i=1}^{n}\sum_{l=1}^{k}\sum_{i'\in\mathbf{N}_i}(\pi_{li}-\pi_{li'})^2\right] \tag{2.21}$$

综上分析，空间可变先验分布的构建原理简单，在空间约束有限混合模型影像分割中应用比较广泛，但邻域像素组分权重使得影像分割模型的结构比较复杂，给有限混合模型参数求解方法的设计带来了问题和挑战，尤其是组分权重参数。

(2)高斯-MRF先验分布。在高斯-MRF先验分布中，假设像素i邻域系统内组分权重误差ε_{li}服从高斯分布，进而构建出组分权重的先验分布，具体构建过程如下。

将像素i组分权重的预测值定义为邻域像素组分权重的均值，表示为

$$\tilde{\pi}_{li}=\frac{1}{\#\mathbf{N}_i}\sum_{i'\in\mathbf{N}_i}\pi_{li'} \tag{2.22}$$

式中，$\#\mathbf{N}_i$表示像素i邻域像素的个数，通常选取8邻域系统，即$\#\mathbf{N}_i=8$。进而，组分权重的预测误差可表示为$e_{li}=\pi_{li}-\tilde{\pi}_{li}$。

假设预测误差服从均值为0标准差为η的高斯分布，为了便于计算将其表示为

$$\#\mathbf{N}_i e_{li}=\#\mathbf{N}_i(\pi_{li}-\tilde{\pi}_{li})=\#\mathbf{N}_i\left(\pi_{li}-\frac{1}{\#\mathbf{N}_i}\sum_{i'\in\mathbf{N}_i}\pi_{li'}\right)=\sum_{i'\in\mathbf{N}_i}(\pi_{li}-\pi_{li'})\sim N(0,\eta^2) \tag{2.23}$$

将式(2.23)展开得到组分权重π_{li}的概率分布，表示为

$$p(\pi_{li})=\frac{1}{\sqrt{2\pi\eta^2}}\exp\left[-\frac{1}{2\eta^2}\left(\sum_{i'\in\mathbf{N}_i}(\pi_{li}-\pi_{li'})\right)^2\right] \tag{2.24}$$

假设像素之间和类别之间相互独立，则组分权重的联合概率分布表示为

$$p(\boldsymbol{\pi})=\prod_{i=1}^{n}\prod_{l=1}^{k}\frac{1}{\sqrt{2\pi\eta^2}}\exp\left[-\frac{1}{2\eta^2}\left(\sum_{i'\in\mathbf{N}_i}(\pi_{li}-\pi_{li'})\right)^2\right] \tag{2.25}$$

为了便于计算，将高斯-MRF 组分权重先验分布近似表示为

$$p(\boldsymbol{\pi}) \propto \prod_{i=1}^{n}\prod_{l=1}^{k}\eta^{-1}\exp\left[-\frac{1}{2\eta^{2}}\left(\sum_{i'\in \boldsymbol{N}_i}(\pi_{li}-\pi_{li'})\right)^{2}\right]=\eta^{-kn}\exp\left[-\frac{1}{2\eta^{2}}\sum_{i=1}^{n}\sum_{l=1}^{k}\left(\sum_{i'\in \boldsymbol{N}_i}(\pi_{li}-\pi_{li'})\right)^{2}\right] \tag{2.26}$$

式(2.26)中，平滑系数 η 为单一数值，没有考虑不同类别之间的平滑差异性。为此，将平滑系数集合定义为 $\eta=\{\eta_l;l=1,2,\cdots,k\}$，$\eta_l$ 为组分 l 的平滑系数，使得不同类别的组分权重具有不同程度的平滑性，则式(2.26)高斯-MRF 组分权重先验分布改写为

$$p(\boldsymbol{\pi}) \propto \prod_{l=1}^{k}\eta_l^{-n}\exp\left[-\frac{1}{2\eta_l^{2}}\sum_{i=1}^{n}\left(\sum_{i'\in \boldsymbol{N}_i}(\pi_{li}-\pi_{li'})\right)^{2}\right] \tag{2.27}$$

考虑到不同空间方向上像素类属性的平滑差异性，在式(2.27)基础上，将空间方向性融入平滑系数，则式(2.27)高斯-MRF 组分权重先验分布改写为

$$p(\boldsymbol{\pi}) \propto \prod_{g=1}^{G}\prod_{l=1}^{k}\eta_{lg}^{-n}\exp\left[-\frac{1}{2\eta_{lg}^{2}}\sum_{i=1}^{n}\left(\sum_{i'\in \boldsymbol{N}_{ig}}(\pi_{li}-\pi_{li'})\right)^{2}\right] \tag{2.28}$$

式中，g 为空间方向索引；$G=4$ 为总方向数，包括水平、垂直和两个对角线方向，见图 2.6；η_{lg} 表示类别 l 和方向 g 的平滑系数；$\boldsymbol{N}_{ig}$ 表示在方向 g 上像素 i 的邻域像素索引集。

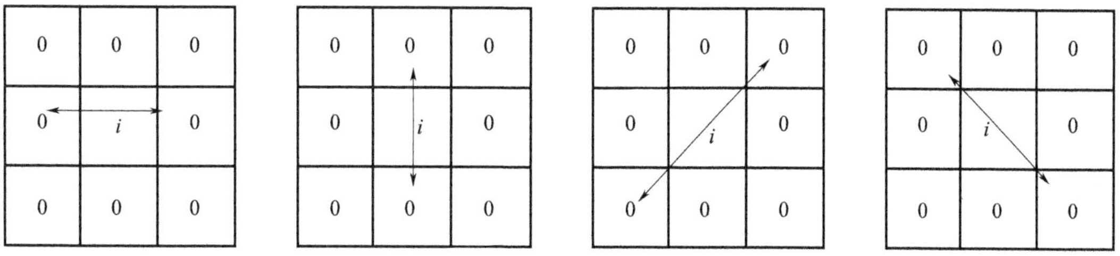

(a) 水平　　(b) 垂直　　(c) 对角线1　　(d) 对角线2

图 2.6　邻域像素的空间方向

综上分析，高斯-MRF 先验分布通过假设邻域像素组分权重误差服从高斯分布以考虑局部像素空间位置关系，其结构简单且易于将像素空间方向性等信息融入其中。但其结构给有限混合模型参数求解方法的选择和设计带来难题和挑战，尤其是组分权重参数求解。

(3)DCM 先验分布。DCM 先验分布根据贝叶斯理论结合多项式分布和狄利克雷分布建模像素类属指示标号的概率分布，进而推导出由狄利克雷分布参数所表示的组分权重表达式，具体构建过程如下。

令 $\boldsymbol{c}_i=\{c_{li};l=1,2,\cdots,k\}$ 表示像素 i 的类属指示标号集，用于给每个像素标定所隶属的目标区域。其中，$c_{li}\in\{0,1\}$，当 $c_{li}=1$ 时，表示像素 i 隶属于目标区域 l；当 $c_{li}=0$ 时，表示像素 i 不隶属于目标区域 l。由于一个像素仅可被划分给一个目标区域，因此在类属指示标号集 $\boldsymbol{c}_i$ 内有且仅有一个值为 1。假设类属指示标号 $\boldsymbol{c}_i$ 服从多项式分布，表示为

$$p(\boldsymbol{c}_i \mid \boldsymbol{\xi}_i)=\frac{B!}{\prod_{l=1}^{k}(c_{li})!}\prod_{l=1}^{k}(\xi_{li})^{c_{li}} \tag{2.29}$$

式中，多项式分布参数集表示为 $\boldsymbol{\xi}=\{\boldsymbol{\xi}_i;i=1,2,\cdots,n\}$；$\boldsymbol{\xi}_i=\{\xi_{li};l=1,2,\cdots,k\}$；$\xi_{li}$ 表示 B 个实现中 $c_{li}=1$ 的概率，且满足条件 $\xi_{li}\geqslant 0$ 和 $\sum_{l=1}^{k}\xi_{li}=1$。假设多项分布参数 $\boldsymbol{\xi}_i$ 服从狄利克雷分布，表示为

$$p(\boldsymbol{\xi}_i \mid \boldsymbol{\delta}_i) = \frac{\Gamma(\sum_{l=1}^{k} \delta_{li})}{\prod_{l=1}^{k} \Gamma(\delta_{li})} \prod_{l=1}^{k} (\xi_{li})^{(\delta_{li}-1)} \tag{2.30}$$

式中，狄利克雷参数集表示为 $\boldsymbol{\delta}=\{\boldsymbol{\delta}_i; i=1,2,\cdots,n\}$；$\boldsymbol{\delta}_i=\{\delta_{li},; l=1,2,\cdots,k\}$；狄利克雷分布参数满足非负条件，即 $\delta_{li} \geqslant 0$。当 $\delta_{li}<1$ 时，狄利克雷分布为离散型分布；当 $\delta_{li}=1$ 时，该分布为均匀分布；当 $\delta_{li}>1$ 时，该分布为聚集性分布。

在贝叶斯理论框架下，利用式(2.29)和式(2.30)可构建类属指示标号和多项式分布参数的联合概率分布，通过对该联合分布的参数 $\boldsymbol{\xi}_i$ 积分得到给定参数 $\boldsymbol{\delta}_i$ 条件下类属指示标号 $\boldsymbol{c}_i$ 的边缘概率分布，表示为

$$\begin{aligned} p(\boldsymbol{c}_i \mid \boldsymbol{\delta}_i) &= \int_0^1 p(\boldsymbol{c}_i \mid \boldsymbol{\xi}_i) p(\boldsymbol{\xi}_i \mid \boldsymbol{\delta}_i) \mathrm{d}\, \boldsymbol{\xi}_i \\ &= \int_0^1 \frac{B!}{\prod_{l=1}^{k} c_{li}!} \prod_{l=1}^{k} (\xi_{li})^{c_{li}} \frac{\Gamma(\sum_{l=1}^{k} \delta_{li})}{\prod_{l=1}^{k} \Gamma(\delta_{li})} \prod_{l=1}^{k} (\xi_{li})^{(\delta_{li}-1)} \mathrm{d}\, \boldsymbol{\xi}_i \\ &= \frac{B!}{\prod_{l=1}^{k} c_{li}!} \frac{\Gamma(\sum_{l=1}^{k} \delta_{li})}{\prod_{l=1}^{k} \Gamma(\delta_{li})} \int_0^1 \prod_{l=1}^{k} (\xi_{li})^{c_{li}+\delta_{li}-1} \mathrm{d}\, \boldsymbol{\xi}_i \end{aligned} \tag{2.31}$$

通过对式(2.31)的求解可推导出类属指示标号 $\boldsymbol{c}_i$ 的条件概率分布，表示为

$$p(\boldsymbol{c}_i \mid \boldsymbol{\delta}_i) = \frac{B!}{\prod_{l=1}^{k} c_{li}!} \frac{\Gamma(\sum_{l=1}^{k} \delta_{li})}{\Gamma(\sum_{l=1}^{k} \delta_{li} + c_{li})} \prod_{l=1}^{k} \frac{\Gamma(\delta_{li} + c_{li})}{\Gamma(\delta_{li})} \tag{2.32}$$

令像素 i 隶属于目标区域 l，则其先验概率为 1，而其他目标区域对应的先验概率为 0，可表示为

$$\pi_{li} = p(c_{li}=1) = 1 \tag{2.33}$$

$$\pi_{l'i} = p(c_{l'i}=1) = 0, l' \neq l \text{ 且 } l' \in \{1,2,\cdots,k\} \tag{2.34}$$

由于 DCM 分布仅有一个实现，即 $B=1$，且 $\Gamma(x+1)=x\,\Gamma(x)$，则由式(2.32)可推导出像素 i 隶属于目标区域 l 的先验概率分布：

$$p(c_{li}=1) = p(c_{li}=1, c_{l'i}=0, l \neq l', l' \in \{1,2,\cdots,k\} \mid \boldsymbol{\delta}_i) = \frac{\delta_{li}}{\sum_{l=1}^{k} \delta_{li}} \tag{2.35}$$

进而，组分权重可表示为

$$\pi_{li} = \frac{\delta_{li}}{\sum_{l=1}^{k} \delta_{li}} \tag{2.36}$$

由式(2.36)可知，组分权重可由狄利克雷分布参数表示，且满足组分权重的约束条件。进而，将求解组分权重转化为求解狄利克雷分布参数，该参数仅需满足非负条件。为了考虑像素的局部空间位置关系，可采用空间可变先验分布或高斯-MRF 先验分布建模狄利克雷分布参数的概率分布，分别表示为

$$p(\boldsymbol{\delta})=\frac{1}{A}\exp\left[-\frac{1}{T}\sum_{i=1}^{n}\sum_{l=1}^{k}\sum_{i'\in\boldsymbol{N}_i}(\delta_{li}-\delta_{li'})^2\right] \tag{2.37}$$

$$p(\boldsymbol{\delta})\propto\prod_{l=1}^{k}\eta_l^{-n}\exp\left[-\frac{1}{2\eta_l^2}\sum_{i=1}^{n}\left(\sum_{i'\in\boldsymbol{N}_i}(\delta_{li}-\delta_{li'})\right)^2\right] \tag{2.38}$$

综上分析，DCM 先验分布可推导出组分权重的表达式，将求解组分权重转化为求解狄利克雷分布参数，该参数仅需满足非负条件，这避免了组分权重约束条件给参数求解带来的局限性。但像素的局部位置关系使得狄利克雷参数先验分布的结构仍比较复杂，进而增加了该参数求解的复杂性。

为了简化狄利克雷分布参数的求解过程，并考虑像素的局部位置关系，利用邻域像素后验概率的均值定义狄利克雷参数的表达式。为了保证狄利克雷分布参数的非负性，对该均值取指数函数，表示为

$$\delta_{li}=\exp\left(\frac{\eta}{\#\boldsymbol{N}_i}\sum_{i'\in\boldsymbol{N}_i}p(Z_{i'}=l\mid\boldsymbol{x}_{i'})\right) \tag{2.39}$$

式中，$p(Z_i=l|\boldsymbol{x}_i)$表示像素 i 隶属于目标区域 l 的后验概率，根据贝叶斯理论该后验概率表示为

$$p(Z_i=l\mid\boldsymbol{x}_i)=\frac{p(\boldsymbol{x}_i\mid Z_i=l)p(Z_i=l)}{p(\boldsymbol{x}_i)} \tag{2.40}$$

根据有限混合模型理论，式(2.40)后验概率可进一步表示为

$$p(Z_i=l\mid\boldsymbol{x}_i)=\frac{\pi_{li}p_l(\boldsymbol{x}_i\mid\boldsymbol{\Omega}_l)}{\sum_{l'=1}^{k}\pi_{l'i}p_{l'}(\boldsymbol{x}_i\mid\boldsymbol{\Omega}_{l'})} \tag{2.41}$$

将式(2.39)代入式(2.36)可得到组分权重表达式，表示为

$$\pi_{li}=\frac{\exp\left(\frac{\eta}{\#\boldsymbol{N}_i}\sum_{i'\in\boldsymbol{N}_i}p(Z_{i'}=l\mid\boldsymbol{x}_{i'})\right)}{\sum_{l'=1}^{k}\exp\left(\frac{\eta}{\#\boldsymbol{N}_i}\sum_{i'\in\boldsymbol{N}_i}p(Z_{i'}=l'\mid\boldsymbol{x}_{i'})\right)} \tag{2.42}$$

综上分析，利用邻域像素后验概率定义狄利克雷函数参数的表达式，进而构建出组分权重的表达式，不但将像素空间位置关系引入混合模型，同时避免了模型参数求解的复杂性问题。

(4)基于平滑因子的先验分布。为了避免由于引入像素空间位置关系所导致的参数求解复杂问题，提出一种基于平滑因子的组分权重先验分布。通过定义噪声平滑因子表达式，引入像素的局部空间位置关系。该平滑因子由像素隶属于各目标区域先验概率(组分权重)和后验概率均值滤波的指数函数定义，表示为

$$S_{li}{}^{(t)}=\exp\left[\frac{\eta}{2(\#\boldsymbol{N}_i)}\sum_{i'\in\boldsymbol{N}_i}\left(p\left(Z_{i'}=l\mid\boldsymbol{x}_{i'}\right)^{(t)}+\pi_{li'}{}^{(t)}\right)\right] \tag{2.43}$$

由式(2.43)可知，第 t 次迭代中的平滑因子是由当前迭代的先验概率和后验概率计算的，为了避免像素局部位置关系给参数求解带来的困难，利用该平滑因子定义第 $t+1$ 次迭代组分权重的能量函数，表示为

$$U(\boldsymbol{\pi})=-\sum_{i=1}^{n}\sum_{l=1}^{k}S_{li}{}^{(t)}\ln\pi_{li}{}^{(t+1)} \tag{2.44}$$

将式(2.44)代入式(2.16)的 Gibbs 分布可得到基于平滑因子的组分权重先验分布，表示为

$$p(\boldsymbol{\pi})=\frac{1}{A}\exp\left[\frac{1}{T}\sum_{i=1}^{n}\sum_{l=1}^{k}S_{li}{}^{(t)}\ln\pi_{li}{}^{(t+1)}\right] \tag{2.45}$$

综上说明，该组分权重先验分布定义噪声平滑因子以引入像素的局部空间位置关系，可降低影像噪声或异常值对分割结果的影响。另外，该先验分布的结构便于模型参数求解，尤其是组分权重的求解。

2.3 模型参数求解方法

基于有限混合模型分割将影像分割问题转化为模型参数求解问题，因此准确求解模型参数是获得高质量影像分割结果的有效途径之一。本节主要介绍常用的参数求解方法理论，包括 EM 方法、梯度优化方法和 MCMC 方法。除此之外，本节还介绍上述参数求解方法在有限混合模型参数求解中的应用和具体实现步骤。

2.3.1 EM 方法

2.3.1.1 EM 方法理论

EM 方法是一种解决包含隐含变量统计模型最大似然估计的迭代方法。该方法包含 E 步和 M 步两个步骤，其中 E 步是计算完全数据对数似然函数的条件期望，并利用当前模型参数计算隐含变量的后验概率；M 步是最大化完全数据对数似然函数的条件期望，利用隐含变量的后验概率和当前模型参数计算出新的模型参数。EM 方法的实现过程是，先初始化模型参数，然后在迭代中交替执行 E 步和 M 步，直到模型参数收敛到稳定的数值或似然函数收敛则停止迭代（Dempster，1977；Bishop，2006；Mclachlan et al. ，2017）。

由有限混合模型理论可知，$\boldsymbol{X}$ 为可观测随机场，$\boldsymbol{Z}$ 为不可观测随机场，可观测数据 $\boldsymbol{x}$ 和隐含数据 z 分别为随机场 $\boldsymbol{X}$ 和 $\boldsymbol{Z}$ 的一个实现，称集合$\{\boldsymbol{x},\boldsymbol{z}\}$为完全数据集。令可观测数据 $\boldsymbol{x}$ 的似然函数表示为 $p(\boldsymbol{x}|\boldsymbol{\Psi})$，完全数据的似然函数表示为 $p(\boldsymbol{x},\boldsymbol{z}|\boldsymbol{\Psi})$。在贝叶斯理论框架下，对数似然函数表示为

$$L(\boldsymbol{\Psi}) = \ln p(\boldsymbol{x} \mid \boldsymbol{\Psi}) = \ln\Big[\sum_{z} p(\boldsymbol{x},\boldsymbol{z} \mid \boldsymbol{\Psi})\Big] \tag{2.46}$$

令第 t 次迭代中模型参数集表示为 $\boldsymbol{\Psi}^{(t)}$，最大化似然函数可理解为下一次迭代中模型参数集的似然函数优于第 t 次迭代中模型参数集的似然函数，则有：

$$\begin{aligned} L(\boldsymbol{\Psi}) - L(\boldsymbol{\Psi}^{(t)}) &= \ln p(\boldsymbol{x} \mid \boldsymbol{\Psi}) - \ln p(\boldsymbol{x} \mid \boldsymbol{\Psi}^{(t)}) \\ &= \ln\Big[\sum_{z} p(\boldsymbol{x},\boldsymbol{z} \mid \boldsymbol{\Psi})\Big] - \ln\Big[\sum_{z} p(\boldsymbol{x},\boldsymbol{z} \mid \boldsymbol{\Psi}^{(t)})\Big] \end{aligned} \tag{2.47}$$

由式(2.47)可知，完全数据对数似然函数中包含“和的对数项”导致难以实现最大化似然函数。为此，将 Jensen 不等式应用于式(2.47)以消除“和的对数项”。图 2.7 为两点式 Jensen 不等式示意图，图中曲线为凸函数 $f(x)$曲线，$(x_1, f(x_1))$和$(x_2, f(x_2))$为 $f(x)$函数曲线上两点，将这两点连接可得到直线 l_x。对于横坐标$(\varphi_1 x_1+\varphi_2 x_2)$，其中 $\varphi_1+\varphi_2=1$，其在函数 $f(x)$上对应的纵坐标为 $f(\varphi_1 x_1+\varphi_2 x_2)$，在直线函数 l_x上对应的纵坐标为 $\varphi_1 f(x_1)+\varphi_2 f(x_2)$。从图中可知 $f(\varphi_1 x_1+\varphi_2 x_2) \geqslant \varphi_1 f(x_1)+\varphi_2 f(x_2)$，当 $\varphi_1=0$ 或 $\varphi_2=0$ 时，不等式的等号成立，称该不等式为两点式 Jensen 不等式。

根据数学归纳法，由两点式 Jensen 不等式可推导出广义 Jensen 不等式，给定点集$\{x_i; i=1,2,\cdots,n\}$，得到不等式：

$$f(\varphi_1 x_1+\varphi_2 x_2+\cdots+\varphi_n x_n) \geqslant \varphi_1 f(x_1)+\varphi_2 f(x_2)+\cdots+\varphi_n f(x_n) \tag{2.48}$$

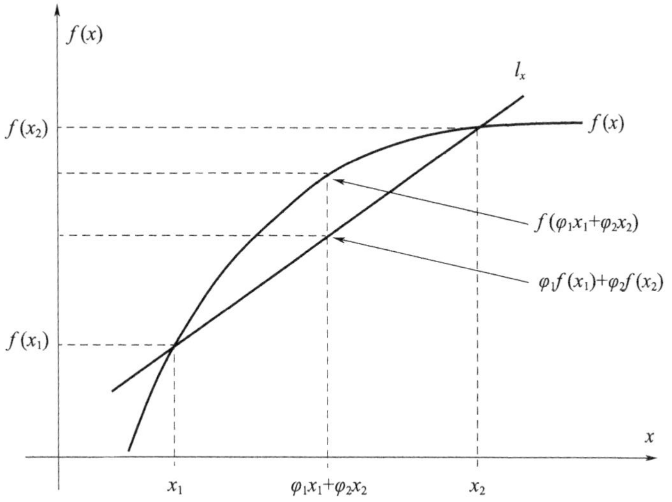

图 2.7　两点式 Jensen 不等式

式中，φ_i 为不等式权重，满足条件 $0\leqslant\varphi_i\leqslant1$ 和 $\varphi_1+\varphi_2+\cdots+\varphi_n=1$。将式(2.48)改写为

$$f\Big(\sum_i\varphi_ix_i\Big)\geqslant\sum_i\varphi_if(x_i) \tag{2.49}$$

称该式为广义 Jensen 不等式。

在贝叶斯理论框架下，给定模型参数集 $\boldsymbol{\Psi}^{(t)}$，隐含数据 z 的条件概率分布表示为

$$p(z\mid \boldsymbol{x},\boldsymbol{\Psi}^{(t)})=\frac{p(\boldsymbol{x}\mid z,\boldsymbol{\Psi}^{(t)})p(z\mid\boldsymbol{\Psi}^{(t)})}{p(\boldsymbol{x}\mid\boldsymbol{\Psi}^{(t)})} \tag{2.50}$$

容易证明，隐含数据 z 的条件概率分布 $p(z|\boldsymbol{x},\boldsymbol{\Psi}^{(t)})$满足条件

$$\sum_z p(z\mid\boldsymbol{x},\boldsymbol{\Psi}^{(t)})=\sum_z\frac{p(\boldsymbol{x},z\mid\boldsymbol{\Psi}^{(t)})}{p(\boldsymbol{x}\mid\boldsymbol{\Psi}^{(t)})}=1 \tag{2.51}$$

已知对数函数 ln(·)为凸函数，则由 Jensen 不等式可知，

$$\ln\Big(\sum_z p(z\mid\boldsymbol{x},\boldsymbol{\Psi}^{(t)})H\Big)\geqslant\sum_z p(z\mid\boldsymbol{x},\boldsymbol{\Psi}^{(t)})\ln(H) \tag{2.52}$$

根据式(2.52)，利用隐函数据的条件概率 $p(z|\boldsymbol{x},\boldsymbol{\Psi}^{(t)})$将式(2.47)改写为

$$\begin{aligned}
&L(\boldsymbol{\Psi})-L(\boldsymbol{\Psi}^{(t)})\\
&=\ln\Big[\sum_z p(z\mid\boldsymbol{x},\boldsymbol{\Psi}^{(t)})\frac{p(\boldsymbol{x},z\mid\boldsymbol{\Psi})}{p(z\mid\boldsymbol{x},\boldsymbol{\Psi}^{(t)})}\Big]-\ln\Big[\sum_z p(z\mid\boldsymbol{x},\boldsymbol{\Psi}^{(t)})\frac{p(\boldsymbol{x},z\mid\boldsymbol{\Psi}^{(t)})}{p(z\mid\boldsymbol{x},\boldsymbol{\Psi}^{(t)})}\Big]\geqslant\\
&\quad\sum_z\Big[p(z\mid\boldsymbol{x},\boldsymbol{\Psi}^{(t)})\ln\Big(\frac{p(\boldsymbol{x},z\mid\boldsymbol{\Psi})}{p(z\mid\boldsymbol{x},\boldsymbol{\Psi}^{(t)})}\Big)\Big]-\sum_z\Big[p(z\mid\boldsymbol{x},\boldsymbol{\Psi}^{(t)})\ln\Big(\frac{p(\boldsymbol{x},z\mid\boldsymbol{\Psi}^{(t)})}{p(z\mid\boldsymbol{x},\boldsymbol{\Psi}^{(t)})}\Big)\Big]\\
&=\sum_z\Big\{p(z\mid\boldsymbol{x},\boldsymbol{\Psi}^{(t)})\Big[\ln\Big(\frac{p(\boldsymbol{x},z\mid\boldsymbol{\Psi})}{p(z\mid\boldsymbol{x},\boldsymbol{\Psi}^{(t)})}\Big)-\ln\Big(\frac{p(\boldsymbol{x},z\mid\boldsymbol{\Psi}^{(t)})}{p(z\mid\boldsymbol{x},\boldsymbol{\Psi}^{(t)})}\Big)\Big]\Big\}\\
&=\sum_z p(z\mid\boldsymbol{x},\boldsymbol{\Psi}^{(t)})\ln\Big(\frac{p(\boldsymbol{x},z\mid\boldsymbol{\Psi})}{p(\boldsymbol{x},z\mid\boldsymbol{\Psi}^{(t)})}\Big)
\end{aligned} \tag{2.53}$$

将式(2.53)变形，表示为

$$L(\boldsymbol{\Psi})\geqslant L(\boldsymbol{\Psi}^{(t)})+\sum_z p(z\mid\boldsymbol{x},\boldsymbol{\Psi}^{(t)})\ln\Big(\frac{p(\boldsymbol{x},z\mid\boldsymbol{\Psi})}{p(\boldsymbol{x},z\mid\boldsymbol{\Psi}^{(t)})}\Big) \tag{2.54}$$

将式(2.54)右侧项记为 $Q(\boldsymbol{\Psi},\boldsymbol{\Psi}^{(t)})$，称其为目标函数，即

$$Q(\boldsymbol{\Psi},\boldsymbol{\Psi}^{(t)})=L(\boldsymbol{\Psi}^{(t)})+\sum_z p(z\mid\boldsymbol{x},\boldsymbol{\Psi}^{(t)})\ln\Big(\frac{p(\boldsymbol{x},z\mid\boldsymbol{\Psi})}{p(\boldsymbol{x},z\mid\boldsymbol{\Psi}^{(t)})}\Big) \tag{2.55}$$

目标函数 $Q(\boldsymbol{\Psi},\boldsymbol{\Psi}^{(t)})$为对数似然函数 $L(\boldsymbol{\Psi})$的下界。当 $\boldsymbol{\Psi}=\boldsymbol{\Psi}^{(t)}$时，式(2.54)不等式的等号成立，即 $Q(\boldsymbol{\Psi}=\boldsymbol{\Psi}^{(t)},\boldsymbol{\Psi}^{(t)})=L(\boldsymbol{\Psi}^{(t)})$。因此，将最大化对数似然函数 $L(\boldsymbol{\Psi})$转化为最大化目标函数 $Q(\boldsymbol{\Psi},\boldsymbol{\Psi}^{(t)})$。通过最大化目标函数 $Q(\boldsymbol{\Psi},\boldsymbol{\Psi}^{(t)})$可得到模型参数集的估计值，表示为

$$\begin{aligned}
\hat{\boldsymbol{\Psi}} &= \underset{\boldsymbol{\Psi}}{\operatorname{argmax}}\{Q(\boldsymbol{\Psi},\boldsymbol{\Psi}^{(t)})\} \\
&= \underset{\boldsymbol{\Psi}}{\operatorname{argmax}}\left\{L(\boldsymbol{\Psi}^{(t)})+\sum_{z}\left[p(z\mid \boldsymbol{x},\boldsymbol{\Psi}^{(t)})\ln\left(\frac{p(\boldsymbol{x},z\mid \boldsymbol{\Psi})}{p(\boldsymbol{x},z\mid \boldsymbol{\Psi}^{(t)})}\right)\right]\right\} \\
&= \underset{\boldsymbol{\Psi}}{\operatorname{argmax}}\Big\{L(\boldsymbol{\Psi}^{(t)})+\sum_{z}p(z\mid \boldsymbol{x},\boldsymbol{\Psi}^{(t)})\ln p(\boldsymbol{x},z\mid \boldsymbol{\Psi}) \\
&\quad -\sum_{z}p(z\mid \boldsymbol{x},\boldsymbol{\Psi}^{(t)})\ln(p(z\mid \boldsymbol{x},\boldsymbol{\Psi}^{(t)})p(\boldsymbol{x}\mid \boldsymbol{\Psi}^{(t)}))\Big\} \\
&= \underset{\boldsymbol{\Psi}}{\operatorname{argmax}}\Big\{\sum_{z}p(z\mid \boldsymbol{x},\boldsymbol{\Psi}^{(t)})\ln p(\boldsymbol{x},z\mid \boldsymbol{\Psi})\Big\} \\
&= \underset{\boldsymbol{\Psi}}{\operatorname{argmax}}\{E[\ln p(\boldsymbol{x},z\mid \boldsymbol{\Psi})]\mid \boldsymbol{x},\boldsymbol{\Psi}^{(t)}\}
\end{aligned} \tag{2.56}$$

式中，第三行等式中的第一项和第三项均为关于 $\boldsymbol{\Psi}^{(t)}$的常数项，在最大化目标函数 $Q(\boldsymbol{\Psi},\boldsymbol{\Psi}^{(t)})$过程中常数项不影响该过程，可将其忽略。因此，在给定模型参数 $\boldsymbol{\Psi}^{(t)}$条件下，模型参数估计值可通过最大化完全数据对数似然函数的期望获得。在贝叶斯理论框架下，利用 $p(\boldsymbol{x},z|\boldsymbol{\Psi})=p(\boldsymbol{x}|z,\boldsymbol{\Psi})\cdot p(z|\boldsymbol{\Psi})$可将式(2.56)进一步表示为

$$\hat{\boldsymbol{\Psi}} = \underset{\boldsymbol{\Psi}}{\operatorname{argmax}}\Big\{\sum_{z}p(z\mid \boldsymbol{x},\boldsymbol{\Psi}^{(t)})[\ln p(\boldsymbol{x}\mid z,\boldsymbol{\Psi})+\ln p(z\mid \boldsymbol{\Psi})]\Big\} \tag{2.57}$$

式中，$p(z|\boldsymbol{x},\boldsymbol{\Psi}^{(t)})$为后验概率，$p(\boldsymbol{x}|z,\boldsymbol{\Psi})$为观测数据的或然率，$p(z|\boldsymbol{\Psi})$为先验概率。

综上分析，为了实现最大化似然函数 $L(\boldsymbol{\Psi})$估计，根据 Jensen 不等式将其转化为最大化其下界函数。在贝叶斯理论框架下可推导出，最大化下界函数等价于最大化完全数据的条件期望，记为 $Q'(\boldsymbol{\Psi},\boldsymbol{\Psi}^{(t)})$，EM 方法的原理见图 2.8。

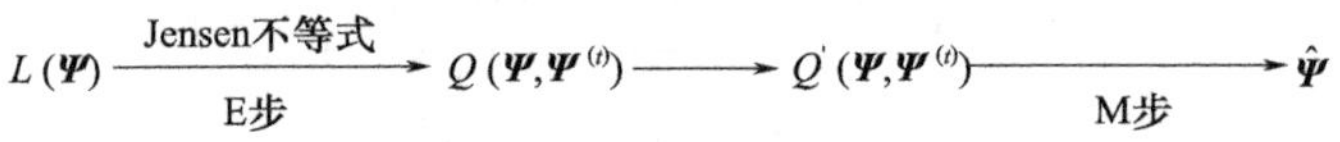

图 2.8　EM 方法原理

总结 EM 方法参数估计的实现过程如下：

步骤 1：初始化模型参数集 $\boldsymbol{\Psi}^{(t)}$，令 $t=0$；

步骤 2：执行 E 步，即计算隐含数据的条件概率分布 $p(z|\boldsymbol{x},\boldsymbol{\Psi}^{(t)})$；

步骤 3：执行 M 步，即最大化条件期望 $Q'(\boldsymbol{\Psi},\boldsymbol{\Psi}^{(t)})$，求解新的模型参数 $\boldsymbol{\Psi}^{(t+1)}$；

步骤 4：计算对数似然函数是否收敛，即$|L(\boldsymbol{\Psi}^{(t+1)})-L(\boldsymbol{\Psi}^{(t)})|<e$(收敛误差)，若收敛则停止迭代，否则返回步骤 2，令 $t=t+1$。

2.3.1.2　基于 GMM 的 EM 参数估计

在采用 GMM 构建数据条件概率分布的基础上，通过条件概率分布连乘可得到似然函数，利用 EM 方法求解模型参数以实现最大似然估计。其中，高斯分布结构简单易于实现最大似然估计，EM 方法原理易于理解且参数求解效率高。基于 GMM 的 EM 参数估计的具体实现过程如下。

令数据集为 $\boldsymbol{x}=\{x_i;i=1,2,\cdots,n\}$，其中 x_i为第 i 个数据，采用式(2.7)的 GMM 建模数据 x_i的条件概率分布，假设数据的条件概率分布之间相互独立，进而构建出数据联合条件概率分布，表示为

$$p(\boldsymbol{x}\mid\boldsymbol{\Psi})=\prod_{i=1}^{n}p(x_i\mid\boldsymbol{\Psi}_i)=\prod_{i=1}^{n}\left[\sum_{l=1}^{k}\pi_{li}\ (2\pi\sigma_l^2)^{-1/2}\exp\left(-\frac{(x_i-\mu_l)^2}{2{\sigma_l}^2}\right)\right] \tag{2.58}$$

为了便于模型参数求解，对式(2.58)取对数得到对数似然函数，表示为

$$L(\boldsymbol{\Psi})=\ln p(\boldsymbol{x}\mid\boldsymbol{\Psi})=\sum_{i=1}^{n}\ln\left[\sum_{l=1}^{k}\pi_{li}\ (2\pi\sigma_l^2)^{-1/2}\exp\left(-\frac{(x_i-\mu_l)^2}{2{\sigma_l}^2}\right)\right] \tag{2.59}$$

由式(2.59)可知，对数似然函数中包含"和的对数项"导致难以推导出各模型参数的表达式。为此，利用 Jensen 不等式消除"和的对数项"以便求解模型参数。根据贝叶斯定理，在给定模型参数集 $\boldsymbol{\Psi}^{(t)}$ 的条件下，数据 i 隶属于目标区域 l 的后验概率表示为

$$p(Z_i=l\mid x_i,\boldsymbol{\Psi}^{(t)})=\frac{p(x_i\mid Z_i=l,\boldsymbol{\Psi}^{(t)})p(Z_i=l)}{p(x_i\mid\boldsymbol{\Psi}^{(t)})} \tag{2.60}$$

根据 GMM 理论，式(2.60)后验概率可进一步表示为

$$u_{li}^{\ (t)}=\frac{\pi_{li}^{\ (t)}p_l(x_i\mid\boldsymbol{\Omega}_l^{\ (t)})}{\sum_{l'=1}^{k}\pi_{l'i}^{\ (t)}p_l(x_i\mid\boldsymbol{\Omega}_{l'}^{\ (t)})}=\frac{\pi_{li}^{\ (t)}\ (2\pi\sigma_l^2)^{-1/2}\exp\left(-\frac{(x_i-\mu_l)^2}{2{\sigma_l}^2}\right)}{\sum_{l'=1}^{k}\pi_{l'i}^{\ (t)}\ (2\pi\sigma_{l'}^2)^{-1/2}\exp\left(-\frac{(x_i-\mu_{l'})^2}{2{\sigma_{l'}}^2}\right)} \tag{2.61}$$

容易证明 $\sum_{l=1}^{k}u_{li}=1$，根据 Jensen 不等式知 $\ln(\sum_{l=1}^{k}u_{li}H)\geqslant\sum_{l=1}^{k}u_{li}\ln(H)$，则可得到关于对数似然函数的不等式，表示为

$$\begin{aligned}L(\boldsymbol{\Psi})&\geqslant\sum_{i=1}^{n}\sum_{l=1}^{k}u_{li}^{\ (t)}[\ln\pi_{li}+\ln p_l(x_i\mid\boldsymbol{\Omega}_l)]\\&=\sum_{i=1}^{n}\sum_{l=1}^{k}u_{li}^{\ (t)}\left[\ln\pi_{li}-\frac{1}{2}\ln(2\pi\sigma_l^2)-\frac{1}{2\sigma_l^2}\ (x_i-\mu_l)^2\right]\end{aligned} \tag{2.62}$$

将式(2.62)不等号右侧项作为目标函数，记为

$$Q(\boldsymbol{\Psi},\boldsymbol{\Psi}^{(t)})=\sum_{i=1}^{n}\sum_{l=1}^{k}u_{li}^{\ (t)}\left[\ln\pi_{li}-\frac{1}{2}\ln(2\pi\sigma_l^2)-\frac{1}{2\sigma_l^2}\ (x_i-\mu_l)^2\right] \tag{2.63}$$

利用目标函数 $Q(\boldsymbol{\Psi},\boldsymbol{\Psi}^{(t)})$ 分别对均值 μ_l 和方差 ${\sigma_l}^2$ 求偏导，并令导数等于 0，可得

$$\frac{\partial Q(\boldsymbol{\Psi},\boldsymbol{\Psi}^{(t)})}{\partial\mu_l}=\sum_{i=1}^{n}u_{li}^{\ (t)}\ \frac{(x_i-\mu_l)}{\sigma_l^2}=0 \tag{2.64}$$

$$\frac{\partial Q(\boldsymbol{\Psi},\boldsymbol{\Psi}^{(t)})}{\partial\sigma_l^2}=\sum_{i=1}^{n}u_{li}^{\ (t)}\left[-\frac{1}{2\sigma_l^2}+\frac{1}{2\sigma_l^4}(x_i-\mu_l)\right]=0 \tag{2.65}$$

求解式(2.64)和式(2.65)得到均值和方差的表达式，即第 $t+1$ 次迭代中均值和方差的结果，表示为

$$\mu_l^{\ (t+1)}=\frac{\sum_{i=1}^{n}u_{li}^{\ (t)}x_i}{\sum_{i=1}^{n}u_{li}^{\ (t)}} \tag{2.66}$$

$$(\sigma_l^{\ (t+1)})^2=\frac{\sum_{i=1}^{n}u_{li}^{\ (t)}\ (x_i-\mu_l^{\ (t+1)})^2}{\sum_{i=1}^{n}u_{li}^{\ (t)}} \tag{2.67}$$

由于组分权重须满足约束条件 $\sum_{l=1}^{k}\pi_{li}=1$，因此采用拉格朗日乘数法构建带有约束条件的目标函数，表示为

$$Q_\pi(\boldsymbol{\Psi},\boldsymbol{\Psi}^{(t)}) = Q(\boldsymbol{\Psi},\boldsymbol{\Psi}^{(t)}) + \sum_{i=1}^{n}\rho_i(\sum_{l=1}^{k}\pi_{li}-1)$$
$$= \sum_{i=1}^{n}\sum_{l=1}^{k}u_{li}{}^{(t)}\left[-\frac{1}{2}\ln(2\pi\sigma_l^2)-\frac{1}{2\sigma_l^2}(x_i-\mu_l)^2\right]+\sum_{i=1}^{n}\rho_i(\sum_{l=1}^{k}\pi_{li}-1) \tag{2.68}$$

式中，ρ_i为组分权重拉格朗日乘子。利用式(2.68)对组分权重 π_{li}和拉格朗日乘子 ρ_i求偏导，并令导数为 0，得

$$\begin{cases}\dfrac{\partial Q_\pi(\boldsymbol{\Psi},\boldsymbol{\Psi}^{(T)})}{\partial \pi_{li}} = \dfrac{u_{li}{}^{(t)}}{\pi_{li}}+\rho_i = 0 \\ \dfrac{\partial Q_\pi(\boldsymbol{\Psi},\boldsymbol{\Psi}^{(T)})}{\partial \rho_i} = \sum_{l=1}^{k}\pi_{li}-1 = 0\end{cases} \tag{2.69}$$

通过推导可得到组分权重的表达式，即第 $t+1$ 次迭代中组分权重的结果，表示为

$$\pi_{li}{}^{(t+1)} = \frac{u_{li}{}^{(t)}}{\sum_{l=1}^{k}u_{li}{}^{(t)}} \tag{2.70}$$

综上，总结基于 GMM 的 EM 参数估计方法实现过程如下(图 2.9 为参数估计流程图)：

步骤 1：初始化模型参数集 $\boldsymbol{\Psi}^{(t)}=\{\boldsymbol{\pi}^{(t)},\boldsymbol{\mu}^{(t)},(\boldsymbol{\sigma}^{(t)})^2\}$，令 $t=0$；

步骤 2：利用式(2.61)计算后验概率 $u_{li}{}^{(t)}$；

步骤 3：利用式(2.66)、式(2.67)和式(2.70)分别计算 $\mu_l{}^{(t+1)}$、$(\sigma_l{}^{(t+1)})^2$和 $\pi_{li}{}^{(t+1)}$；

步骤 4：根据第 t 次和第 $t+1$ 次迭代中的模型参数集 $\boldsymbol{\Psi}^{(t)}$和 $\boldsymbol{\Psi}^{(t+1)}$，利用式(2.59)计算对数似然函数 $L(\boldsymbol{\Psi}^{(t)})$和 $L(\boldsymbol{\Psi}^{(t+1)})$；

步骤 5：若似然函数收敛，即$|L(\boldsymbol{\Psi}^{(t+1)})-L(\boldsymbol{\Psi}^{(t)})|<e$，则停止迭代，否则返回步骤 2，并令 $t=t+1$。

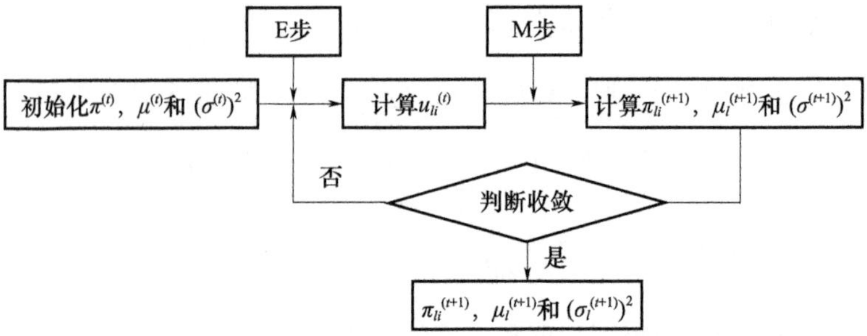

图 2.9　基于 GMM 的 EM 参数估计流程图

2.3.2　梯度优化方法

2.3.2.1　梯度优化方法理论

梯度优化方法是以梯度为最快下降方向为依据而设计的参数优化方法。该方法以参数梯度作为参数优化项以实现最小化损失函数，在有限混合模型影像分割中应用广泛，包括梯度下降(GD)方法和共轭梯度方法(Nocedal et al.，2006)。

(1) GD 方法。损失函数通常用于评价所设计模型的质量，损失函数越小表示模型拟合的程度越好，因此通过最小化损失函数可获得拟合良好的模型，所对应的模型参数为最优模型参数。

令 $J(\boldsymbol{\Psi})$ 为关于参数集 $\boldsymbol{\Psi}$ 的损失函数，表示为

$$J(\boldsymbol{\Psi}) = \sum_{i=1}^{n} (h(x_i \mid \boldsymbol{\Psi}) - h_i)^2 \tag{2.71}$$

式中，$h(x_i \mid \boldsymbol{\Psi})$ 为模型拟合值，h_i 为真实值。

GD 方法是一种求解函数极小值的迭代优化方法。以下山场景类比可以说明 GD 方法的原理，假设一个人站在山上的某一处位置，由于雾气太大视线受阻，为了最快下到山脚，需要考虑下山方向和步行距离两个因素，其中下山方向应为当前所处位置最陡峭方向，沿该方向所行进的距离不宜过大或过小，当到达下一个位置后以当前环境情况重新确定新的下山方向，并步行适宜的距离，重复这个过程直至到达山脚。与 GD 方法类比，山坡代表需要优化的损失函数，人最初所处位置代表参数初始值，山脚代表损失函数最小值点，下山方向代表损失函数下降方向，步行距离表示学习率。图 2.10 为 GD 方法原理图，其中损失函数的负梯度为损失函数减少的方向。

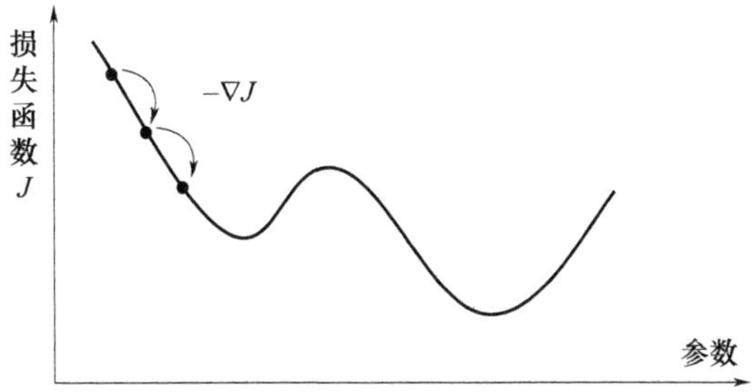

图 2.10　GD 方法原理

GD 方法中的两个重要因子为梯度和学习率。其中，梯度即微分，表示函数的变化率，梯度的几何意义是函数增加最快的方向，则负梯度表示函数减少最快的方向；学习率即步长，每次迭代中函数梯度是不同的，学习率约束梯度以保证函数能够快速达到最小值点，若步长太小，则函数收敛慢，效率低；若步长太大，则容易错过最小值点。

GD 方法随机初始化参数，以损失函数负梯度作为下降方向，以学习率为下降步长，每次到达一个新的位置后重新计算下降方向和步长，重复上述步骤直至到达损失函数最小值点以优化参数。

采用 GD 方法求解损失函数 $J(\boldsymbol{\Psi})$ 的最小值以优化参数集 $\boldsymbol{\Psi}$。令迭代 $t=0$，$\boldsymbol{\Psi}^{(t)}$ 为初始参数集，则新的参数集表示为

$$\boldsymbol{\Psi}^{(t+1)} = \boldsymbol{\Psi}^{(t)} + \lambda\, \boldsymbol{d}_{\boldsymbol{\Psi}}^{(t)} \tag{2.72}$$

式中，λ 为步长，表示当前参数集沿该方向所下降的距离；$\boldsymbol{d}_{\boldsymbol{\Psi}}$ 为搜索方向，将其定义为损失函数关于参数的负梯度，表示为

$$\boldsymbol{d}_{\boldsymbol{\Psi}}^{(t)} = -\boldsymbol{g}_{\boldsymbol{\Psi}}^{(t)} = -\frac{\partial J(\boldsymbol{\Psi}^{(t)})}{\partial \boldsymbol{\Psi}^{(t)}} \tag{2.73}$$

式中，∂ 为求偏导数符号。

综上分析，GD 方法的优点是原理简单，仅需要求解损失函数梯度，实现过程中所占用内存空间小，其缺陷是由于 GD 方法的原理使得参数优化过程中产生了“锯齿现象”，导致该方法在最小值点附近收敛慢，且易受参数初始值的影响。

总结上述 GD 方法优化参数的实现过程如下：

步骤 1：初始化模型参数集 $\boldsymbol{\Psi}^{(t)}$，令 $t=0$；

步骤 2：计算搜索方向 $\boldsymbol{d}_{\boldsymbol{\Psi}}^{(t)}$；

步骤 3：计算新的模型参数集 $\boldsymbol{\Psi}^{(t+1)}$；

步骤 4：计算损失函数是否收敛，即 $|J(\boldsymbol{\Psi}^{(t+1)})-J(\boldsymbol{\Psi}^{(t)})|<e$，若收敛则停止迭代，否则返回步骤 2，令 $t=t+1$。

(2)共轭梯度方法。共轭梯度方法依据共轭性构建共轭方向以在 n 步迭代内达到最小化损失函数的目的，该方法避免了 GD 方法收敛慢等问题。虽然 GD 方法中每步都是向最优值前进，但在迭代中存在多次相近方向，即锯齿现象，表明在某个方向上存在误差，步长和方向未完全将其消除，因此需要在迭代中多次消除该方向的误差。共轭梯度方法在确定了某个方向后，利用步长可消除该方向的误差，后续迭代中不会出现相似方向，而是在新的方向上消除误差，不影响之前迭代中的最小值，避免了 GD 方法的锯齿现象。理论上，对 n 个方向确定最小值点即可实现函数最小化。

共轭梯度方法是一种用于解决线性方程问题的迭代优化方法，称为线性共轭梯度方法。在线性代数中，线性方程表示为

$$\boldsymbol{A}\boldsymbol{s}=b \tag{2.74}$$

式中，$\boldsymbol{A}$ 为 $n\times n$ 对称正定矩阵；$\boldsymbol{s}$ 和 $\boldsymbol{b}$ 均为 $n\times 1$ 向量；$\boldsymbol{s}$ 为待求参量。将线性方程求解问题转化为函数优化问题，则该函数表示为

$$J(\boldsymbol{x})=\frac{1}{2}\boldsymbol{s}^{\mathrm{T}}\boldsymbol{A}\boldsymbol{s}-\boldsymbol{b}^{\mathrm{T}}\boldsymbol{s} \tag{2.75}$$

通过最小化式(2.75)函数可求解最优参量 $\boldsymbol{s}^*$，利用函数对 $\boldsymbol{s}$ 求导可得

$$\frac{\partial J(\boldsymbol{s})}{\partial \boldsymbol{s}}=\boldsymbol{A}\boldsymbol{s}-\boldsymbol{b} \tag{2.76}$$

在第 t 次迭代中，即在$\boldsymbol{s}=\boldsymbol{s}^{(t)}$梯度表示为

$$\boldsymbol{g}^{(t)}=\boldsymbol{A}\boldsymbol{s}^{(t)}-\boldsymbol{b} \tag{2.77}$$

线性共轭梯度方法的主要特征可描述为共轭正交性、方向性和步长。

给定方向集$\{\boldsymbol{d}_1,\boldsymbol{d}_2,\cdots,\boldsymbol{d}_n\}$和对称正定矩阵 $\boldsymbol{A}$，若满足条件，

$$\boldsymbol{d}_i{}^{\mathrm{T}}\boldsymbol{A}\boldsymbol{d}_j=0,\quad i\neq j \tag{2.78}$$

则表示该组方向为共轭正交且线性独立。

在采用共轭梯度方法求解式(2.75)时，每次迭代的方向都具有共轭性，因此当前的方向不会影响之前的方向。令初始点为 $\boldsymbol{s}^{(t)}$，$t=0$，共轭方向为 $\boldsymbol{d}^{(t)}$，则下一次迭代的结果表示为

$$\boldsymbol{s}^{t+1}=\boldsymbol{s}^{(t)}+\boldsymbol{\lambda}^{(t)}\cdot\boldsymbol{d}^{(t)} \tag{2.79}$$

式中，$\boldsymbol{\lambda}^{(t)}$ 为步长。

已知如下推论：

① 第 t 次迭代梯度与前 $t-1$ 次迭代中的方向正交，即$(\boldsymbol{d}^{(i)})^{\mathrm{T}}\boldsymbol{g}^{(t)}=0$，$i<t$。

② 第 t 次迭代梯度与前 $t-1$ 次迭代中的梯度正交，即$(\boldsymbol{g}^{(i)})^{\mathrm{T}}\boldsymbol{g}^{(t)}=0$，$i<t$。

③ 第 t 次迭代梯度与前 $t-2$ 次迭代中的梯度共轭正交，即$(\boldsymbol{g}^{(i)})^{\mathrm{T}}\boldsymbol{g}^{(t)}=0$，且$(\boldsymbol{d}^{(i)})^{\mathrm{T}}\boldsymbol{A}(\boldsymbol{g}^{(t)})^{\mathrm{T}}=0$，$i+1<t$。

根据上述推论可推导出方向和步长，具体推导过程如下。

令初始方向为负梯度，即

$$\boldsymbol{d}^{(1)}=-\boldsymbol{g}^{(1)}=\boldsymbol{b}-\boldsymbol{A}\boldsymbol{s}^{(1)} \tag{2.80}$$

第 t 次迭代的方向与之前的方向是正交的，需对方向进行向量正交化处理，则第 t 次迭代方向表示为

$$\boldsymbol{d}^{(t)}=-\boldsymbol{g}^{(t)}-\sum_{i<t}\frac{(\boldsymbol{d}^{(i)})^{\mathrm{T}}\boldsymbol{A}\boldsymbol{g}^{(t)}}{(\boldsymbol{d}^{(i)})^{\mathrm{T}}\boldsymbol{A}\boldsymbol{g}^{(i)}}\boldsymbol{d}^{(i)}=-\boldsymbol{g}^{(t)}-\sum_{i<t}\chi^{(t)}\boldsymbol{d}^{(i)} \tag{2.81}$$

令

$$\chi^{(t)}=\frac{(\boldsymbol{d}^{(i)})^{\mathrm{T}}\boldsymbol{A}\boldsymbol{g}^{(t)}}{(\boldsymbol{d}^{(i)})^{\mathrm{T}}\boldsymbol{A}\boldsymbol{g}^{(i)}} \tag{2.82}$$

根据上述三个推论，可将方向计算公式简化为

$$\begin{aligned}\boldsymbol{d}^{(t+1)}&=-\boldsymbol{g}^{(t+1)}-\frac{(\boldsymbol{d}^{(t)})^{\mathrm{T}}\boldsymbol{A}\boldsymbol{g}^{(t+1)}}{(\boldsymbol{d}^{(t)})^{\mathrm{T}}\boldsymbol{A}\boldsymbol{d}^{(t)}}\boldsymbol{d}^{(t)}=-\boldsymbol{g}^{(t)}-\frac{(\boldsymbol{A}\boldsymbol{d}^{(t)})^{\mathrm{T}}\boldsymbol{g}^{(t+1)}}{(\boldsymbol{A}\boldsymbol{d}^{(t)})^{\mathrm{T}}\boldsymbol{d}^{(t)}}\boldsymbol{d}^{(t)}\\&=-\boldsymbol{g}^{(t+1)}-\frac{\left(\frac{1}{a}(\boldsymbol{g}^{(t)}-\boldsymbol{g}^{(t+1)})\right)^{\mathrm{T}}\boldsymbol{g}^{(t+1)}}{\left(\frac{1}{a}(\boldsymbol{g}^{(t)}-\boldsymbol{g}^{(t+1)})\right)^{\mathrm{T}}\boldsymbol{d}^{(t)}}\boldsymbol{d}^{(t)}=-\boldsymbol{g}^{(t+1)}-\frac{\left(\frac{1}{a}(\boldsymbol{g}^{(t)}-\boldsymbol{g}^{(t+1)})\right)^{\mathrm{T}}\boldsymbol{g}^{(t+1)}}{\left(\frac{1}{a}(\boldsymbol{g}^{(t)}-\boldsymbol{g}^{(t+1)})\right)^{\mathrm{T}}(\boldsymbol{g}^{(t)}-\chi^{(t-1)}\boldsymbol{d}^{(t-1)})}\boldsymbol{d}^{(t)}\\&=-\boldsymbol{g}^{(t+1)}+\frac{(\boldsymbol{g}^{(t+1)})^{\mathrm{T}}\boldsymbol{g}^{(t+1)}}{(\boldsymbol{g}^{(t)})^{\mathrm{T}}\boldsymbol{g}^{(t)}}\boldsymbol{d}^{(t)}\end{aligned} \tag{2.83}$$

令

$$\chi^{(t+1)}=\frac{(\boldsymbol{g}^{(t+1)})^{\mathrm{T}}\boldsymbol{g}^{(t+1)}}{(\boldsymbol{g}^{(t)})^{\mathrm{T}}\boldsymbol{g}^{(t)}} \tag{2.84}$$

则第 t 次迭代方向表示为

$$\boldsymbol{d}^{(t+1)}=-\boldsymbol{g}^{(t+1)}+\chi^{(t+1)}\boldsymbol{d}^{(t)} \tag{2.85}$$

确定步长的依据是最小化函数 $J(\boldsymbol{x})$，因此步长需使函数 $J(\boldsymbol{x})$ 在点 $\boldsymbol{s}^{(t+1)}$ 处达到最小值，利用函数 $J(\boldsymbol{s}^{(t+1)})$ 对步长求导，令导数为 0，则

$$\frac{\partial J(\boldsymbol{s}^{(t+1)})}{\partial\lambda^{(t)}}=\frac{\partial J(\boldsymbol{s}^{(t)}+\lambda^{(t)}\boldsymbol{d}^{(t)})}{\partial\lambda^{(t)}}=0 \tag{2.86}$$

可推导出步长的表达式为

$$\lambda^{(t)}=\frac{(\boldsymbol{d}^{(t)})^{\mathrm{T}}\boldsymbol{g}^{(t)}}{(\boldsymbol{d}^{(t)})^{\mathrm{T}}\boldsymbol{A}\boldsymbol{g}^{(t)}} \tag{2.87}$$

根据上述三个推论，可将步长计算公式简化为

$$\lambda^{(t)}=\frac{(\boldsymbol{d}^{(t)})^{\mathrm{T}}\boldsymbol{g}^{(t)}}{(\boldsymbol{d}^{(t)})^{\mathrm{T}}\boldsymbol{A}\boldsymbol{g}^{(t)}}=\frac{(\boldsymbol{g}^{(t)}-\chi^{(t)}\boldsymbol{d}^{(t-1)})^{\mathrm{T}}\boldsymbol{g}^{(t)}}{(\boldsymbol{d}^{(t)})^{\mathrm{T}}\boldsymbol{A}\boldsymbol{g}^{(t)}}=\frac{(\boldsymbol{g}^{(t)})^{\mathrm{T}}\boldsymbol{g}^{(t)}}{(\boldsymbol{d}^{(t)})^{\mathrm{T}}\boldsymbol{A}\boldsymbol{g}^{(t)}} \tag{2.88}$$

综上，总结共轭梯度方法优化参数的具体实现过程如下：

步骤 1：初始化点 $\boldsymbol{s}^{(t)}$，令 $t=0$；

步骤 2：计算梯度 $\boldsymbol{g}^{(t)}$，令初始方向为负梯度 $\boldsymbol{d}^{(t)}=-\boldsymbol{g}^{(t)}$；

步骤 3：计算步长 $\lambda^{(t)}$；

步骤 4：计算新的点 $\boldsymbol{s}^{(t+1)}$；

步骤 5：计算新的梯度 $\boldsymbol{g}^{(t+1)}$、新的共轭系数 $\chi^{(t+1)}$ 和新的方向 $\boldsymbol{d}^{(t+1)}$；

步骤 6：计算损失函数是否收敛，即 $|J(\boldsymbol{s}^{(t+1)})-J(\boldsymbol{s}^{(t)})|<e$，若收敛则停止迭代，否则返回步骤 3，令 $t=t+1$。

上述推导出的共轭梯度方法适用于求解线性函数，而在实际应用中通常要求解决非线性函数问题，如在影像分割中参数求解即为非线性问题求解。Fletcher 和 Reeves(1964)将共轭梯度方法扩展到非线性函数求解，提出 FR 非线性共轭梯度方法。该方法利用线性搜索方法确定步长 $\lambda^{(t)}$ 使非线性函数沿着方向 $\boldsymbol{d}^{(t)}$ 达到近似最小化的目的。

给定关于参数集 $\boldsymbol{\Psi}$ 的损失函数，表示为

$$J(\boldsymbol{\Psi}) = \sum_{i=1}^{n} (h(x_i \mid \boldsymbol{\Psi}) - h_i)^2 \tag{2.89}$$

给定初始参数集 $\boldsymbol{\Psi}^{(t)}$，且 $t=0$，采用 FR 共轭梯度方法求解参数集，下次迭代中参数集表示为

$$\boldsymbol{\Psi}^{(t+1)} = \boldsymbol{\Psi}^{(t)} + \lambda^{(t)} \boldsymbol{d}^{(t)} \tag{2.90}$$

式中，λ 为步长；$\boldsymbol{d}$ 为参数集 $\boldsymbol{\Psi}$ 的搜索方向。

初始搜索方法为损失函数的负梯度，之后的搜索方向为共轭方向，表示为

$$\boldsymbol{d}^{(t)} = -\boldsymbol{g}^{(t)} + \chi^{(t)} \boldsymbol{d}^{(t-1)} \tag{2.91}$$

式中，$\boldsymbol{g}^{(t)} = \nabla J(\boldsymbol{\Psi}^{(t)})$ 为参数集 $\boldsymbol{\Psi}$ 的梯度；ζ 共轭系数表示为

$$\chi^{(t)} = \frac{(\boldsymbol{g}^{(t)})^{\mathrm{T}} \boldsymbol{g}^{(t)}}{(\boldsymbol{g}^{(t-1)})^{\mathrm{T}} \boldsymbol{g}^{(t-1)}} \tag{2.92}$$

对式(2.91)搜索方向两侧乘以梯度，可得

$$(\boldsymbol{g}^{(t)})^{\mathrm{T}} \boldsymbol{d}^{(t)} = -\| \boldsymbol{g}^{(t)} \|^2 + \chi^{(t)} (\boldsymbol{g}^{(t)})^{\mathrm{T}} \boldsymbol{d}^{(t-1)} \tag{2.93}$$

若损失函数沿着搜索方向 $\boldsymbol{d}^{(t-1)}$ 以步长 $\lambda^{(t-1)}$ 获得局部最小值，则有 $(\boldsymbol{g}^{(t)})^{\mathrm{T}}\boldsymbol{d}^{(t-1)}=0$。在这种情况下，由式(2.93)有 $(\boldsymbol{g}^{(t)})^{\mathrm{T}}\boldsymbol{d}^{(t)}<0$，那么搜索方向 $\boldsymbol{d}^{(t)}$ 确定为下降方向；若损失函数沿着搜索方向 $\boldsymbol{d}^{(t-1)}$ 以步长 $\lambda^{(t-1)}$ 不一定获得局部最小值，则上式中第二项会对第一项产生影响，则可能有 $(\boldsymbol{g}^{(t)})^{\mathrm{T}}\boldsymbol{d}^{(t)}> 0$，表明搜索方向 $\boldsymbol{d}^{(t)}$ 为上升方向。

若步长满足强 Wolfe 条件，则可避免上述搜索方向为上升方向的情况，以保证搜索方向的下降性。该条件可表示为

$$J(\boldsymbol{\Psi}^{(t)} + \lambda^{(t)} \boldsymbol{d}^{(t)}) \leqslant J(\boldsymbol{\Psi}^{(t)}) + c_1 \lambda^{(t)} (\boldsymbol{g}^{(t)})^{\mathrm{T}} \boldsymbol{d}^{(t)} \tag{2.94}$$

$$\| \nabla J (\boldsymbol{\Psi}^{(t)} + \lambda^{(t)} \boldsymbol{d}^{(t)})^{\mathrm{T}} \boldsymbol{d}^{(t)} \| \leqslant c_2 (\boldsymbol{g}^{(t)})^{\mathrm{T}} \boldsymbol{d}^{(t)} \tag{2.95}$$

式中，$0<c_1<c_2<1/2$。

综上，总结 FR 共轭梯度方法参数优化的具体实现过程如下：

步骤 1：初始化参数集 $\boldsymbol{\Psi}^{(t)}$，令 $t=0$；

步骤 2：计算梯度 $\boldsymbol{g}^{(t)}$，令初始搜索方向 $\boldsymbol{d}^{(t)}$ 为负梯度；

步骤 3：利用线性搜索方法确定步长 λ；

步骤 4：计算新的参数集 $\boldsymbol{\Psi}^{(t+1)}$；

步骤 5：计算新的梯度 $\boldsymbol{g}^{(t+1)}$、共轭系数 $\chi^{(t+1)}$ 和搜索方向 $\boldsymbol{d}^{(t+1)}$；

步骤 6：计算损失函数，若函数收敛，即 $|J(\boldsymbol{\Psi}^{(t+1)})-J(\boldsymbol{\Psi}^{(t)})|<e$，则停止迭代，否则，返回步骤 4。

Polak 和 Ribiere(1969)在 FR 方法的基础上提出新的共轭系数 $\chi^{(t)}$ 形式，即，PR 非线性共轭梯度，表示为

$$\chi^{(t)} = \frac{(\boldsymbol{g}^{(t)})^{\mathrm{T}} (\boldsymbol{g}^{(t)} - \boldsymbol{g}^{(t-1)})}{\| \boldsymbol{g}^{(t-1)} \|^2} \tag{2.96}$$

大量的实验表明，在非线性函数求解中 PR 方法更具有鲁棒性和高效性。

强 Wolfe 条件不能保证搜索方向一直是下降方向，当定义共轭系数满足条件

$$\chi_{+}^{(t)} = \max\{\chi^{(t)}, 0\} \tag{2.97}$$

则强 Wolfe 条件可保证搜索方向保持下降性。

综上分析，共轭梯度方法通过构建共轭方向可避免 GD 方法中产生的锯齿现象，进而提高

收敛效率，避免初始参数的影响导致陷入局部最优的问题。

2.3.2.2　基于 SMM 的 GD 参数优化

在采用 SMM 构建数据条件概率分布的基础上，通过条件概率分布连乘取负对数得到损失函数，利用 GD 方法求解模型参数以实现最小化损失函数。其中，学生 t 分布更具有鲁棒性，GD 方法可实现复杂结构参数求解且参数求解效率较高。基于 SMM 的 GD 参数优化的具体实现过程如下。

采用式(2.10)的 SMM 建模数据 x_i 的条件概率分布，假设各数据的条件概率分布相互独立，进而构建数据 $\boldsymbol{x}$ 的联合概率分布，表示为

$$p(\boldsymbol{x} \mid \boldsymbol{\Psi}) = \prod_{i=1}^{n} p(x_i \mid \boldsymbol{\Psi}_i) = \prod_{i=1}^{n}\left[\sum_{l=1}^{k} \pi_{li} p_l(x_i \mid \boldsymbol{\Omega}_l)\right]$$
$$= \prod_{i=1}^{n}\left[\sum_{l=1}^{k} \pi_{li} \frac{\Gamma\left(\frac{\upsilon_l+1}{2}\right)}{\Gamma\left(\frac{\upsilon_l}{2}\right)(\upsilon_l \pi \sigma_l^2)^{1/2}}\left(1+\frac{(x_i-\mu_l)^2}{\upsilon_l \sigma_l^2}\right)^{-\frac{(\upsilon_l+1)}{2}}\right] \tag{2.98}$$

式中，模型参数集表示为 $\boldsymbol{\Psi}=\{\boldsymbol{\pi},\boldsymbol{\mu},\boldsymbol{\sigma}^2,\boldsymbol{\upsilon}\}$；$\boldsymbol{\pi}=\{\pi_{li};l=1,2,\cdots,k,i=1,2,\cdots,n\}$ 为组分权重集；$\boldsymbol{\mu}=\{\mu_l;l=1,2,\cdots,k\}$ 为均值集合；$\boldsymbol{\sigma}^2=\{\sigma_l{}^2;l=1,2,\cdots,k\}$ 为方差集合；$\upsilon=\{\upsilon_l;l=1,2,\cdots,k\}$ 为自由度参数集；$\boldsymbol{\Omega}_l=\{\mu_l,\sigma_l{}^2,\upsilon_l\}$ 为组分 l 的参数集。

为了便于参数求解，对式(2.98)取负对数得到损失函数，进而将最大化对数似然函数转化为最小化损失函数，表示为

$$J(\boldsymbol{\Psi}) = -\ln p(\boldsymbol{x} \mid \boldsymbol{\Psi})$$
$$= -\sum_{i=1}^{n} \ln\left[\sum_{l=1}^{k} \pi_{li} \frac{\Gamma\left(\frac{\upsilon_l+1}{2}\right)}{\Gamma\left(\frac{\upsilon_l}{2}\right)(\upsilon_l \pi \sigma_l^2)^{1/2}}\left(1+\frac{(x_i-\mu_l)^2}{\upsilon_l \sigma_l^2}\right)^{-\frac{(\upsilon_l+1)}{2}}\right] \tag{2.99}$$

采用 GD 方法优化模型参数以实现损失函数最小化。令当前模型参数集为 $\boldsymbol{\Psi}^{(t)}=\{\boldsymbol{\pi}^{(t)},\boldsymbol{\mu}^{(t)},(\boldsymbol{\sigma}^{(t)})^2,\boldsymbol{\upsilon}^{(t)}\}$，利用模型参数的梯度对当前模型参数集进行优化，则下一次迭代中新的模型参数集表示为

$$\boldsymbol{\Psi}^{(t+1)} = \boldsymbol{\Psi}^{(t)} + \lambda \boldsymbol{g}_{\boldsymbol{\Psi}}{}^{(t)} \tag{2.100}$$

式中，λ 为步长；$\boldsymbol{g}_{\boldsymbol{\Psi}}=\{\boldsymbol{g}_{\boldsymbol{\pi}},\boldsymbol{g}_{\boldsymbol{\mu}},\boldsymbol{g}_{\boldsymbol{\sigma}},\boldsymbol{g}_{\boldsymbol{\upsilon}}\}$ 为参数梯度集合；$\boldsymbol{g}_{\boldsymbol{\pi}}=\{\partial J(\boldsymbol{\Psi})/\partial\pi_{li};l=1,2,\cdots,k,i=1,2,\cdots,n\}$ 为权重梯度集合；$\boldsymbol{g}_{\boldsymbol{\mu}}=\{\partial J(\boldsymbol{\Psi})/\partial\mu_l;l=1,2,\cdots,k\}$ 为均值梯度集合；$\boldsymbol{g}_{\boldsymbol{\sigma}}=\{\partial J(\boldsymbol{\Psi})/\partial\sigma_l{}^2;l=1,2,\cdots,k\}$ 为方差梯度集合；$\boldsymbol{g}_{\boldsymbol{\upsilon}}=\{\partial J(\boldsymbol{\Psi})/\partial\upsilon_l;l=1,2,\cdots,k\}$ 为自由度梯度集合。其中，组分权重梯度 $\partial J(\boldsymbol{\Psi})/\partial\pi_{li}$ 表示为

$$\frac{\partial J(\boldsymbol{\Psi})}{\partial \pi_{li}} = -\sum_{i=1}^{n} \frac{p_l(x_i \mid \boldsymbol{\Omega}_l)}{\sum_{l'=1}^{k} \pi_{l'i} p_{l'}(x_i \mid \boldsymbol{\Omega}_{l'})} \tag{2.101}$$

均值梯度 $\partial J(\boldsymbol{\Psi})/\partial\mu_l$ 表示为

$$\frac{\partial J(\boldsymbol{\Psi})}{\partial \mu_l} = -\sum_{i=1}^{n}\left[\frac{\pi_{li} p_l(x_i \mid \boldsymbol{\Omega}_l)}{\sum_{l'=1}^{k} \pi_{l'i} p_{l'}(x_i \mid \boldsymbol{\Omega}_{l'})} \times \left(1+\frac{(x_i-\mu_l)^2}{\upsilon_l \sigma_l^2}\right)^{-1} \times \frac{(\upsilon_l+1)(x_i-\mu_l)}{\upsilon_l \sigma_l^2}\right] \tag{2.102}$$

方差梯度 $\partial J(\boldsymbol{\Psi})/\partial\sigma_l{}^2$ 表示为

$$\frac{\partial J(\boldsymbol{\Psi})}{\partial \sigma_l{}^2} = -\sum_{i=1}^{n}\left\{\frac{\pi_{li}p_l(x_i \mid \boldsymbol{\Omega}_l)}{\sum\limits_{l'=1}^{k}\pi_{l'i}p_{l'}(x_i \mid \boldsymbol{\Omega}_{l'})}\times\left[-\frac{1}{2\sigma_l^2}+\left(1+\frac{(x_i-\mu_l)^2}{\upsilon_l\sigma_l^2}\right)^{-1}\times\frac{(\upsilon_l+1)(x_i-\mu_l)^2}{\upsilon_l\sigma_l^{3/2}}\right]\right\} \tag{2.103}$$

自由度梯度 $\partial J(\boldsymbol{\Psi})/\partial \upsilon_l$ 表示为

$$\frac{\partial J(\boldsymbol{\Psi})}{\partial \upsilon_l} = -\sum_{i=1}^{n}\left\{\frac{\pi_{li}p_l(x_i \mid \boldsymbol{\Omega}_l)}{\sum\limits_{l'=1}^{k}\pi_{l'i}p_{l'}(x_i \mid \boldsymbol{\Omega}_{l'})}\times\left[\upsilon_l{}^{1/2}\Phi\left(\frac{\upsilon_l+1}{2}\right)-\upsilon_l{}^{1/2}\Phi\left(\frac{\upsilon_l}{2}\right)-\frac{1}{\upsilon_l{}^{1/2}}\right.\right.$$
$$\left.\left.-\upsilon_l{}^{1/2}\ln\left(1+\frac{(x_i-\mu_l)^2}{\upsilon_l\sigma_l^2}\right)+(\upsilon_l+1)\times\frac{(x_i-\mu_l)^2}{\upsilon_l{}^{3/2}\sigma_l^2}\times\left(1+\frac{(x_i-\mu_l)^2}{\upsilon_l\sigma_l^2}\right)^{-1}\right]\right\} \tag{2.104}$$

式中，$\Phi(\cdot)$为 Digamma 函数，表示为 $\Phi(x)=\Gamma'(x)/\Gamma(x)$。

总结基于 SMM 的 GD 方法参数估计过程如下(图 2.11 为基于 SMM 的 GD 方法参数估计流程图)：

步骤 1：初始化模型参数 $\boldsymbol{\Psi}^{(t)}=\{\boldsymbol{\pi}^{(t)},\boldsymbol{\mu}^{(t)},(\boldsymbol{\sigma}^{(t)})^2,\boldsymbol{\upsilon}^{(t)}\}$，令 $t=0$；

步骤 2：利用式(2.101)～式(2.104)计算模型参数梯度，包括组分权重梯度 $\partial J(\boldsymbol{\Psi})/\partial \pi_{li}$、$\partial J(\boldsymbol{\Psi})/\partial \mu_l$、$\partial J(\boldsymbol{\Psi})/\partial \sigma_l{}^2$ 和 $\partial J(\boldsymbol{\Psi})/\partial \upsilon_l$；

步骤 3：利用式(2.100)计算新的模型参数 $\boldsymbol{\Psi}^{(t+1)}$；

步骤 4：利用式(2.99)计算损失函数，判断其是否收敛，若收敛则停止迭代，否则返回步骤 2。

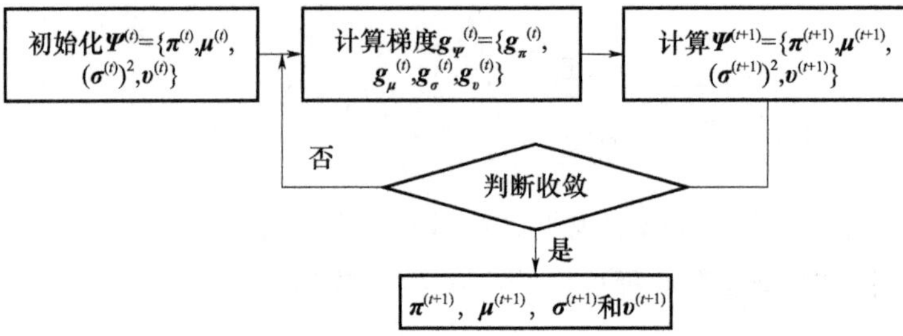

图 2.11　基于 SMM 的 GD 方法参数估计流程图

2.3.3　MCMC 方法

2.3.3.1　MCMC 方法理论

MCMC 方法的核心思想是从复杂的概率分布中采样样本以分析该概率分布的统计特性，其具体实现过程使用蒙特卡洛方法构造出符合细致平稳条件的马尔可夫链并用于采样样本(Metropolis et al.，1949；Gilks et al.，1996)。接下来具体介绍蒙特卡洛方法和细致平稳条件，以及 MCMC 采样、M-H 采样和 Gibbs 采样方法的基本原理。

(1)蒙特卡洛方法。蒙特卡洛方法是一种用于近似求解复杂函数积分的方法。令 $f(x)$为区间$[a,b]$上的复杂函数，为了求解该复杂函数在区间$[a,b]$上的积分，将该区间划分为 n 个子区间，并假设 x 在该区间均匀分布，则将 $f(x)$积分近似表示为

$$\int_a^b f(x)\,\mathrm{d}x \approx \frac{b-a}{n}\sum_{i=0}^{n-1} f(x_i) \tag{2.105}$$

当 x 在区间 $[a,b]$ 上不是均匀分布时，若可得到 x 在区间 $[a,b]$ 的概率分布 $p(x)$，则将 $f(x)$ 积分近似表示为

$$\int_a^b f(x)\mathrm{d}x = \int_a^b \frac{f(x)}{p(x)}p(x)\mathrm{d}x \approx \frac{1}{n}\sum_{i=0}^{n-1}\frac{f(x_i)}{p(x_i)} \tag{2.106}$$

式(2.106)为蒙特卡洛方法的一般形式，当概率分布 $p(x)$ 为均匀分布时，$f(x)$ 积分即为式(2.105)，其作为蒙特卡洛方法的一种特例形式。综上，将求解函数的积分问题转化为求解变量的概率分布问题，在已知概率分布的前提下，依据该概率分布采样 n 个随机变量 x 的样本集，利用式(2.106)可求得对应函数的积分。

对于复杂的概率分布 $p(x)$，通常采用接受-拒绝采样获得该分布的样本，其基本思想是依据一定的准则接受或拒绝采样已知的或可采样的概率分布的某些样本，以近似实现复杂概率分布采样的目的，其具体实现过程见图 2.12。图中虚线表示 b 倍已知概率分布 $p'(x)$，实线表示复杂的概率分布 $p(x)$，且在虚线之下。首先，采样得到样本 x_0，然后从 $(0,bp'(x_0))$ 中均匀采样得到的 u，若样本位于灰色区域，则拒绝该采样样本，否则接受该样本。重复该采样过程直到获得 n 个被接受的采样样本。

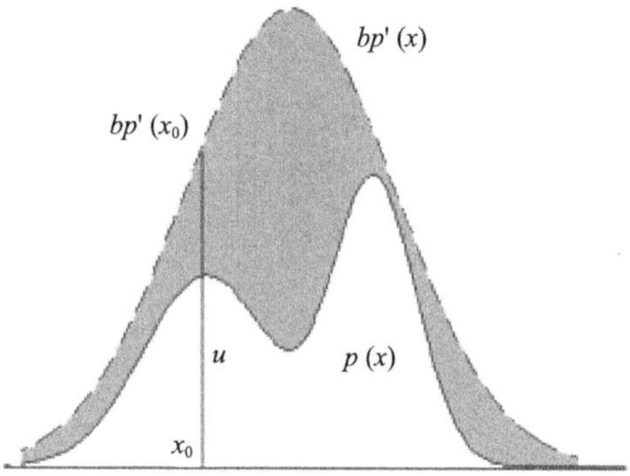

图 2.12　接受-拒绝采样原理

综上所述，接受-拒绝采样只能得到一维概率分布的采样样本，对于二维或高维的概率分布，该采样方法难以获得其采样样本。为此，将马尔可夫链引入蒙特卡洛方法以实现采样复杂概率分布的样本集。

(2)马尔可夫链的细致平稳条件。令 $q(\kappa,\zeta)$ 为马尔可夫链的状态转移核，$\pi(\cdot)$ 为概率分布，对所有随机变量 κ 和 ζ 满足条件

$$\pi(\kappa)q(\kappa,\zeta)=\pi(\zeta)q(\zeta,\kappa) \tag{2.107}$$

则称概率分布 $\pi(\cdot)$ 为状态转移核 $q(\kappa,\zeta)$ 的细致平稳分布。

若已知细致平稳分布对应的马尔可夫链转移核，可利用该转移核采样得到复杂概率分布的样本集。因此，需要构建出使概率分布 $\pi(\cdot)$ 满足细致平稳分布的转移核 $q(\kappa,\zeta)$，而 MC-MC 方法解决了构建满足平稳条件的转移核 $q(\kappa,\zeta)$ 的问题。

(3) MCMC 采样。对于任意的马尔可夫链转移核 $q(\kappa,\zeta)$，不满足细致平稳条件，即

$$\pi(\kappa)q(\kappa,\zeta)\neq\pi(\zeta)q(\zeta,\kappa) \tag{2.108}$$

为了使细致平稳条件成立，引入接受率 $a(\kappa,\zeta)$ 使式(2.107)等式成立，表示为

$$\pi(\kappa)q(\kappa,\zeta)a(\kappa,\zeta)=\pi(\zeta)q(\zeta,\kappa)a(\zeta,\kappa) \tag{2.109}$$

式中，接受率 $a(\kappa,\zeta)$ 满足下述条件：

$$a(\kappa,\zeta)=\pi(\zeta)q(\zeta,\kappa) \tag{2.110}$$

$$a(\zeta,\kappa)=\pi(\kappa)q(\kappa,\zeta) \tag{2.111}$$

令 $q^*(\kappa,\zeta)$表示使概率分布 $\pi(\cdot)$满足细致平稳条件的转移核,则其需满足条件

$$q^*(\kappa,\zeta)=q(\kappa,\zeta)a(\kappa,\zeta) \tag{2.112}$$

综上,总结 MCMC 采样方法的具体实现过程如下:

步骤 1:给定任意马尔可夫链转移核 $q(\cdot)$和细致平稳分布 $\pi(\cdot)$;

步骤 2:随机采样得到初始状态 $\kappa^{(t)}$,令 $t=0$;

步骤 3:从条件分布 $q(\kappa|\kappa^{(t)})$中采样得到 κ^*;

步骤 4:从[0,1]范围内的均匀分布采样得到 u,即 $u\sim\text{uniform}[0,1]$;

步骤 5:计算 $a(\kappa^{(t)},\kappa^*)=\pi(\kappa^*)q(\kappa^*,\kappa^{(t)})$,若 $u<a(\kappa^{(t)},\kappa^*)$,则接受转移 $\kappa^{(t)}\rightarrow\kappa^*$,即 $\kappa^{(t+1)}=\kappa^*$;否则,不接受转移,即 $\kappa^{(t+1)}=\kappa^{(t)}$;

步骤 6:令 $t=t+1$,返回步骤 3,直到 t 大于最大循环次数。

(4) M-H 采样方法。由于 MCMC 方法所计算的接受率非常小,导致大部分采样样本被拒绝转移,使得采样效率非常低。为了解决这一问题,Hastings(1970)提出 M-H 采样方法以解决了采样效率低的问题。

根据 MCMC 方法的细致平稳条件可知,

$$\pi(\kappa)q(\kappa,\zeta)a(\kappa,\zeta)=\pi(\zeta)q(\zeta,\kappa)a(\zeta,\kappa) \tag{2.113}$$

式(2.113)两侧同时乘以同一常数,细致平稳条件依然满足,且接受率可扩大相应倍数,以避免 MCMC 方法中存在的问题,则接受率可改进为

$$a(\kappa,\zeta)=\min\left\{\frac{\pi(\zeta)q(\zeta,\kappa)}{\pi(\kappa)q(\kappa,\zeta)},1\right\} \tag{2.114}$$

综上,总结 M-H 采样方法的具体实现过程如下:

步骤 1:给定任意马尔可夫链转移核 $q(\cdot)$和细致平稳分布 $\pi(\cdot)$;

步骤 2:随机采样得到初始状态 $\kappa^{(t)}$,令 $t=0$;

步骤 3:从条件分布 $q(\kappa|\kappa^{(t)})$中采样得到 κ^*;

步骤 4:从[0,1]范围内的均匀分布采样得到 u,即 $u\sim\text{uniform}[0,1]$;

步骤 5:利用式(2.114)计算 $a(\kappa^{(t)},\kappa^*)$,若 $u<a(\kappa^{(t)},\kappa^*)$,则接受转移 $\kappa^{(t)}\rightarrow\kappa^*$,即 $\kappa^{(t+1)}=\kappa^*$;否则,不接受转移,即 $\kappa^{(t+1)}=\kappa^{(t)}$;

步骤 6:令 $t=t+1$,返回步骤 3,直到 t 大于最大循环次数。

(5) Gibbs 采样。在高维数据采样时,难以求得随机变量的联合概率分布 $q(\kappa,\zeta)$,导致在 M-H 方法中计算接受率的计算量增大。为了解决这一问题,提出了 Gibbs 采样方法,该方法采用条件概率分布代替联合概率分布,同时满足细致平稳条件。

给定任意的两个点 $A'(\kappa^{(1)},\zeta^{(1)})$和 $B'(\kappa^{(1)},\zeta^{(2)})$,而 A'和 B'第一个位置点相同,$q(\kappa,\zeta)$为联合概率分布,在贝叶斯理论框架下有如下等式成立,

$$q(\kappa^{(1)},\zeta^{(1)})=q(\kappa^{(1)})q(\zeta^{(1)}|\kappa^{(1)}) \tag{2.115}$$

$$q(\kappa^{(1)},\zeta^{(2)})=q(\kappa^{(1)})q(\zeta^{(2)}|\kappa^{(1)}) \tag{2.116}$$

根据细致平稳条件,可将上述两式进一步写为

$$q(\kappa^{(1)},\zeta^{(1)})q(\zeta^{(2)}|\kappa^{(1)})=q(\kappa^{(1)})q(\zeta^{(1)}|\kappa^{(1)})q(\zeta^{(2)}|\kappa^{(1)}) \tag{2.117}$$

$$q(\kappa^{(1)},\zeta^{(2)})q(\zeta^{(1)}|\kappa^{(1)})=q(\kappa^{(1)})q(\zeta^{(2)}|\kappa^{(1)})q(\zeta^{(1)}|\kappa^{(1)}) \tag{2.118}$$

式(2.117)和式(2.118)右侧项相同,因此等式左侧相等,表示为

$$q(\kappa^{(1)},\zeta^{(1)})q(\zeta^{(2)}|\kappa^{(1)})=q(\kappa^{(1)},\zeta^{(2)})q(\zeta^{(1)}|\kappa^{(1)}) \tag{2.119}$$

利用点 A'和 B'将式(2.119)改写为

$$\pi(A')q(\zeta^{(2)}|\kappa^{(1)})=\pi(B')q(\zeta^{(1)}|\kappa^{(1)}) \tag{2.120}$$

式中，$\pi(A')=q(\kappa^{(1)},\zeta^{(1)})$，$\pi(B')=q(\kappa^{(1)},\zeta^{(2)})$。在 $\kappa=\kappa^{(1)}$ 直线上，用条件概率分布 $q(\zeta|\kappa^{(1)})$ 作为马尔可夫链的状态转移核，则任意两点满足细致平稳条件。同理，给定点 $C'(\kappa^{(2)},\zeta^{(1)})$，在 $\zeta=\zeta^{(1)}$ 直线上，用条件概率分布 $q(\kappa|\zeta^{(1)})$作为马尔可夫链的状态转移核，则任意两点满足细致平稳条件，有

$$\pi(A')q(\kappa^{(2)}|\zeta^{(1)})=\pi(C')q(\kappa^{(1)}|\zeta^{(1)}) \tag{2.121}$$

二维 Gibbs 采样示意见图 2.13。图中 A'和 B'的横坐标数值相同，A'和 C'的纵坐标数值相同。

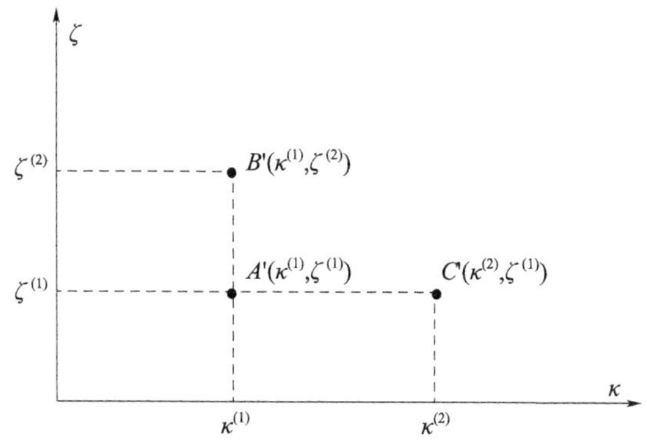

图 2.13　二维 Gibbs 采样

构造联合概率分布 $q(\kappa,\zeta)$的马尔可夫链的转移核，表示为

$$q(A\rightarrow B)=q(\zeta^{(B)}|\kappa^{(1)}),\quad 若\ \kappa^{(1)}=\kappa^{(A)}=\kappa^{(B)} \tag{2.122}$$

$$q(A\rightarrow C)=q(\kappa^{(C)}|\zeta^{(1)}),\quad 若\ \zeta^{(1)}=\zeta^{(A)}=\zeta^{(C)} \tag{2.123}$$

综上，对于任意两点 D'和 E'满足细致平稳条件，表示为

$$\pi(D')q(D'\rightarrow E')=\pi(E')q(E'\rightarrow D') \tag{2.124}$$

综上，总结二维 Gibbs 采样方法的具体实现过程如下：

步骤 1：给定细致平稳分布 $\pi(\kappa,\zeta)$；

步骤 2：随机初始化初始状态 $\kappa^{(t)}$ 和 $\zeta^{(t)}$，令 $t=0$；

步骤 3：从条件分布 $q(\zeta|\kappa^{(t)})$中采样得到 $\zeta^{(t+1)}$；

步骤 4：从条件分布 $q(\kappa|\zeta^{(t+1)})$中采样得到 $\kappa^{(t+1)}$；

步骤 5：若达到最大采样次数则停止采样，否则返回步骤 3，令 $t=t+1$。

从上述过程可获得符合细致平稳条件的样本集，表示为$\{(\kappa^{(1)},\zeta^{(1)}),(\kappa^{(2)},\zeta^{(2)}),\cdots,(\kappa^{(t)},\zeta^{(t)})\}$。将该样本集表示为轮换坐标采样过程，见图 2.14。图中初始点为$(\kappa^{(1)},\zeta^{(1)})$，经过多次采样得到最终点$(\kappa^{(t)},\zeta^{(t)})$。

根据二维 Gibbs 采样方法可将其推广到多维 Gibbs 采样。给定 n 维联合概率分布 $\pi(\kappa_1,\cdots,\kappa_n)$，对于任意 κ_i的转移核表示为 $q(\kappa_i|\kappa_1,\cdots,\kappa_{i-1},\kappa_{i+1},\cdots,\kappa_n)$。

综上，总结多维 Gibbs 采样的具体实现过程如下：

步骤 1：给定细致平稳分布 $\pi(\kappa_1,\cdots,\kappa_n)$；

步骤 2：随机初始化初始状态$(\kappa_1{}^{(t)},\cdots,\kappa_n{}^{(t)})$，令 $t=0$；

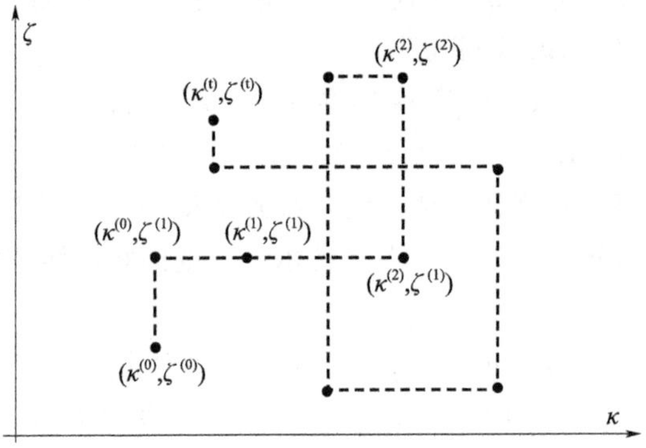

图 2.14 二维 Gibbs 采样过程

步骤 3：从条件分布 $q(\kappa_1|\kappa_2{}^{(t)},\cdots,\kappa_n{}^{(t)})$ 中采样得到 $\kappa_1{}^{(t+1)}$，

…… ……

从条件分布 $q(\kappa_i|\kappa_1{}^{(t+1)},\cdots,\kappa_{i-1}{}^{(t+1)},\kappa_{i+1}{}^{(t)},\cdots,\kappa_n{}^{(t)})$ 中采样得到 $\kappa_i{}^{(t+1)}$，

…… ……

从条件分布 $q(\kappa_n|\kappa_1{}^{(t+1)},\cdots,\kappa_{n-1}{}^{(t+1)})$ 中采样得到 $\kappa_n{}^{(t+1)}$；

步骤 4：若达到最大采样次数则停止采样，否则返回步骤 3。

2.3.3.2 基于 GaMM 的 M-H 参数优化

在采用 GaMM 构建数据条件概率分布的基础上，通过条件概率分布连乘可得到似然函数，根据贝叶斯定理，结合似然函数和参数先验分布构建参数后验分布，利用 M-H 方法模拟后验分布求解模型参数以实现最大化后验分布。伽马分布具有非对称且右侧重尾特性，适用于 SAR 影像统计建模，M-H 方法适用于复杂结构参数优化但参数求解效率较低，二者综合后，基于 GaMM 的 M-H 参数优化的具体实现过程如下。

采用式(2.12)的 GaMM 建模数据 x_i 的条件概率分布，假设各数据的条件概率分布相互独立，进而构建数据的联合概率分布，表示为

$$\begin{aligned} p(\boldsymbol{x} \mid \boldsymbol{\Psi}) &= \prod_{i=1}^{n} p(x_i \mid \boldsymbol{\Psi}_i) = \prod_{i=1}^{n} \Big[\sum_{l=1}^{k} \pi_{li} p_l(x_i \mid \boldsymbol{\Omega}_l) \Big] \\ &= \prod_{i=1}^{n} \Big[\sum_{l=1}^{k} \pi_{li} \frac{x_i{}^{\alpha_l - 1}}{\Gamma(\alpha_l)\beta_l{}^{\alpha_l}} \exp\Big(-\frac{x_i}{\beta_l}\Big) \Big] \end{aligned} \tag{2.125}$$

式中，模型参数集表示为 $\boldsymbol{\Psi}=\{\boldsymbol{\pi},\boldsymbol{\alpha},\boldsymbol{\beta}\}$；$\boldsymbol{\pi}=\{\pi_{li};l=1,2,\cdots,k,i=1,2,\cdots,n\}$ 为组分权重集合；$\boldsymbol{\alpha}=\{\alpha_l;l=1,2,\cdots,k\}$ 为形状参数集合；$\boldsymbol{\beta}=\{\beta_l;l=1,2,\cdots,k\}$ 为尺度参数集合。

给定模型参数的先验分布 $p(\boldsymbol{\Psi})=p(\boldsymbol{\pi},\boldsymbol{\alpha},\boldsymbol{\beta})$，根据贝叶斯定理可构建模型参数的后验分布，表示为

$$p(\boldsymbol{\Psi}|\boldsymbol{x})=\frac{p(\boldsymbol{x}|\boldsymbol{\Psi})p(\boldsymbol{\Psi})}{p(\boldsymbol{x})} \tag{2.126}$$

式中，$p(\boldsymbol{x})$ 为数据集 $\boldsymbol{x}$ 的边缘概率分布，为常数项，在最大化后验分布时可将其忽略。由于模型参数之间相互独立，则模型参数后验分布进一步表示为

$$p(\boldsymbol{\Psi}|\boldsymbol{x})\propto p(\boldsymbol{x}|\boldsymbol{\Psi})p(\boldsymbol{\pi})p(\boldsymbol{\alpha})p(\boldsymbol{\beta}) \tag{2.127}$$

式中，$p(\boldsymbol{\pi})$、$p(\boldsymbol{\alpha})$ 和 $p(\boldsymbol{\beta})$ 分别为组分权重、形状参数和尺度参数的先验分布。这里给出一种常用的各参数先验分布，具体如下。

(1)组分权重先验分布。考虑到局部像素类属性具有较强的相似性,由 2.2.2 节内容采用式(2.21)的邻域像素组分权重定义中心像素的先验分布。

(2)形状参数先验分布。假设形状参数 α_l 服从均值为 μ_α 和标准差为 σ_α 的高斯分布,并假设各组分形状参数相互独立,则形状参数先验分布表示为

$$p(\boldsymbol{\alpha}) = \prod_{l=1}^{k} p(\alpha_l) = \prod_{l=1}^{k} \left[(2\pi\sigma_\alpha^2)^{-1/2} \exp\left(-\frac{(\alpha_l - \mu_\alpha)^2}{2{\sigma_\alpha}^2}\right) \right] \tag{2.128}$$

式中,μ_α 和 σ_α 为形状参数先验分布的均值和标准差,可设为常数。

(3)尺度参数先验分布。假设尺度参数 β_l 服从均值为 μ_β 和标准差为 σ_β 的高斯分布,并假设各组分尺度参数相互独立,则尺度参数先验分布表示为

$$p(\boldsymbol{\beta}) = \prod_{l=1}^{k} p(\beta_l) = \prod_{l=1}^{k} \left[(2\pi\sigma_\beta^2)^{-1/2} \exp\left(-\frac{(\beta_l - \mu_\beta)^2}{2{\sigma_\beta}^2}\right) \right] \tag{2.129}$$

式中,μ_β 和 σ_β 分别为尺度参数先验分布的均值和标准差,可设为常数。

结合式(2.125)统计模型和式(2.21)、式(2.128)~式(2.129)各参数先验分布得到后验分布,表示为

$$\begin{aligned} p(\boldsymbol{\Psi} \mid \boldsymbol{x}) &= p(\boldsymbol{x} \mid \boldsymbol{\Psi}) p(\boldsymbol{\pi}) p(\boldsymbol{\alpha}) p(\boldsymbol{\beta}) \\ &= \prod_{i=1}^{n} \left[\sum_{l=1}^{k} \pi_{li} \frac{{x_i}^{\alpha_l - 1}}{\Gamma(\alpha_l) {\beta_l}^{\alpha_l}} \exp\left(-\frac{x_i}{\beta_l}\right) \right] \frac{1}{A} \exp\left[-\eta \sum_{i=1}^{n} \sum_{l=1}^{k} \sum_{i' \in \boldsymbol{N}_i} (\pi_{li} - \pi_{li'})^2 \right] \times \\ &\quad \prod_{l=1}^{k} \left[(2\pi\sigma_\alpha^2)^{-1/2} \exp\left(-\frac{(\alpha_l - \mu_\alpha)^2}{2{\sigma_\alpha}^2}\right) \right] \times \prod_{l=1}^{k} \left[(2\pi\sigma_\beta^2)^{-1/2} \exp\left(-\frac{(\beta_l - \mu_\beta)^2}{2{\sigma_\beta}^2}\right) \right] \end{aligned} \tag{2.130}$$

采用 M-H 方法模拟式(2.130)后验分布以优化模型参数,分别设计更新组分权重和更新组分参数的操作选取出候选参数,并计算各更新操作中候选参数的接受率,以判断是否接受候选参数。在迭代中交替执行上述两个操作,直到后验分布收敛或模型参数收敛则停止迭代,两个更新操作具体实现过程如下。

(1)更新组分权重操作。令当前组分权重集合为 $\boldsymbol{\pi} = \{\boldsymbol{\pi}_i; i = 1, 2, \cdots, n\}$,随机选取数据 i 组分权重表示为 $\boldsymbol{\pi}_i = \{\pi_{li}; l = 1, 2, \cdots, k\}$,从中随机选取 π_{li} 作为待更新组分权重。令候选组分权重为 $\pi_{li} + \pi_v$,其中 $\pi_v \in [0, 1]$ 为权重增量,则数据 i 的候选组分权重集表示为 $\boldsymbol{\pi}_i{}^* = \{\pi_{1i}, \cdots, (\pi_{li} + \pi_v), \cdots, \pi_{ki}\}$。由于组分权重需满足其约束条件 $\sum_{l=1}^{k} \pi_{li} = 1$,为此对该集合内组分权重进行归一化处理,则数据 i 候选组分权重集表示为

$$\boldsymbol{\pi}_i^* = \left\{ \frac{\pi_{1i}}{1 + \pi_v}, \cdots, \frac{\pi_{li} + \pi_v}{1 + \pi_v}, \cdots, \frac{\pi_{ki}}{1 + \pi_v} \right\} \tag{2.131}$$

进而,候选组分权重集表示为 $\boldsymbol{\pi}^* = \{\boldsymbol{\pi}_1, \cdots, \boldsymbol{\pi}_i{}^*, \cdots, \boldsymbol{\pi}_n\}$,其接受率表示为

$$\begin{aligned} a(\boldsymbol{\pi}, \boldsymbol{\pi}^*) &= \min\left\{ 1, \frac{p(\boldsymbol{x} \mid \boldsymbol{\pi}^*, \boldsymbol{\Omega}) p(\boldsymbol{\pi}^*)}{p(\boldsymbol{x} \mid \boldsymbol{\pi}, \boldsymbol{\Omega}) p(\boldsymbol{\pi})} \right\} \\ &= \min\left\{ 1, \frac{\prod_{i=1}^{n} \left[\sum_{l=1}^{k} \pi_{li}{}^* \frac{{x_i}^{\alpha_l - 1}}{\Gamma(\alpha_l) {\beta_l}^{\alpha_l}} \exp\left(-\frac{x_i}{\beta_l}\right) \right]}{\prod_{i=1}^{n} \left[\sum_{l=1}^{k} \pi_{li} \frac{{x_i}^{\alpha_l - 1}}{\Gamma(\alpha_l) {\beta_l}^{\alpha_l}} \exp\left(-\frac{x_i}{\beta_l}\right) \right]} \times \frac{\exp\left[-\eta \sum_{i=1}^{n} \sum_{l=1}^{k} \sum_{i' \in \boldsymbol{N}_i} (\pi_{li}{}^* - \pi_{li'}{}^*)^2 \right]}{\exp\left[-\eta \sum_{i=1}^{n} \sum_{l=1}^{k} \sum_{i' \in \boldsymbol{N}_i} (\pi_{li} - \pi_{li'})^2 \right]} \right\} \end{aligned} \tag{2.132}$$

若接受率 $a(\boldsymbol{\pi}, \boldsymbol{\pi}^*)$ 等于 1,则接受候选组分权重集,即 $\boldsymbol{\pi}^{(t+1)} = \boldsymbol{\pi}^*$;否则,拒绝接受候选组

分权重集，即 $\boldsymbol{\pi}^{(t+1)}=\boldsymbol{\pi}^{(t)}$。

(2)更新组分参数集操作。令当前组分参数集为 $\boldsymbol{\Omega}=\{\boldsymbol{\Omega}_1,\boldsymbol{\Omega}_2,\cdots,\boldsymbol{\Omega}_k\}$，随机选取待更新组分参数集 $\boldsymbol{\Omega}_l=\{\alpha_l,\beta_l\}$。在以 $\alpha_l(\beta_l)$ 为球心和 $\sigma_{\boldsymbol{\Omega}}{}^2$ 为半径范围内随机选取候选 $\alpha_l{}^*(\beta_l{}^*)$，则组分 l 的候选参数集表示为 $\boldsymbol{\Omega}_l{}^*=\{\alpha_l{}^*,\beta_l{}^*\}$，进而候选的组分参数集表示为 $\boldsymbol{\Omega}^*=\{\boldsymbol{\Omega}_1,\cdots,\boldsymbol{\Omega}_l{}^*,\cdots,\boldsymbol{\Omega}_k\}$，其接受率表示为

$$
\begin{aligned}
a(\boldsymbol{\Omega},\boldsymbol{\Omega}^*) &= \min\left\{1,\frac{p(\boldsymbol{x}\mid\boldsymbol{\pi},\boldsymbol{\Omega}^*)p(\boldsymbol{\alpha}^*)p(\boldsymbol{\beta}^*)}{p(\boldsymbol{x}\mid\boldsymbol{\pi},\boldsymbol{\Omega})p(\boldsymbol{\alpha})p(\boldsymbol{\beta})}\right\}\\
&= \min\left\{1,\frac{\prod_{i=1}^{n}\left[\sum_{l=1}^{k}\pi_{li}\dfrac{x_i{}^{\alpha_l{}^*-1}}{\Gamma(\alpha_l{}^*)(\beta_l{}^*)^{\alpha_l{}^*}}\exp\left(-\dfrac{x_i}{\beta_l{}^*}\right)\right]}{\prod_{i=1}^{n}\left[\sum_{l=1}^{k}\pi_{li}\dfrac{x_i{}^{\alpha_l-1}}{\Gamma(\alpha_l)\beta_l{}^{\alpha_l}}\exp\left(-\dfrac{x_i}{\beta_l}\right)\right]}\right.\\
&\qquad\left.\frac{\exp\left(-\dfrac{(\alpha_l{}^*-\mu_\alpha)^2}{2\sigma_\alpha{}^2}\right)\exp\left(-\dfrac{(\beta_l{}^*-\mu_\beta)^2}{2\sigma_\beta{}^2}\right)}{\exp\left(-\dfrac{(\alpha_l-\mu_\alpha)^2}{2\sigma_\alpha{}^2}\right)\exp\left(-\dfrac{(\beta_l-\mu_\beta)^2}{2\sigma_\beta{}^2}\right)}\right\}
\end{aligned}
\tag{2.133}
$$

若接受率 $a(\boldsymbol{\Omega},\boldsymbol{\Omega}^*)$ 等于 1，则接受组分参数集，即 $\boldsymbol{\Omega}^{(t+1)}=\boldsymbol{\Omega}^*$；否则，拒绝接受候选组分权重集，即 $\boldsymbol{\Omega}^{(t+1)}=\boldsymbol{\Omega}^{(t)}$。

综上，总结基于 GaMM 的 M-H 参数优化过程如下(图 2.15 为基于 GaMM 的 M-H 方法参数优化流程图)：

步骤 1：初始化模型参数集 $\boldsymbol{\Psi}^{(t)}=\{\boldsymbol{\pi}^{(t)},\boldsymbol{\Omega}^{(t)}\}$，令 $t=0$；

步骤 2：执行更新组分权重操作，得到新的组分权重 $\boldsymbol{\pi}^{(t+1)}$；

步骤 3：执行更新组分参数集操作，得到新的组分参数集 $\boldsymbol{\Omega}^{(t+1)}$；

步骤 4：判断模型参数是否收敛，若收敛则停止迭代，否则，返回步骤 2，令 $t=t+1$。

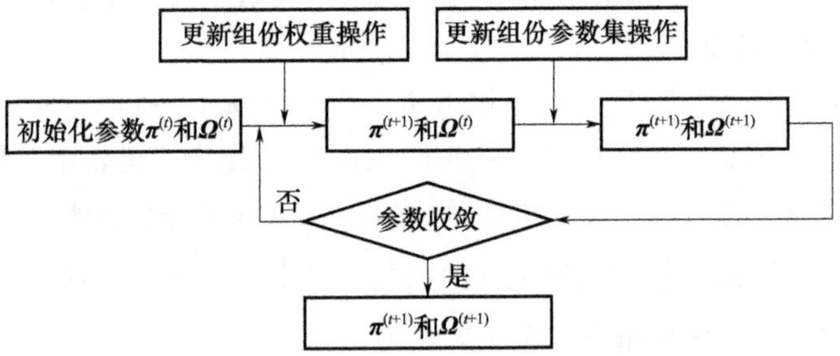

图 2.15　基于 GaMM 的 M-H 方法参数优化流程图

第 3 章　有限混合模型遥感影像分割

在基于有限混合模型的遥感影像分割中，依据不同类型遥感影像内像素光谱测度统计分布特性的不同，可采用不同类型的有限混合模型构建遥感影像统计模型，结合融入局部像素位置信息的组分权重先验分布构建影像分割模型，通过求解最优模型参数实现影像分割。

本章重点阐述基于有限混合模型的遥感影像分割算法，包括基于 GMM、多元 GMM 和空间约束 GaMM 的遥感影像分割算法，并给出各分割算法的实例以验证本章分割算法在分割遥感影像中的有效性和实用性。

3.1　结合 GMM 和平滑因子的影像分割

本节阐述结合 GMM 和平滑因子（GMM-Smoothing Factor，GMM-SF）的影像分割算法，将有限混合模型和 MRF 相结合，以有效利用遥感影像的光谱信息和空间信息，并结合 RJMCMC 和 EM 方法确定最优类别和求解最优模型参数，以实现高分辨率全色遥感影像分割。为了验证遥感影像分割算法的有效性，本节给出高分辨率全色遥感影像分割实例。

3.1.1　GMM-SF 算法描述

给定一幅全色遥感影像 $\boldsymbol{x}=\{x_i;i=1,2,\cdots,n\}$，将其视为随机场的一个实现，其中 i 为像素索引，n 为总像素数，x_i 为像素 i 的光谱值。利用式(2.7)的 GMM 建模像素光谱值 x_i 的条件概率分布，假设各像素的条件概率分布独立，则连乘像素光谱值 x_i 的条件概率分布构建联合条件概率分布，表示为

$$p(\boldsymbol{x}\mid\boldsymbol{\Psi})=\prod_{i=1}^{n}p(x_i\mid\boldsymbol{\Psi}_i)=\prod_{i=1}^{n}\left[\sum_{l=1}^{k}\pi_{li}\ (2\pi\sigma_l{}^2)^{-1/2}\exp\left(-\frac{1}{2\sigma_l{}^2}\ (x_i-\mu_l)^2\right)\right]\quad(3.1)$$

式中，模型参数集表示为 $\boldsymbol{\Psi}=\{\boldsymbol{\pi},\boldsymbol{\mu},\boldsymbol{\sigma}^2\}$，其中 $\boldsymbol{\pi}=\{\pi_{li};l=1,2,\cdots,k,i=1,2,\cdots,n\}$为组分权重集合；$\boldsymbol{\mu}=\{\mu_l;l=1,2,\cdots,k\}$为均值集合；$\boldsymbol{\sigma}^2=\{\sigma_l{}^2;l=1,2,\cdots,k\}$为方差集合。称式(3.1)为基于 GMM 的全色影像统计模型。

考虑到局部像素类属性具有更强的相似性，采用 Gibbs 分布建模组分权重先验分布，以将局部像素空间位置信息引入混合模型，为了避免由于引入像素空间信息导致的参数结构复杂的问题，同时便于通过最大似然估计实现组分权重求解，构建组分权重先验分布仅与下一次迭代中的组分权重有关，则在已知组分数 k 的条件下组分权重的条件概率分布表示为

$$p(\boldsymbol{\pi}\mid k)=A^{-1}\exp\left[\frac{1}{T}\sum_{i=1}^{n}\sum_{l=1}^{k}S_{li}^{(t)}\ln\pi_{li}^{(t+1)}\right]\quad(3.2)$$

式中，A 为归一化常数；T 为温度系数；$S_{li}{}^{(t)}$ 为第 t 次迭代的平滑因子。为了将像素局部位置信息融入组分权重先验分布，利用邻域像素类属性概率分布定义平滑因子，表示为

$$S_{li}{}^{(t)}=\exp\left[\frac{\eta}{2(\#\ \boldsymbol{N}_i)}\sum_{i'\in\boldsymbol{N}_i}(u_{li'}{}^{(t)}+\pi_{li'}{}^{(t)})\right]\quad(3.3)$$

式中，η 为噪声平滑系数；i' 为邻域像素索引；$\boldsymbol{N}_i$ 为邻域像素索引集；# 为计算集合元素数操作符；u_{li} 为像素类属性后验概率。给定第 t 次迭代的参数集 $\boldsymbol{\Psi}^{(t)}=\{\boldsymbol{\pi}^{(t)},\boldsymbol{\mu}^{(t)},(\boldsymbol{\sigma}^{(t)})^2\}$，根据贝叶斯定理，像素类属性后验概率表示为

$$u_{li}{}^{(t)}=\frac{\pi_{li}{}^{(t)}p(x_i\mid\boldsymbol{\Omega}_l{}^{(t)})}{\sum_{l'=1}^{k}\pi_{l'i}{}^{(t)}p(x_i\mid\boldsymbol{\Omega}_{l'}{}^{(t)})}\tag{3.4}$$

假设影像包含的目标区域数 k 为随机变量，且满足均值为 γ 的泊松分布，其先验分布表示为

$$p(k)=\frac{\gamma^k}{k\,!}\exp(-\gamma)\tag{3.5}$$

根据贝叶斯理论，结合式(3.1)、式(3.2)和式(3.5)构建后验分布作为影像分割模型，表示为

$$\begin{aligned}p(\boldsymbol{\Psi}\mid\boldsymbol{x})&\propto p(\boldsymbol{x}\mid\boldsymbol{\Psi})p(\boldsymbol{\pi}\mid k)p(k)\\&=\prod_{i=1}^{n}\left[\sum_{l=1}^{k}\pi_{li}\,(2\pi\sigma_l{}^2)^{-1/2}\exp\left(-\frac{1}{2\sigma_l{}^2}\,(x_i-\mu_l)^2\right)\right]\times\\&\quad A^{-1}\exp\left[\frac{1}{T}\sum_{i=1}^{n}\sum_{l=1}^{k}S_{li}^{(t)}\ln\pi_{li}^{(t+1)}\right]\times\frac{\gamma^k}{k\,!}\exp(-\gamma)\end{aligned}\tag{3.6}$$

为了实现影像分割，结合 EM 和 RJMCMC 方法求解式(3.6)的影像分割模型。对于可显式表达的均值、方差和组分权重，采用 EM 方法实现参数估计；对于不可显式表达的组分数，设计 RJMCMC 模拟分割模型确定最优组分数。

在给定组分数 k 的条件下，对式(3.6)取对数得到对数似然函数，并忽略与所求参数无关的组分数先验分布项，得

$$\begin{aligned}L(\boldsymbol{\Psi})&=\ln p(\boldsymbol{\Psi}\mid\boldsymbol{x})\\&=\sum_{i=1}^{n}\ln\left[\sum_{l=1}^{k}\pi_{li}\,(2\pi\sigma_l{}^2)^{-1/2}\exp\left(-\frac{1}{2\sigma_l{}^2}\,(x_i-\mu_l)^2\right)\right]-A+\frac{1}{T}\sum_{i=1}^{n}\sum_{l=1}^{k}S_{li}^{(t)}\ln\pi_{li}^{(t+1)}\end{aligned}\tag{3.7}$$

利用类属性后验概率 u_{li}，将 Jensen 不等式应用于式(3.7)，得到关于对数似然函数的不等式，表示为

$$L(\boldsymbol{\Psi})\geqslant\sum_{i=1}^{n}\sum_{l=1}^{k}u_{li}^{(t)}\ln\left[\pi_{li}\,(2\pi\sigma_l{}^2)^{-1/2}\exp\left(-\frac{1}{2\sigma_l{}^2}\,(x_i-\mu_l)^2\right)\right]-A+\frac{1}{T}\sum_{i=1}^{n}\sum_{l=1}^{k}S_{li}^{(t)}\ln\pi_{li}^{(t+1)}\tag{3.8}$$

不等式右侧项为对数似然函数的下界函数，当模型参数为对数似然函数的极值点时不等式等号成立。因此，将最大化似然函数转化为最大化其下界函数，将不等式右侧项作为新的目标函数，并令 $A=1$ 和 $T=1$，记为

$$Q(\boldsymbol{\Psi},\boldsymbol{\Psi}^{(t)})=\sum_{i=1}^{n}\sum_{l=1}^{k}u_{li}^{(t)}\ln\left[\pi_{li}\,(2\pi\sigma_l{}^2)^{-1/2}\exp\left(-\frac{1}{2\sigma_l{}^2}\,(x_i-\mu_l)^2\right)\right]+\sum_{i=1}^{n}\sum_{l=1}^{k}S_{li}^{(t)}\ln\pi_{li}^{(t+1)}\tag{3.9}$$

通过最大化式(3.9)目标函数求解均值、方差和组分权重。利用目标函数分别对均值和方差求偏导数，并令导数为 0，可推导出均值和方差的表达式：

$$\mu_l{}^{(t+1)}=\frac{\sum_{i=1}^{n}u_{li}{}^{(t)}x_i}{\sum_{i=1}^{n}u_{li}{}^{(t)}}\tag{3.10}$$

$$(\sigma_l^{(t+1)})^2=\frac{\sum_{i=1}^{n}u_{li}^{(t)}(x_i-\mu_l^{(t+1)})^2}{\sum_{i=1}^{n}u_{li}^{(t)}} \tag{3.11}$$

由于组分权重需满足其约束条件 $\sum_{l=1}^{k}\pi_{li}=1$，因此采用拉格朗日乘数法构建带有约束条件的目标函数，表示为

$$Q_\pi(\boldsymbol{\Psi},\boldsymbol{\Psi}^{(t)})=Q(\boldsymbol{\Psi},\boldsymbol{\Psi}^{(t)})+\sum_{i=1}^{n}\rho_i(\sum_{l=1}^{k}\pi_{li}-1) \tag{3.12}$$

式中，ρ_i 为组分权重拉格朗日乘子。利用式(3.12)对组分权重 π_{li} 和拉格朗日乘子 ρ_i 求偏导，并令导数为 0，得

$$\pi_{li}^{(t+1)}=\frac{u_{li}^{(t)}+S_{li}^{(t)}}{\sum_{l'=1}^{k}(u_{l'i}^{(t)}+S_{l'i}^{(t)})} \tag{3.13}$$

利用 RJMCMC 方法设计增加或删除一个组分以实现类别数 k 的改变，依据最大化后验分布准则计算改变类别数 k 的接受率，在迭代中确定最优类别数，具体实现过程如下。

令当前组分数为 k，模型参数集为 $\boldsymbol{\Psi}^{(t)}=\{\boldsymbol{\pi}^{(t)},\boldsymbol{\mu}^{(t)},(\boldsymbol{\sigma}^{(t)})^2\}$。增加一个组分对应增加一组模型参数集，记为 $\{\mu_{k+1}{}^*,\sigma_{k+1}{}^*,\boldsymbol{\pi}_{k+1}{}^*\}$，其中 $\boldsymbol{\pi}_{k+1}{}^*=\{\pi_{k+1i};i=1,2,\cdots,n\}$，则组分数为 $k^*=k+1$。以等概率在 $\{1,2,\cdots,k\}$ 中随机选取一组高斯分布参数集，记为 $\{\mu_l,\sigma_l\}$，以 $\mu_l(\sigma_l)$ 为均值，以 64(16) 为方差的高斯分布中随机生成 $\mu_{k+1}{}^*(\sigma_{k+1}{}^*)$ 作为新增加的组分参数，即 $\mu_{k+1}{}^*\sim N(\mu_l,64)$，$\sigma_{k+1}{}^*\sim N(\sigma_l,16)$，则候选均值集为 $\boldsymbol{\mu}^*=\{\mu_1,\mu_2,\cdots,\mu_k,\mu_{k+1}{}^*\}$，候选标准差集为 $\boldsymbol{\sigma}^*=\{\sigma_1,\sigma_2,\cdots,\sigma_k,\sigma_{k+1}{}^*\}$。在 0 到 1 内随机生成 $n\times 1$ 向量作为新增加的组分权重 $\boldsymbol{\pi}_{k+1}{}^*$，对各组分的组分权重进行归一化处理以满足其约束条件，即 $\left\{\frac{\pi_1}{1+\pi_{k+1}^*},\frac{\pi_2}{1+\pi_{k+1}^*},\cdots,\frac{\pi_k}{1+\pi_{k+1}^*},\frac{\pi_{k+1}^*}{1+\pi_{k+1}^*}\right\}$，则候选组分权重集为 $\boldsymbol{\pi}^*=\{\pi_1{}^*,\pi_2{}^*,\cdots,\pi_k{}^*,\pi_{k+1}{}^*\}$。候选参数集 $\{\boldsymbol{\pi}^*,\boldsymbol{\mu}^*,\boldsymbol{\sigma}^*\}$ 的接受率表示为

$$a_a(\boldsymbol{\Psi},\boldsymbol{\Psi}^*)=\min\left\{1,\frac{\prod_{i=1}^{n}\left[\sum_{l=1}^{k+1}\pi_{li}^*p(x_i\mid\mu_l^*,\sigma_l^{*2})\right]\exp\left[-\sum_{i=1}^{n}\sum_{l=1}^{k+1}S_{li}^{(t)}\ln\pi_{li}^*\right]\times\gamma}{\prod_{i=1}^{n}\left[\sum_{l=1}^{k}\pi_{li}p(x_i\mid\mu_l,\sigma_l^2)\right]\exp\left[-\sum_{i=1}^{n}\sum_{l=1}^{k}S_{li}^{(t)}\ln\pi_{li}\right]\times(k+1)}\right\} \tag{3.14}$$

删除一个组分对应删除一组模型参数集，则组分数为 $k^*=k-1$。选取均值相近的两个组分删除其中一个组分所对应的模型参数集，记为 $\{\mu_l,\sigma_l,\pi_l\}$，则候选均值集为 $\boldsymbol{\mu}^*=\{\mu_1,\cdots,\mu_{l-1},\mu_{l+1},\cdots,\mu_k\}$，候选标准差集为 $\boldsymbol{\sigma}^*=\{\sigma_1,\cdots,\sigma_{l-1},\sigma_{l+1},\cdots,\sigma_k\}$。对各组分的组分权重进行归一化处理以满足其约束条件，即 $\left\{\frac{\pi_1}{1-\pi_l},\cdots,\frac{\pi_{l-1}}{1-\pi_l},\frac{\pi_{l+1}}{1-\pi_l},\cdots,\frac{\pi_k}{1-\pi_l}\right\}$，则候选组分权重集为 $\boldsymbol{\pi}^*=\{\pi_1{}^*,\cdots,\pi_{l-1}{}^*,\pi_{l+1}{}^*,\pi_k{}^*\}$。候选参数集 $\{\boldsymbol{\pi}^*,\boldsymbol{\mu}^*,\boldsymbol{\sigma}^*\}$ 的接受率表示为

$$a_d(\boldsymbol{\Psi},\boldsymbol{\Psi}^*)=\min\left\{1,\frac{\prod_{i=1}^{n}\left[\sum_{l=1}^{k-1}\pi_{li}^*p(x_i\mid\mu_l^*,\sigma_l^{*2})\right]\exp\left[-\sum_{i=1}^{n}\sum_{l=1}^{k-1}S_{li}^{(t)}\ln\pi_{li}^*\right]\times k}{\prod_{i=1}^{n}\left[\sum_{l=1}^{k}\pi_{li}p(x_i\mid\mu_l,\sigma_l^2)\right]\exp\left[-\sum_{i=1}^{n}\sum_{l=1}^{k}S_{li}^{(t)}\ln\pi_{li}\right]\times\gamma}\right\} \tag{3.15}$$

若接受率为 1，则接受候选参数集作为新的模型参数集，即 $\boldsymbol{\Psi}^{(t+1)}=\boldsymbol{\Psi}^*$，否则保持当前参数集不变，即 $\boldsymbol{\Psi}^{(t+1)}=\boldsymbol{\Psi}^{(t)}$。

结合 EM 和 RJMCMC 方法求解模型参数最优解，并计算得到类属性后验概率，通过最大化后验概率，得到像素类属性标号，即影像分割结果，表示为

$$z_i = \underset{l \in \{1,2,\cdots,k\}}{\operatorname{argmax}} \{u_{li}\} \tag{3.16}$$

综上，总结 GMM-SF 算法分割高分辨率全色遥感影像的具体流程如下。

输入：类别均值 γ，平滑系数 η，迭代次数 IT，收敛误差 e。

输出：像素类属性标号。

步骤 1：读入待分割影像；

步骤 2：初始化组分数 $k^{(t)}$、组分权重 $\pi_{li}{}^{(t)}$、组分参数 $\boldsymbol{\Omega}_l{}^{(t)}=\{\mu_l{}^{(t)},(\sigma_l{}^{(t)})^2\}$，令 $t=0$；

步骤 3：利用式(3.4)计算后验概率 $u_{li}{}^{(t)}$；

步骤 4：利用式(3.10)、式(3.11)和式(3.13)分别计算均值、方差和组分权重；

步骤 5：执行增加或删除组分操作，随机增加或删除一个组分并得到候选模型参数集，利用式(3.14)或式(3.15)计算候选参数集的接受率，并得到新的模型参数集 $\boldsymbol{\Psi}^{(t+1)}=\{\pi_{li}{}^{(t+1)},\mu_l{}^{(t+1)},(\sigma_l{}^{(t+1)})^2\}$和类别数 $k^{(t+1)}$；

步骤 6：根据式(3.7)利用模型参数集计算对数似然函数 $L(\boldsymbol{\Psi}^{(t+1)})$；

步骤 7：若对数似然函数收敛，即$|L(\boldsymbol{\Psi}^{(t+1)})-L(\boldsymbol{\Psi}^{(t)})|<e$，或达到最大迭代次数，即 $t \geqslant$ IT，则停止迭代，否则返回步骤 3，且令 $t=t+1$；

步骤 8：利用式(3.16)获得像素类属性标号，即影像分割结果。

3.1.2 GMM-SF 算法分割实例

为了验证 GMM-SF 分割算法的有效性，采用 GMM-SF 分割算法对模拟全色影像和高分辨率全色遥感影像进行分割，并定性和定量地分析各结果。实例中，GMM-SF 分割算法的参数设置如下：类别均值 $\gamma=4$，平滑系数 $\eta=1$，迭代次数 IT=1000，收敛误差 $e=0.0001$。

3.1.2.1 模拟影像分割

为了定量评价 GMM-SF 分割算法，制作包含五个同质区域的模板影像，见图 3.1(a)，图中标号 1～5 索引不同的同质区域。表 3.1 中列出了生成模拟全色影像的参数，依据模板影像，利用各区域的高斯分布参数生成像素的光谱值，进而得到模拟全色影像，见图 3.1(b)。其中，不同区域对应的高斯分布参数选择了较为接近的数值，如区域 2 和 3 设定相近的均值，区域 1 和 5 设定相同的标准差。

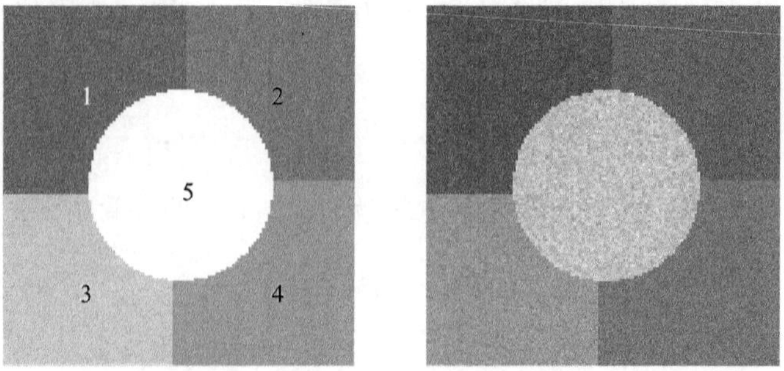

(a) 模板影像　　(b) 模拟全色影像

图 3.1　模板影像和模拟全色影像

表 3.1　模拟影像各同质区域的高斯分布参数

参数	区域 1	区域 2	区域 3	区域 4	区域 5
均值 μ	50	100	120	150	200
标准差 σ	10	7	5	12	10

采用 GMM-SF 分割算法对模拟全色影像进行分割实验，实验结果见图 3.2，可以看出分割结果中几乎不存在误分割像素，且各区域被准确分割开。为了更加直观地评价分割结果，提取分割结果各区域之间的轮廓线叠加到模拟全色影像上，得到轮廓线叠加结果，见图 3.2(b)，图中白色线为分割结果各区域之间的轮廓线，可以看出分割结果各区域之间的边界线与模拟全色影像的边界线可以很好地重叠在一起。因此，GMM-SF 分割算法可准确分割模拟全色影像。

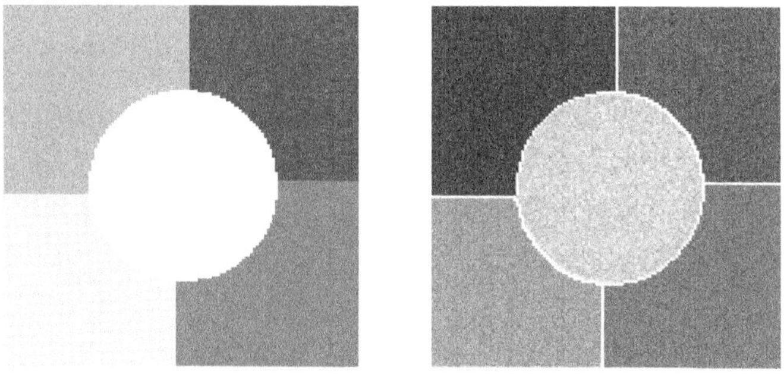

(a) 分割结果　　(b) 轮廓线叠加结果

图 3.2　模拟全色影像实验结果

为了定量评价模拟全色影像分割结果，以图 3.1(a)模板影像作为标准分割结果，结合图 3.2(a)分割结果得到混淆矩阵，进而可计算分割结果各区域的用户精度和产品精度，以及整幅分割结果的总精度和 kappa 值，见表 3.2。从表 3.2 中可看出，各区域的用户精度和产品精度均在 99%以上，整幅分割结果的总精度为 99.87%，kappa 值为 0.99，因此 GMM-SF 分割算法可获得高精度的模拟全色影像分割结果。

表 3.2　模拟全色影像分割结果精度

精度指标	区域 1	区域 2	区域 3	区域 4	区域 5
用户精度/%	100	99.99	99.66	99.90	99.92
产品精度/%	100	99.83	99.90	99.90	99.70
总精度/%	99.87				
kappa 值	0.99				

为了验证 GMM-SF 分割算法的参数估计结果，表 3.3 列出了模拟全色影像各区域高斯分布参数估计值($\tilde{\mu}$，$\tilde{\sigma}$)及估计值相对误差(e_μ，e_σ)。其中，均值的相对误差在 0.4%以下，标准差的相对误差在 8%以下，因此，GMM-SF 分割算法可以准确估计高斯分布参数。

表 3.3　分布参数估计值及相对误差

指标	区域 1	区域 2	区域 3	区域 4	区域 5
$\tilde{\mu}$	50.0	100.4	120.4	150.3	199.9
$e_\mu(\%)$	0	0.4	0.3	0.2	0.05
$\tilde{\sigma}$	9.9	7.0	4.6	11.3	9.9
$e_\sigma(\%)$	1	0	8	6	1

图 3.3 为模拟全色影像灰度直方图拟合结果,图中横坐标和纵坐标分别为像素光谱测度值及其频数,灰色区域为模拟全色影像灰度直方图,实线为 GMM 概率分布曲线,虚线为 5 个组分概率分布曲线。从灰度直方图可以看出,其包括 5 个峰值对应影像的 5 个目标区域,各区域的灰度直方图为单峰且对称,部分峰值内存在异常值导致某个像素光谱测度值对应的频数过大或过小。从虚线可知,GMM 组分可以准确拟合各峰值,GMM 不受直方图中异常值影响,准确拟合模拟全色影像的灰度直方图,见实线。

为了验证 GMM-SF 分割算法的分割结果不受初始类别数的影响,分别设置不同初始类别数进行分割实验,绘制类别数随迭代次数变化曲线,如图 3.4 所示。图中横坐标和纵坐标分别为迭代次数和类别数,其中初始类别数分别设为 2、3、6 和 7,图中各点表示当前迭代次数类别数。从图 3.4 中可以看出,初始类别数为 2、3、6 和 7 分别对应在 800、400、100 和 400 次迭代时收敛到类别数 5,与模拟全色影像的最优类别数相等,说明该分割算法的分割结果在类别数确定上不受所设定初始类别数的影响,均可收敛到最优类别数。

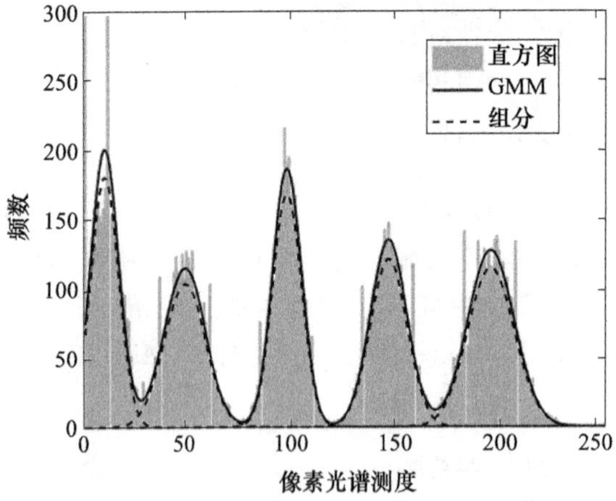

图 3.3　模拟全色影像灰度直方图拟合结果图

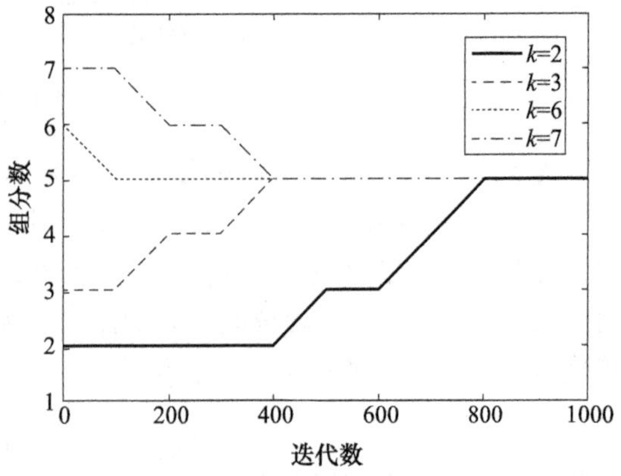

图 3.4　模拟全色影像类别数变化曲线图

3.1.2.2　高分辨率全色遥感影像分割

为了验证 GMM-SF 分割算法在高分辨率全色影像分割中的适用性和有效性,选取 4 幅 256×256 像素的高分辨率全色遥感影像,见图 3.5 的(a)～(d)。其中,图 3.5(a)为建筑影像,图 3.5(d)为港口影像,两幅影像均来源于 0.7 m 分辨率的 EROS-B 卫星影像;图 3.5(b)为运动场影像,图 3.5(c)为耕地影像,两幅影像来源于 2 m 分辨率的 CARTOSAT-1 卫星影像。为了有效验证 GMM-SF 分割算法的抗噪性,对图 3.5 的(a)～(d)的 4 幅影像添加 1%的椒盐噪声,得到对应的噪声影像,如图 3.5 的(e)～(h)。从图 3.5 中可看出各影像内均存在较多的噪声像素,且随机分布于各影像内。

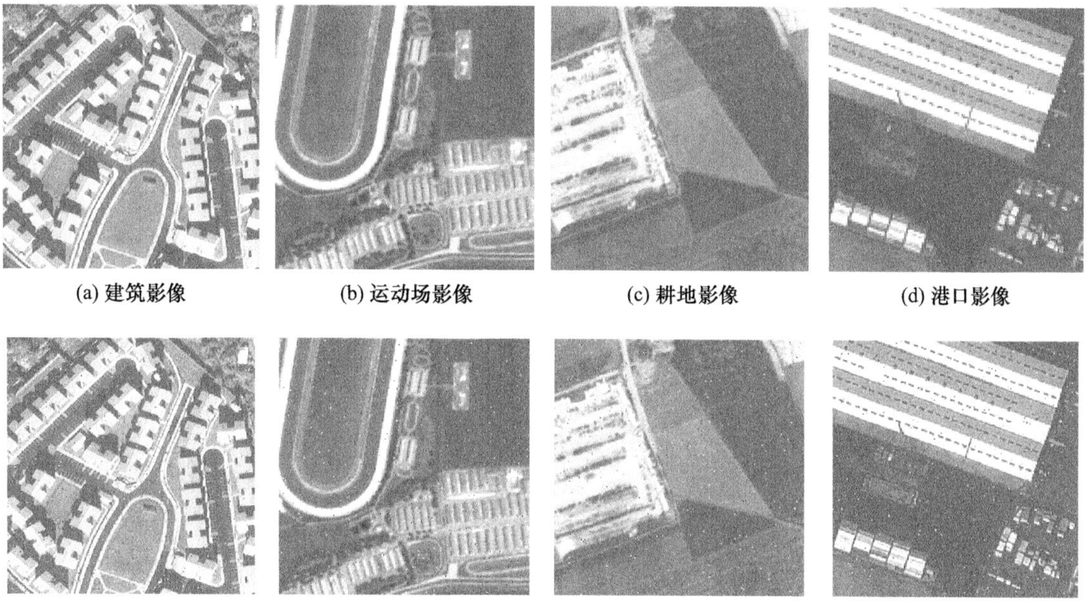

(a) 建筑影像　(b) 运动场影像　(c) 耕地影像　(d) 港口影像

(e) 添加噪声的建筑影像　(f) 添加噪声的运动场影像　(g) 添加噪声的耕地影像　(h) 添加噪声的港口影像

图 3.5　高分辨率全色遥感影像及添加噪声影像

采用 GMM-SF 分割算法对图 3.5 的(e)～(h)噪声影像进行分割实验，分割结果见图 3.6 的(a)～(d)。从分割结果可以看出，GMM-SF 分割算法可有效克服噪声像素的影像，将各目标区域分割开，且分割结果中仅存在少量误分割像素。为了更加直观地评价分割结果，提取分割结果内各区域之间轮廓线叠加在噪声影像上，得到轮廓线叠加结果见图 3.6 的(e)～(h)。从白色的轮廓线可以看出，GMM-SF 分割算法可以准确分割各目标区域，且几乎不存在噪声像素，可以获得高质量的分割结果。

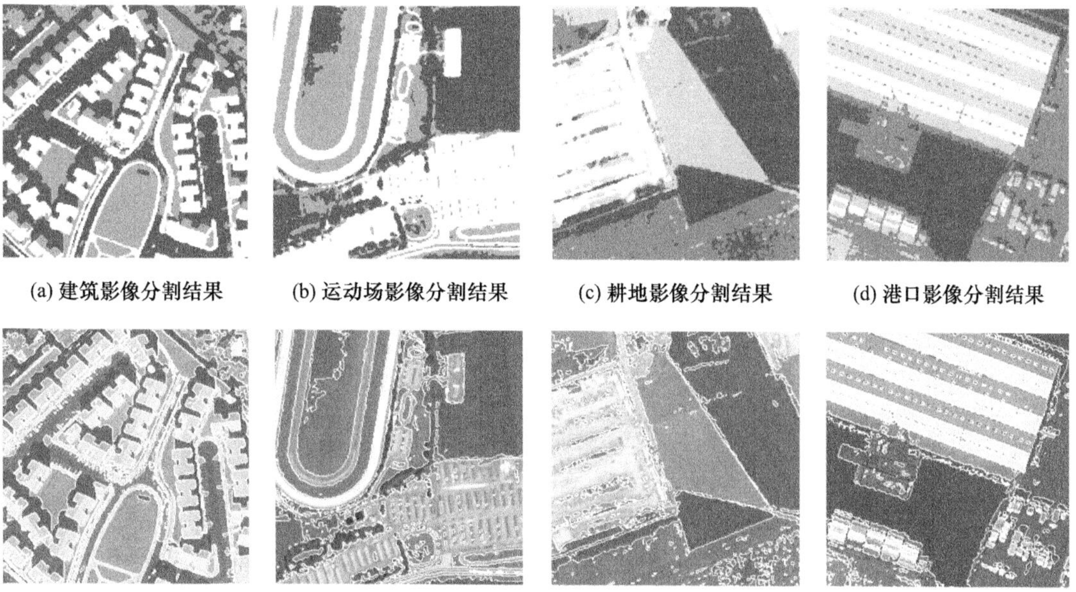

(a) 建筑影像分割结果　(b) 运动场影像分割结果　(c) 耕地影像分割结果　(d) 港口影像分割结果

(e) 建筑影像轮廓线叠加结果　(f) 运动场影像轮廓线叠加结果　(g) 耕地影像轮廓线叠加结果　(h) 港口影像轮廓线叠加结果

图 3.6　添加噪声的高分辨率全色遥感影像分割结果

图 3.7 为图 3.6 中高分辨率全色遥感影像灰度直方图拟合结果，图中横坐标和纵坐标分别为像素光谱测度值及其频数，灰色区域为全色影像灰度直方图，实线为 GMM 概率分布曲线，虚线为组分概率分布曲线。从灰度直方图可知，由于各影像内添加了椒盐噪声导致灰度直方图中多个像素光谱测度值的频数异常大或异常小，且全色遥感影像的灰度直方图各峰值呈现非对称、重尾、多峰、平坦峰、尖峰等复杂特性。从虚线可知，GMM 组分概率分布难以拟合复杂特性灰度直方图峰值，如图 3.7(a)中左侧第一个组分难以拟合多峰直方图，图 3.7(b)中左侧第一个组分难以拟合尖峰直方图，图 3.7(d)中组分难以拟合平坦峰直方图。综上说明，GMM 难以拟合高分辨率全色遥感影像复杂灰度直方图。

图 3.8 为图 3.6 分割结果的类别数变化曲线图，图中横坐标和纵坐标分别为迭代次数和组分数，图中各点表示当前迭代次数对应的组分数。为了验证 GMM-SF 分割算法的分割结果不受初始组分数的影响，对高分辨率全色遥感影像分别设置不同初始组分数进行分割实验，用实线和虚线表示不同初始组分数变化。从图中可以看出建筑、运动场、耕地和港口影像的类别数分别在 300、400、300 和 300 次迭代时收敛到类别数 3、3、4 和 4，说明该分割算法在分割高分辨率全色遥感影像时类别数的确定不受所设定初始类别数的影响，均可收敛到最优类别数。

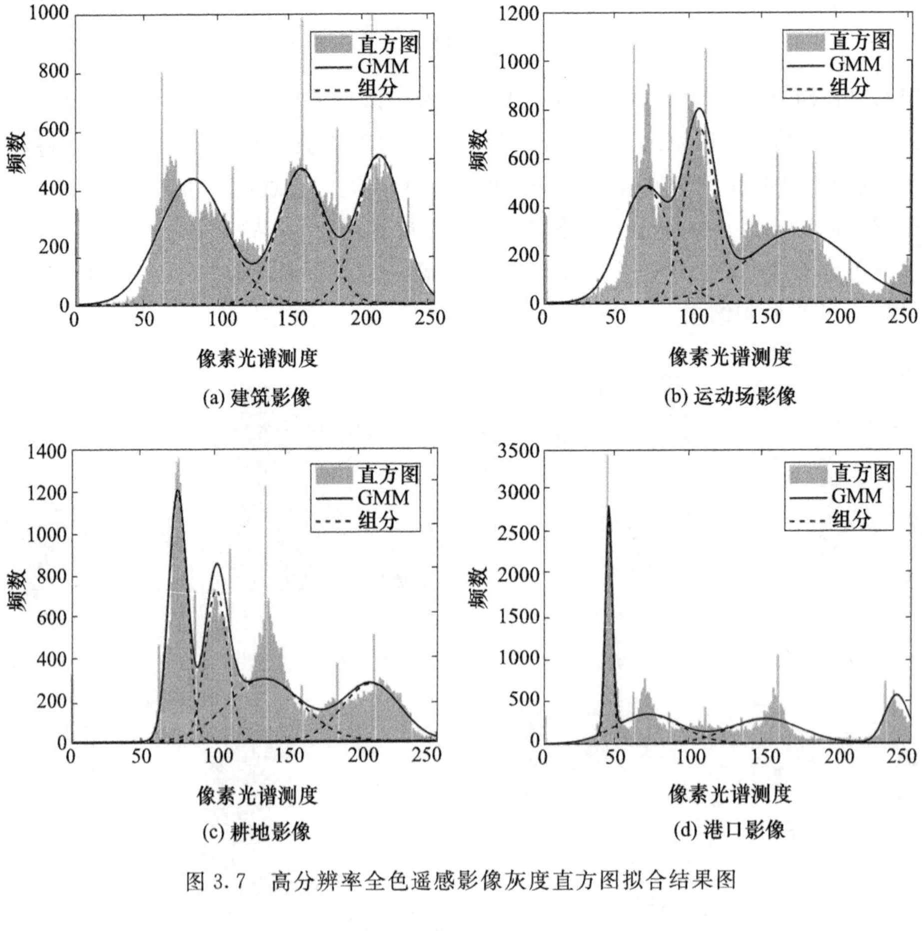

图 3.7　高分辨率全色遥感影像灰度直方图拟合结果图

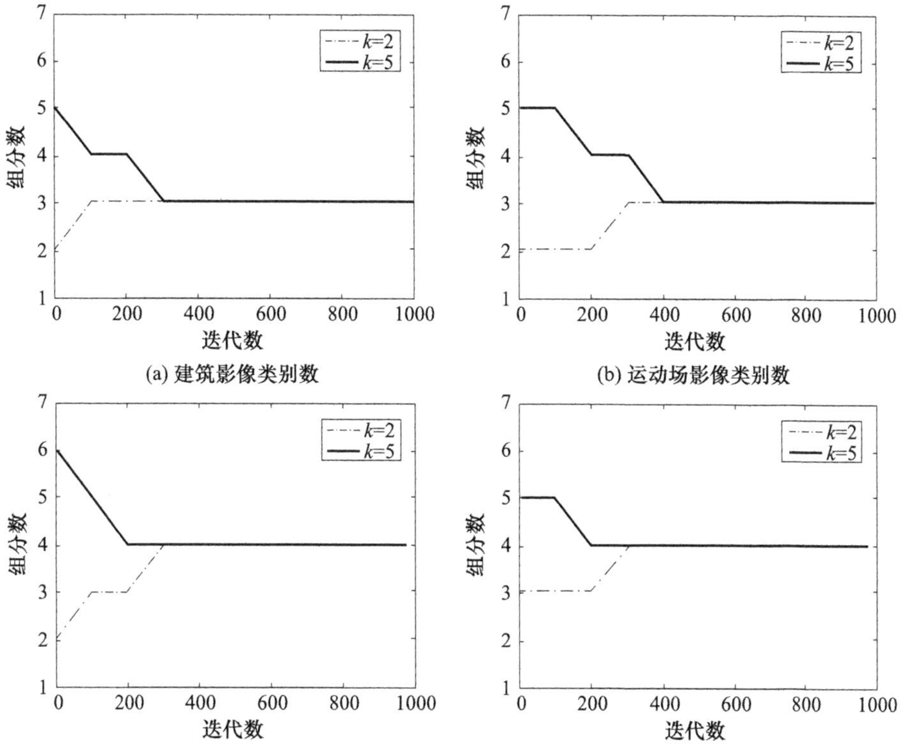

(a) 建筑影像类别数 (b) 运动场影像类别数

(c) 耕地影像类别数 (d) 港口影像类别数

图 3.8 高分辨率全色遥感影像类别数变化曲线

3.2 结合多元 GMM 和共轭方向的影像分割算法

本节阐述结合多元 GMM 和共轭方向(Multivariate GMM-Conjugation Direction, MGMM-CD)的影像分割算法，将多元 GMM 和 MRF 相结合，以有效利用遥感影像的光谱信息和空间信息，并利用共轭方向方法求解最优模型参数，以实现高分辨率多光谱遥感影像分割。为了验证遥感影像分割算法的有效性，本节给出高分辨率多光谱遥感影像分割实例。

3.2.1 MGMM-CD 算法描述

给定一幅多光谱遥感影像 $\mathbf{x}=\{\mathbf{x}_i; i=1,2,\cdots,n\}$，将其视为随机场的一个实现，其中 i 为像素索引，n 为总像素数，$\mathbf{x}_i=(x_{i1},\cdots,x_{id},\cdots,x_{iD})$ 为像素 i 的光谱测度矢量，d 为波段索引，D 为总波段数，x_{id} 为波段 d 内像素 i 的光谱值。利用式(2.6)的多元 GMM 建模像素光谱测度矢量 $\mathbf{x}_i$ 的条件概率分布，假设 $\mathbf{x}_i$ 的条件概率分布相互独立，则连乘像素光谱值 $\mathbf{x}_i$ 的条件概率分布构建联合条件概率分布，表示为

$$p(\mathbf{x} \mid \boldsymbol{\Psi}) = \prod_{i=1}^{n} p(\mathbf{x}_i \mid \boldsymbol{\Psi}_i) = \prod_{i=1}^{n} \left\{ \sum_{l=1}^{k} \pi_{li} \ (2\pi)^{-\frac{D}{2}} \ |\boldsymbol{\Sigma}_l|^{-\frac{1}{2}} \exp\left[-(\mathbf{x}_i-\boldsymbol{\mu}_l)\boldsymbol{\Sigma}_l^{-1}(\mathbf{x}_i-\boldsymbol{\mu}_l)^{\mathrm{T}}\right] \right\} \tag{3.17}$$

式中，模型参数集表示为 $\boldsymbol{\Psi}=\{\boldsymbol{\pi},\boldsymbol{\mu},\boldsymbol{\Sigma}\}$；$\boldsymbol{\pi}=\{\pi_{li};l=1,2,\cdots,k,i=1,2,\cdots,n\}$ 为组分权重集合；$\boldsymbol{\mu}=\{\boldsymbol{\mu}_l;l=1,2,\cdots,k\}$ 为均值矢量集合；$\boldsymbol{\Sigma}=\{\boldsymbol{\Sigma}_l;l=1,2,\cdots,k\}$ 为协方差矩阵集合。称式(3.17)为基于多元 GMM 的多光谱影像统计模型。

考虑到局部像素类属性具有更强的相似性，通过建模组分权重先验分布以引用像素空间位置信息。利用 MRF 建模组分权重，假设中心像素与其邻域像素的组分权重差值 $e_{li}=\sum_{i'\in \boldsymbol{N}_i}(\pi_{li'}-\pi_{li'})$ 服从均值为 0 方差为 η^2 的高斯分布，即 $e_{li}\sim N(0,\eta^2)$，利用式(2.24)建立组分权重 π_{li} 的概率分布，并假设各概率分布之间相互独立，得到式(2.25)组分权重联合概率分布。

根据贝叶斯理论，结合式(3.17)和式(2.25)构建后验分布，并对其取负对数得到损失函数，表示为

$$\begin{aligned}J(\boldsymbol{\Psi}) &=-\ln p(\boldsymbol{x}\mid\boldsymbol{\Psi})-\ln p(\boldsymbol{\pi})\\ &=-\sum_{i=1}^{n}\ln\Big\{\sum_{l=1}^{k}\pi_{li}\,(2\pi)^{-\frac{D}{2}}\,\left|\boldsymbol{\Sigma}_l\right|^{-\frac{1}{2}}\exp[-(\boldsymbol{x}_i-\boldsymbol{\mu}_l)\,\boldsymbol{\Sigma}_l^{-1}\,(\boldsymbol{x}_i-\boldsymbol{\mu}_l)^{\mathrm{T}}]\Big\}-\\ &\quad\sum_{i=1}^{n}\sum_{l=1}^{k}\ln\left\{\frac{1}{\sqrt{2\pi\eta^2}}\exp\left[-\frac{1}{2\eta^2}\Big(\sum_{i'\in\boldsymbol{N}_i}(\pi_{li}-\pi_{li'})\Big)^2\right]\right\}\end{aligned}\tag{3.18}$$

由于式(3.18)中待求解参数较多，且模型结构比较复杂，如包含和的对数项，需对损失函数结构进行简化。为此，根据均值矢量和协方差矩阵的最大似然估计式，将均值矢量和协方差矩阵定义为

$$\boldsymbol{\mu}_l^{(t+1)}=\frac{\sum_{i=1}^{n}\pi_{li}^{(t)}\,\boldsymbol{x}_i}{\sum_{i=1}^{n}\pi_{li}^{(t)}}\tag{3.19}$$

$$\boldsymbol{\Sigma}_l^{(t+1)}=\frac{\sum_{i=1}^{n}\pi_{li}^{(t)}\,[\boldsymbol{x}_i-\boldsymbol{\mu}_l^{(t+1)}]^{\mathrm{T}}[\boldsymbol{x}_i-\boldsymbol{\mu}_l^{(t+1)}]}{\sum_{i=1}^{n}\pi_{li}^{(t)}}\tag{3.20}$$

在给定均值矢量和协方差矩阵的条件下，采用共轭方向方法优化组分权重，以实现最小化损失函数。共轭方向方法根据共轭性利用两次迭代的梯度构建一组共轭方向，该方向为一直朝向损失函数最小值点，具有良好的收敛性。

给定第 t 次迭代的组分权重 $\boldsymbol{\pi}^{(t)}$，则下一次迭代的组分权重为

$$\boldsymbol{\pi}^{(t+1)}=\boldsymbol{\pi}^{(t)}+\lambda\,\boldsymbol{d}^{(t)}\tag{3.21}$$

式中，λ 为步长，是常数；$\boldsymbol{d}$ 为搜索方向。令初始搜索方向为负梯度方向，即 $\boldsymbol{d}^{(t)}=-\boldsymbol{g}^{(t)}$，且 $t=0$，利用两次迭代的梯度构建共轭搜索方向，表示为

$$\boldsymbol{d}^{(t)}=\begin{cases}-\boldsymbol{g}^{(t)}, & t=0\\ -\boldsymbol{g}^{(t)}+\chi^{(t)}\boldsymbol{d}^{(t-1)}, & t>0\end{cases}\tag{3.22}$$

式中，$\boldsymbol{g}^{(t)}=\nabla J(\boldsymbol{\Psi}^{(t)})$ 为梯度；χ 为共轭系数，表示为

$$\chi^{(t)}=\frac{(\boldsymbol{g}^{(t)})^{\mathrm{T}}\,\boldsymbol{g}^{(t)}}{(\boldsymbol{g}^{(t-1)})^{\mathrm{T}}\,\boldsymbol{g}^{(t-1)}}\tag{3.23}$$

在迭代过程中要求共轭系数为非负值，若共轭系数小于 0，则令其为 0，以确保 PR 共轭梯度法求解得到的搜索方向满足共轭性条件。

利用损失函数对组分权重求导数，表示为

$$\frac{\partial J(\boldsymbol{\Psi})}{\partial \pi_{li}} = -\frac{p(\boldsymbol{x}_i \mid \boldsymbol{\mu}_l, \boldsymbol{\Sigma}_l)}{\sum_{l'=1}^{k} \pi_{l'i} p(\boldsymbol{x}_i \mid \boldsymbol{\mu}_{l'}, \boldsymbol{\Sigma}_{l'})} + \frac{\# \boldsymbol{N}_i}{\eta^2}\Big(\sum_{i' \in \boldsymbol{N}_i} (\pi_{li} - \pi_{li'})\Big) \tag{3.24}$$

为了实现自适应平滑系数影像分割，利用损失函数对平滑系数求偏导，并令导数为 0，可推导出平滑系数表达式，写为

$$\eta = \frac{1}{nk} \sum_{i=1}^{n} \sum_{l=1}^{k} \Big(\sum_{i' \in \boldsymbol{N}_i} (\pi_{li} - \pi_{li'})\Big)^2 \tag{3.25}$$

利用共轭方向方法求解模型参数最优解，并通过最大化组分权重得到像素类属性标号，即影像分割结果，表示为

$$z_i = \underset{l \in \{1,2,\cdots,k\}}{\operatorname{argmax}} \{\pi_{li}\} \tag{3.26}$$

综上，总结 GMM-CD 算法分割高分辨率多光谱遥感影像的具体流程如下。

输入：类别数 k，步长 λ，平滑系数 η，迭代次数 IT，收敛误差 e。

输出：像素类属性标号。

步骤 1：读入待分割影像；

步骤 2：初始化组分权重 $\pi_{li}{}^{(t)}$、组分参数 $\boldsymbol{\Omega}_l{}^{(t)} = \{\boldsymbol{\mu}_l{}^{(t)}, \boldsymbol{\Sigma}_l{}^{(t)}\}$，令 $t=0$；

步骤 3：利用式(3.25)计算平滑系数 $\eta^{(t)}$；

步骤 4：利用式(3.19)和式(3.20)分别计算均值矢量 $\boldsymbol{\mu}_l{}^{(t+1)}$ 和协方差矩阵 $\boldsymbol{\Sigma}_l{}^{(t+1)}$；

步骤 5：利用式(3.24)计算组分权重梯度，利用式(3.22)和式(3.23)计算共轭搜索方向，并利用式(3.21)计算新的组分权重 $\pi_{li}{}^{(t+1)}$；

步骤 6：利用式(3.18)计算损失函数 $J(\boldsymbol{\Psi}^{(t+1)})$；

步骤 7：若损失函数收敛，即 $|J(\boldsymbol{\Psi}^{(t+1)}) - J(\boldsymbol{\Psi}^{(t)})| < e$，或达到最大迭代次数，即 $t \geqslant \mathrm{IT}$，则停止迭代，否则返回步骤 3，且令 $t=t+1$；

步骤 8：利用式(3.26)获得像素类属性标号，即影像分割结果。

3.2.2　MGMM-CD 算法分割实例

为了验证 GMM-CD 分割算法的有效性，采用 MGMM-CD 分割算法对合成多光谱影像和高分辨率多光谱遥感影像进行分割，并定性和定量地分析各结果。实例中，MGMM-CD 分割算法的参数设置如下：依据目视判读设置类别数 k，步长 $\lambda=0.004$，平滑系数 $\eta=0.5$，迭代次数 IT=4000，收敛误差 $e=0.0001$。

3.2.2.1　合成多光谱影像分割

为了定量评价 MGMM-CD 分割算法，生成包含 3 个同质区域的 256×256 像素模板影像，见图 3.9(a)，图中标号 1～3 为同质区域索引，且各同质区域的边界不规则。依据模板影像，从高分辨率多光谱遥感影像内截取 3 类地物得到合成多光谱影像，见图 3.9(b)，图中对应标号 3 的深灰区域为裸地，对应标号 2 的浅灰色区域为耕地，对应标号 1 的黑色区域为林地。为了有效验证 MGMM-CD 分割算法的抗噪性，对合成多光谱影像添加 2%的椒盐噪声得到含噪声影像，见图 3.9(c)，影像内包含大量噪声像素，且噪声像素随机分布于影像各目标区域内。

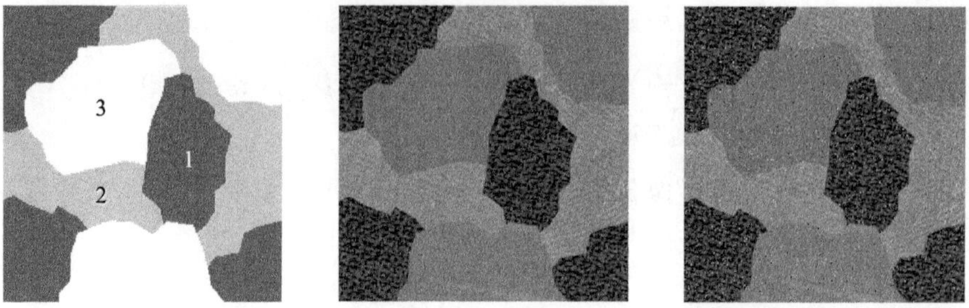

(a) 模板影像　(b) 合成多光谱影像　(c) 添加噪声的合成多光谱影像

图 3.9　模板影像、合成多光谱影像和添加噪声的合成影像

图 3.10 为采用 MGMM-CD 分割算法对图 3.9(c)噪声影像的实验结果。从图 3.10(a)可知，MGMM-CD 分割算法可有效克服噪声像素的影响，将合成多光谱影像的各区域准确分割开，分割结果几乎不存在误分割像素和噪声像素。为了更加直观地评价该分割结果，提取分割结果各区域之间的轮廓线叠加到合成多光谱影像上，得到轮廓线叠加结果，见图 3.10(b)，图中白色线为分割结果各区域之间的轮廓线，可以看出，分割结果各区域之间的边界线与合成多光谱影像的边界线可以很好地重叠在一起，仅在中间耕地区域存在极少量白色误分割像素。因此，MGMM-CD 分割算法可准确分割添加噪声的合成多光谱影像。

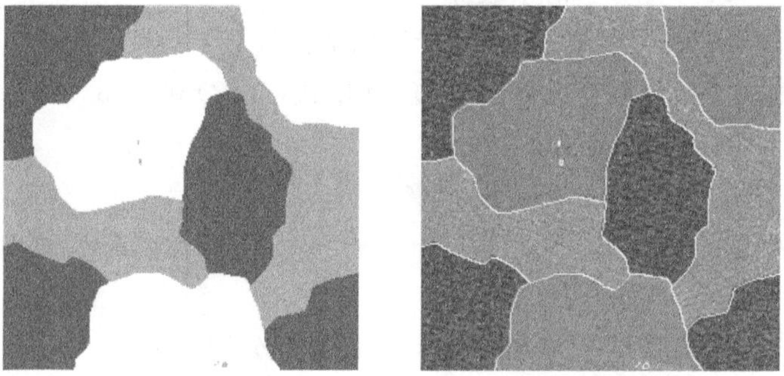

(a) 分割结果　(b) 轮廓线叠加结果

图 3.10　添加噪声合成多光谱影像的实验结果

为了定量评价 MGMM-CD 分割算法的分割结果，以模板影像作为标准分割结果，结合图 3.10(a)分割结果统计得到混淆矩阵，并据此计算各区域的产品精度和用户精度，以及整幅分割结果的总精度和 kappa 值，见表 3.4。从表 3.4 可以看出，各区域的用户精度和产品精度均在 96%以上，整幅分割结果的总精度为 98.76%，kappa 值为 0.98，因此 MGMM-CD 分割算法可获得高精度的分割结果。

表 3.4　添加噪声的合成多光谱影像分割结果的精度

精度指标	区域 1	区域 2	区域 3
用户精度/%	98.50	100	98.13
产品精度/%	98.17	96.93	99.70
总精度/%	98.76		
kappa 值	0.98		

表 3.5 列出了 MGMM-CD 分割算法获得的均值估计值及其误差，以验证该分割算法可以获得参数的全局最优解。利用模板影像计算合成多光谱影像各区域像素光谱测度的均值矢

量，将其作为参数真实值，与 MGMM-CD 分割算法获得的均值矢量估计值($\boldsymbol{\mu}'$)进行比较，并计算估计值的误差(e_{μ})。从表中可看出 MGMM-CD 分割算法的均值估计值误差很小，均在 6.6%以下，这说明 MGMM-CD 分割算法采用共轭方向方法求解参数可以得到全局最优解，同时该算法所采用的参数简化方法具有有效性和准确性。

表 3.5　均值估计值及误差

指标	区域 1	区域 2	区域 3
$\boldsymbol{\mu}'$	(10.91,34.10,34.95)	(134.34,117.82,87.94)	(20.10,117.81,30.05)
e_{μ}/%	2.22,1.45,1.96	2.88,0.06,1.96	6.60,0.37,2.72

3.2.2.2　高分辨率多光谱遥感影像分割

为了验证 MGMM-CD 分割算法在高分辨率多光谱影像分割中的适用性和有效性，选取 3 幅 256×256 像素的高分辨率多光谱遥感影像，见图 3.11 的(a)～(c)。其中，图 3.11(a)为林地影像，来源于 1 m 分辨率的 IKONOS 卫星；图 3.11(b)为海域影像，图 3.11(c)为耕地影像，两幅影像均来源于 0.5 m 分辨率的 WorldView-2 卫星影像。为了有效验证 MGMM-CD 分割算法的抗噪性，对图 3.11 的(a)～(c) 3 幅影像添加 2% 的椒盐噪声，得到对应的噪声影像，见图 3.11 的(d)～(f)。从图 3.11 中可看出，各影像内均存在较多的噪声像素，且随机分布于影像各区域内。

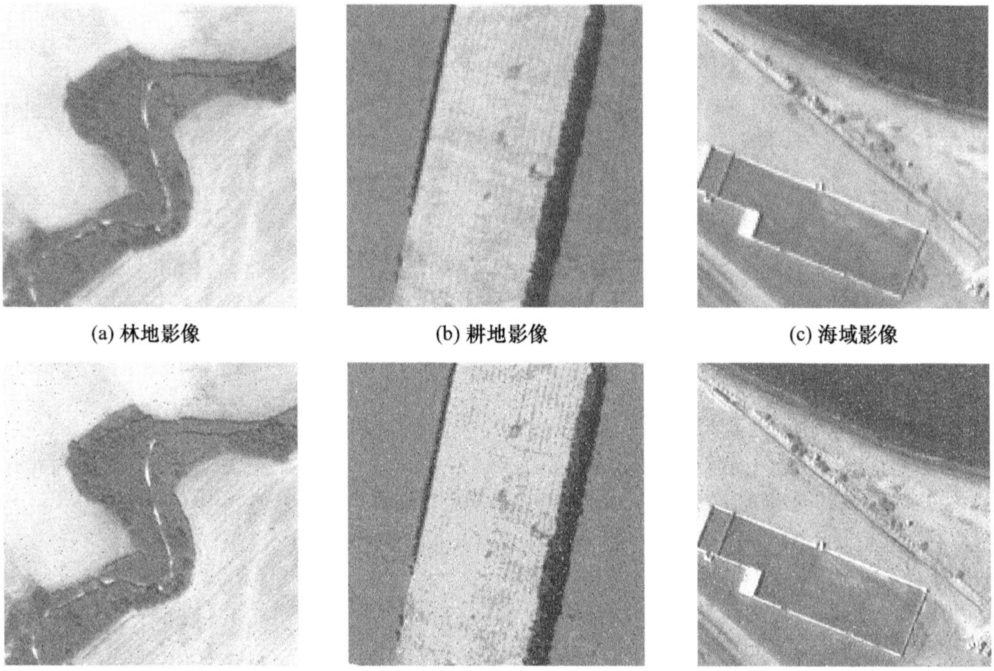

(a) 林地影像　(b) 耕地影像　(c) 海域影像

(d) 添加噪声的林地影像　(e) 添加噪声的耕地影像　(f) 添加噪声的海域影像

图 3.11　高分辨率多光谱遥感影像及添加噪声后的影像

图 3.12 为采用 MGMM-CD 分割算法对图 3.11 的(d)～(f)噪声影像进行分割实验得到的实验结果。从图 3.12 的(a)～(c)分割结果可看出，MGMM-CD 分割算法可有效降低噪声像素的影响，将多光谱影像各区域准确分割开，且分割结果中几乎不存在误分割像素和噪声像素。对于像素光谱差异性比较大的区域，如图 3.11(d)林地区域、图 3.11(e)耕地区域和图

3.11(f)沙域区域，MGMM-CD 分割算法均可以避免光谱异质性的影响，获得高质量的分割结果。为了更加直观评价上述分割结果，提取图 3.12 的(a)～(c)分割结果内各区域之间轮廓线叠加在图 3.11 的(a)～(c)多光谱遥感影像上，得到轮廓线叠加结果见图 3.12 的(d)～(f)。从白色的轮廓线可以看出，MGMM-CD 分割算法可以准确分割各目标区域，分割结果轮廓线与多光谱影像各区域边界很好地重合在一起，且几乎不存在噪声像素，因此 MGMM-CD 分割算法可以获得高质量的分割结果。

为了定量评价图 3.12 多光谱遥感影像分割结果，通过目视解译绘制各影像的标准分割影像，见图 3.13。图 3.13 中标号 1～3 为同质区域索引。结合分割结果和对应的标准分割影像得到混淆矩阵，进而计算各区域的产品精度和用户精度，以及整幅分割结果的总精度和 kappa 值，见表 3.6。从表 3.6 可看出，各区域用户精度和产品精度均在 81%以上，其中林地和耕地影像分割结果的用户精度和产品精度在 94%以上，海域影像分割结果中区域 1 和区域 2 的精度较低。各分割结果的总精度和 kappa 值均分别在 91%和 0.86 以上。因此，MGMM-CD 分割算法可获得高精度的添加噪声高分辨率多光谱遥感影像分割结果。

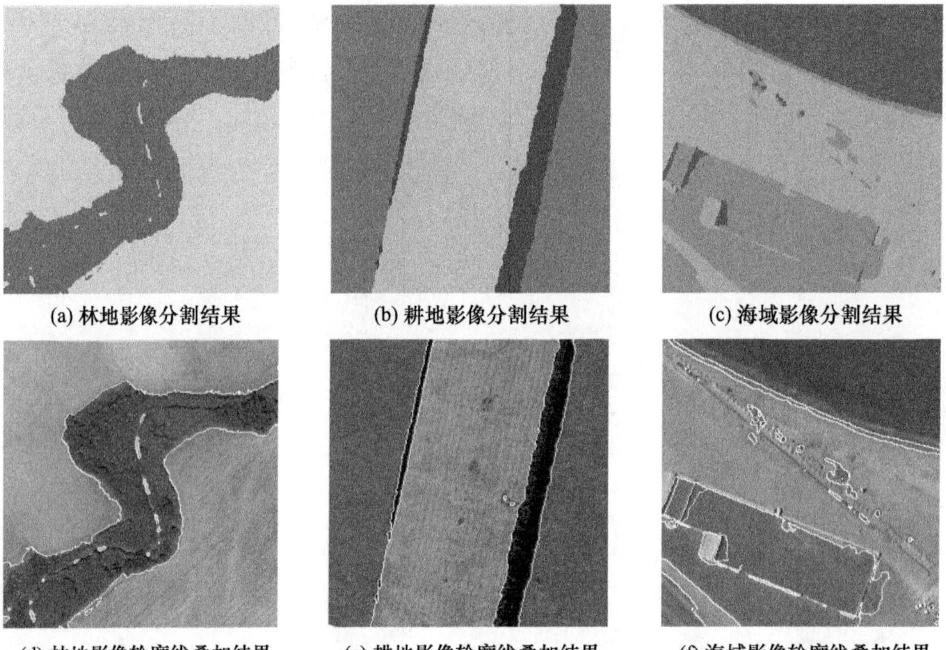

(a) 林地影像分割结果　(b) 耕地影像分割结果　(c) 海域影像分割结果

(d) 林地影像轮廓线叠加结果　(e) 耕地影像轮廓线叠加结果　(f) 海域影像轮廓线叠加结果

图 3.12　高分辨率多光谱遥感影像的实验结果

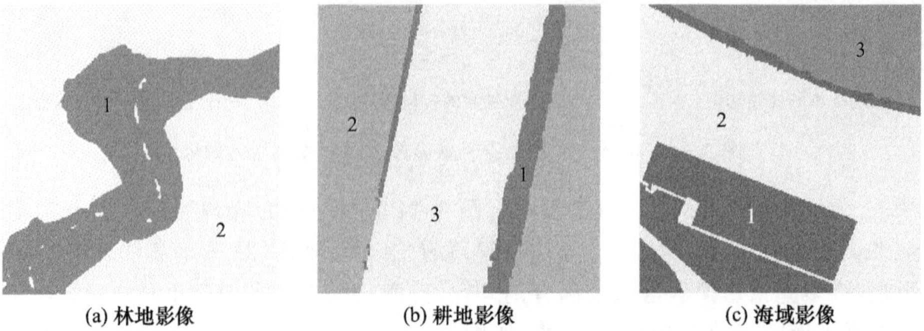

(a) 林地影像　(b) 耕地影像　(c) 海域影像

图 3.13　高分辨率多光谱遥感影像的标准分割影像

表 3.6　高分辨率多光谱遥感影像分割精度

影像	精度指标	区域 1	区域 2	区域 3
林地影像	用户精度/%	99.13	98.62	—
	产品精度/%	97.27	99.56	—
	总精度/%	98.79		
	kappa 值	0.97		
耕地影像	用户精度/%	94.12	99.70	99.28
	产品精度/%	95.83	99.11	99.50
	总精度/%	98.23		
	kappa 值	0.98		
海域影像	用户精度/%	100	84.39	91.88
	产品精度/%	81.57	86.99	97.95
	总精度/%	91.14		
	kappa 值	0.86		

3.3　基于空间约束 GaMM 的影像分割算法

本节阐述基于空间约束 GaMM（GaMM-Spatially Constraint，GaMM-SC）的影像分割算法，通过 GaMM 和 MRF 有效结合像素强度信息和空间位置信息，考虑到伽马分布的形状参数结构比较复杂，将 M-H 和 EM 方法相结合用于求解最优的分布参数，以实现高分辨率 SAR 影像分割。为了验证 SAR 影像分割算法的有效性，本节给出高分辨率 SAR 影像分割实例。

3.3.1　GaMM-SC 算法描述

给定一幅 SAR 影像 $\boldsymbol{x}=\{x_i; i=1,2,\cdots,n\}$，将其视为随机场的一个实现，其中 i 为像素索引，n 为总像素数，x_i 为像素 i 的光谱值。利用式(2.12)的 GaMM 建模像素光谱值 x_i 的条件概率分布，并假设光谱值的条件概率分布相互独立，则连乘像素光谱值 x_i 的条件概率分布构建联合条件概率分布，表示为

$$p(\boldsymbol{x} \mid \boldsymbol{\Psi}) = \prod_{i=1}^{n} p(x_i \mid \boldsymbol{\Psi}_i) = \prod_{i=1}^{n}\left[\sum_{l=1}^{k}\pi_{li}\frac{x_i^{\alpha_l - 1}}{\Gamma(\alpha_l)\beta_l^{\alpha_l}}\exp\left(-\frac{x_i}{\beta_l}\right)\right] \tag{3.27}$$

式中，模型参数集表示为 $\boldsymbol{\Psi}=\{\boldsymbol{\pi},\boldsymbol{\alpha},\boldsymbol{\beta}\}$；其中 $\boldsymbol{\pi}=\{\pi_{li}; l=1,2,\cdots,k, i=1,2,\cdots,n\}$ 为组分权重集合；$\boldsymbol{\alpha}=\{\alpha_l; l=1,2,\cdots,k\}$ 为形状参数集合；$\boldsymbol{\beta}=\{\beta_l; l=1,2,\cdots,k\}$ 为尺度参数集合。称式(3.27)为基于 GaMM 的 SAR 影像统计模型。

为了克服 SAR 影像内斑点噪声的影响，提高算法的分割精度，需将像素空间关系引入混合模型，同时不增加分割模型的复杂性，以便于降低参数求解的计算量。为此，利用像素类属性定义组分权重。根据贝叶斯定理，给定第 t 次迭代的参数集 $\boldsymbol{\Psi}^{(t)}=\{\boldsymbol{\pi}^{(t)},\boldsymbol{\alpha}^{(t)},\boldsymbol{\beta}^{(t)}\}$，可得到像素隶属于区域 l 的后验概率，表示为

$$u_{li}^{(t)} = \frac{\pi_{li}^{(t)} p_l(x_i \mid \boldsymbol{\Omega}_l^{(t)})}{\sum_{l'=1}^{k}\pi_{l'i}^{(t)} p_l(x_i \mid \boldsymbol{\Omega}_{l'}^{(t)})} \tag{3.28}$$

将类属后验概率视为MRF，利用第 t 次迭代中局部像素的类属后验概率 u_{li} 均值定义组分权重。为了满足组分权重 $0 \leqslant \pi_{li} \leqslant 1$ 的条件，对 u_{li} 均值取指数函数；为了满足组分权重和为1的条件，对该指数函数进行归一化处理，则组分权重表示为

$$\pi_{li}^{(t+1)} = \frac{\exp\left(\frac{\eta}{\# \boldsymbol{N}_i} \sum_{i' \in \boldsymbol{N}_i} u_{li'}^{(t)}\right)}{\sum_{l'=1}^{k} \exp\left(\frac{\eta}{\# \boldsymbol{N}_i} \sum_{i' \in N_i} u_{l'i'}^{(t)}\right)} \tag{3.29}$$

式中，η 为平滑系数，用于控制平滑程度；$\boldsymbol{N}_i$ 为邻域像素索引集合，取 3×3 像素大小的邻域系统；i' 为邻域像素索引；# 为计算集合内元素数符号。将式(3.29)代入式(3.27)得到基于空间约束GaMM的SAR影像统计模型，并对式(3.27)取对数得到对数似然函数，表示为

$$L(\boldsymbol{\Psi}) = \ln p(\boldsymbol{x} \mid \boldsymbol{\Psi}) = \sum_{i=1}^{n} \ln\left[\sum_{l=1}^{k} \pi_{li}^{(t+1)} \frac{{x_i}^{\alpha_l - 1}}{\Gamma(\alpha_l){\beta_l}^{\alpha_l}} \exp\left(-\frac{x_i}{\beta_l}\right)\right] \tag{3.30}$$

由于形状参数以其伽马函数形式存在于目标函数中，难以显式表达，采用M-H算法模拟形状参数后验分布，以求解形状参数；而尺度参数可显式表达，采用EM方法实现最大似然估计，以求解尺度参数。

(1)尺度参数求解。由于式(3.30)包含和对数项导致参数求解较复杂，利用类属性后验概率 u_{li} 应用Jensen不等式，得到关于对数似然函数的不等式，表示为

$$L(\boldsymbol{\Psi}) \geqslant \sum_{i=1}^{n} \sum_{l=1}^{k} u_{li}^{(t)} \ln\left[\pi_{li}^{(t+1)} \frac{{x_i}^{\alpha_l - 1}}{\Gamma(\alpha_l){\beta_l}^{\alpha_l}} \exp\left(-\frac{x_i}{\beta_l}\right)\right] \tag{3.31}$$

式中，不等号右侧项为式(3.31)对数似然函数的下界函数，当模型参数集 $\boldsymbol{\Psi}$ 为对数似然函数极值点时，等号成立。因此，通过最大化该下界函数可达到最大化对数似然函数的目的，避免了包含和对数项函数的参数求解困难问题。将该下界函数作为新的目标函数，记为

$$Q(\boldsymbol{\Psi}, \boldsymbol{\Psi}^{(t)}) = \sum_{i=1}^{n} \sum_{l=1}^{k} u_{li}^{(t)} \left[\ln \pi_{li}^{(t+1)} + (\alpha_l - 1)\ln x_i - \ln \Gamma(\alpha_l) - \alpha_l \ln \beta_l - \frac{x_i}{\beta_l}\right] \tag{3.32}$$

利用式(3.32)目标函数对尺度参数求偏导数，并令导数为0，可推导出尺度参数，表示为

$$\beta_l{}^{(t+1)} = \frac{\sum_{i=1}^{n} u_{li}{}^{(t)} x_i}{\sum_{i=1}^{n} u_{li}{}^{(t)} \alpha_l{}^{(t)}} \tag{3.33}$$

(2)形状参数求解。假设形状参数 α_l 服从均值为 μ_α 标准差为 σ_α 的高斯分布，并假设各类别形状参数相互独立，则形状参数先验分布表示为

$$p(\boldsymbol{\alpha}) = \prod_{l=1}^{k} p(\alpha_l) = \prod_{l=1}^{k} (2\pi{\sigma_\alpha}^2)^{-1/2} \exp\left[-\frac{1}{2{\sigma_\alpha}^2}(\alpha_l - \mu_\alpha)^2\right] \tag{3.34}$$

根据贝叶斯理论，结合式(3.27)和式(3.34)构建形状参数后验分布，表示为

$$\begin{aligned} p(\boldsymbol{\alpha} \mid \boldsymbol{x}) &= p(\boldsymbol{x} \mid \boldsymbol{\Psi}) p(\boldsymbol{\alpha}) \\ &= \prod_{i=1}^{n}\left[\sum_{l=1}^{k} \pi_{li} \frac{{x_i}^{\alpha_l - 1}}{\Gamma(\alpha_l){\beta_l}^{\alpha_l}} \exp\left(-\frac{x_i}{\beta_l}\right)\right] \prod_{l=1}^{k} (2\pi{\sigma_\alpha}^2)^{-1/2} \exp\left[-\frac{1}{2{\sigma_\alpha}^2}(\alpha_l - \mu_\alpha)^2\right] \end{aligned} \tag{3.35}$$

更新形状参数操作。以等概率在$\{1,2,\cdots,k\}$中随机选取类别索引l，对应α_l为待更新的形状参数，在以α_l为圆心给定半径s_α（设为 0.5）的圆内随机选取α_l^*作为候选形状参数，则候选形状参数集表示为$\boldsymbol{\alpha}^*=\{\alpha_1,\cdots,\alpha_{l-1},\alpha_l^*,\alpha_{l+1},\cdots,\alpha_k\}$，依据最大化后验分布准则计算候选形状参数集的接受率，表示为

$$a(\boldsymbol{\alpha},\boldsymbol{\alpha}^*)=\min\left\{1,\frac{\prod_{i=1}^{n}\left[\sum_{l=1}^{k}\pi_{li}\frac{x_i^{\alpha_l^*-1}}{\Gamma(\alpha_l^*)\beta_l^{\alpha_l^*}}\exp\left(-\frac{x_i}{\beta_l}\right)\right]\exp\left[-\frac{1}{2\sigma_\alpha^2}(\alpha_l^*-\mu_\alpha)^2\right]}{\prod_{i=1}^{n}\left[\sum_{l=1}^{k}\pi_{li}\frac{x_i^{\alpha_l-1}}{\Gamma(\alpha_l)\beta_l^{\alpha_l}}\exp\left(-\frac{x_i}{\beta_l}\right)\right]\exp\left[-\frac{1}{2\sigma_\alpha^2}(\alpha_l-\mu_\alpha)^2\right]}\right\} \tag{3.36}$$

若接受率为 1，则接受候选形状参数集，即$\boldsymbol{\alpha}^{(t+1)}=\boldsymbol{\alpha}^*$，否则保持当前形状参数集不变，即$\boldsymbol{\alpha}^{(t+1)}=\boldsymbol{\alpha}^{(t)}$。

结合 EM 和 M-H 方法求解模型参数最优解，并计算得到类属性后验概率，通过最大化后验概率，得到像素类属性标号，即影像分割结果，表示为

$$z_i=\underset{l\in\{1,2,\cdots,k\}}{\operatorname{argmax}}\{u_{li}\} \tag{3.37}$$

综上，总结基于空间约束 GaMM 的高分辨率 SAR 影像分割算法的具体流程如下。

输入：类别数k，平滑系数η，迭代次数 IT，收敛误差e；形状参数的先验参数μ_α和σ_α；

输出：像素类属性标号；

步骤 1：读入待分割影像；

步骤 2：初始化组分权重$\pi_{li}^{(t)}$、组分参数$\boldsymbol{\Omega}_l^{(t)}=\{\alpha_l^{(t)},\beta_l^{(t)}\}$，令$t=0$；

步骤 3：利用式(3.28)计算后验概率$u_{li}^{(t)}$；

步骤 4：利用式(3.29)和式(3.33)分别计算新的组分权重$\pi_{li}^{(t+1)}$和尺度参数$\beta_l^{(t+1)}\}$；

步骤 5：执行更新形状参数操作，选取候选形状参数并利用式(3.36)计算候选形状参数的接受率，得到新的形状参数$\alpha_l^{(t+1)}$；

步骤 6：根据式(3.30)利用模型参数集计算对数似然函数$L(\boldsymbol{\Psi}^{(t+1)})$；

步骤 7：若对数似然函数收敛，即$|L(\boldsymbol{\Psi}^{(t+1)})-L(\boldsymbol{\Psi}^{(t)})|<e$，或达到最大迭代次数，即$t\geqslant$ IT，则停止迭代，否则返回步骤 3，且令$t=t+1$；

步骤 8：利用式(3.37)获得像素类属性标号，即影像分割结果。

3.3.2　GaMM-SC 算法分割实例

为了验证 GaMM-SC 分割算法的有效性，采用 GaMM-SC 分割算法对模拟 SAR 影像和高分辨率 SAR 影像进行分割，并定性和定量地分析各结果。实例中，参数设置如下：类别数通过目视判读确定，平滑系数$\eta=1$，迭代次数 IT=1000，收敛误差$e=0.0001$，先验参数$\mu_\alpha=32$和$\sigma_\alpha=16$。

3.3.2.1　模拟 SAR 影像分割

为了定量评价 GaMM-SC 分割算法，制作包含 4 个同质区域的模板影像，见图 3.14(a)。图 3.14 中标号 1～4 索引不同的同质区域，图中各区域之间的边缘为直线。表 3.7 中列出了生成模拟 SAR 影像的参数，依据模板影像，利用各区域的伽马分布参数生成像素的光谱值，进而得到模拟 SAR 影像，见图 3.14(b)。可以看出，模拟 SAR 影像内存在大量斑点噪声，符合 SAR 影像的光谱特征，可有效验证 GaMM-SC 分割算法的分割能力。

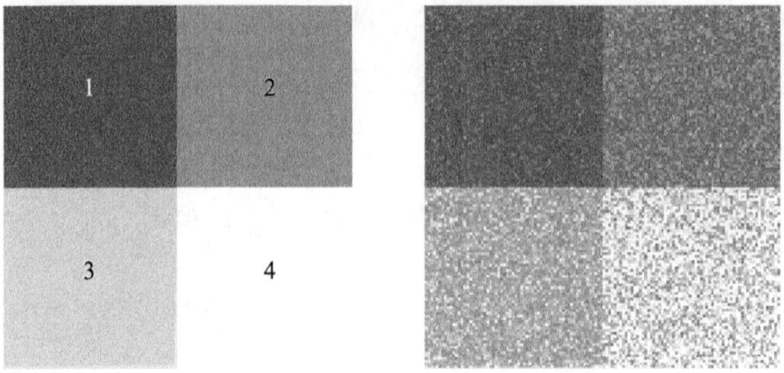

(a) 模板影像　　(b) 模拟SAR影像

图 3.14　模板影像和模拟 SAR 影像

表 3.7　模拟影像各同质区域的伽马分布参数

参数	区域 1	区域 2	区域 3	区域 4
形状参数 α	5	6.5	26	4
尺度参数 β	3	9	5	45

采用 GaMM-SC 分割算法对模拟 SAR 影像进行分割实验，实验结果见图 3.15。图 3.15(a)为 GaMM-SC 分割算法的分割结果，GaMM-SC 分割算法可有效克服斑点噪声的影响，将 4 个区域准确分割开，分割结果中存在少量误分割像素，尤其在区域 4 中。为了更加直观地评价分割结果，提取分割结果各区域之间的轮廓线叠加到模拟 SAR 影像上，得到轮廓线叠加结果，见图 3.15(b)，图中白色线为分割结果各区域之间的轮廓线，可以看出分割结果各区域之间的边界线与模拟 SAR 影像的边界线可以很好地重叠在一起。因此，GaMM-SC 分割算法可准确分割模拟 SAR 影像。

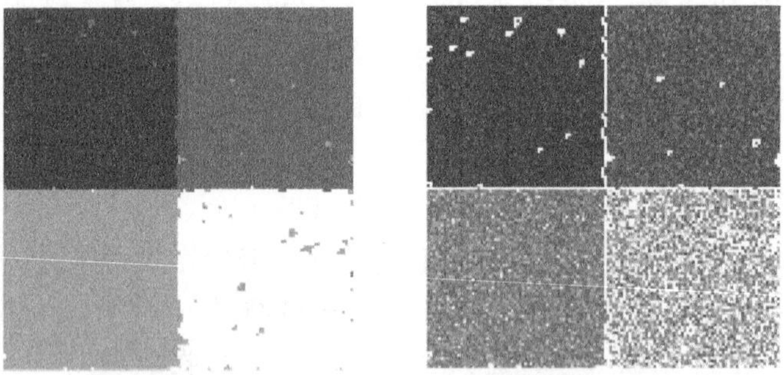

(a) 分割结果　　(b) 轮廓线叠加结果

图 3.15　模拟 SAR 影像实验结果

为了定量评价模拟 SAR 影像分割结果，以图 3.14(a)模板影像作为标准分割结果，结合图 3.15(a)分割结果得到混淆矩阵，进而可计算分割结果各区域的用户和产品精度，以及整幅分割结果的总精度和 kappa 值，见表 3.8。从表 3.8 可看出，各区域的用户精度和产品精度均在 97%以上，整幅分割结果的总精度为 98.89%，kappa 值为 0.99，因此 GaMM-SC 分割算法可获得高精度的模拟 SAR 影像分割结果。

表 3.8　模拟 SAR 影像分割结果精度

精度指标	区域 1	区域 2	区域 3	区域 4
用户精度/%	100	98.84	97.03	99.77
产品精度/%	99.10	99.56	99.80	97.09
总精度/%	98.89			
kappa 值	0.99			

以图 3.14(a)模板影像作为标准分割影像，采用矩估计计算模拟 SAR 影像各区域均值和标准差，即 $\hat{\mu}_k=\frac{1}{\#\mathbf{N}_k}\sum_{n\in\mathbf{N}_k}x_n, \hat{\sigma}_k=\sqrt{\frac{1}{\#\mathbf{N}_k}\sum_{n\in\mathbf{N}_k}(x_n-\hat{\mu}_k)^2}$ 作为标准参数，以验证 GaMM-SC 分割算法参数估计的准确性。利用 GaMM-SC 分割算法求解的形状和尺度参数估计值计算均值和标准差估计值，即 $\tilde{\mu}_k=\widetilde{\alpha\beta}, \sigma_k=\sqrt{\widetilde{\alpha\beta^2}}$，见表 3.9。通过比较各区域参数估计误差可看出，GaMM-SC 分割算法的参数估计值与标准值的误差均小于 3，因此 GaMM-SC 分割算法可以准确求解组分参数值。

表 3.9　GaMM-SC 算法参数估计误差

参数	区域 1	区域 2	区域 3	区域 4
均值	2.6088	1.0836	0.9203	0.0975
标准差	0.8969	21.72/ 20.22	0.9939	0.9838

3.3.2.2　高分辨率 SAR 影像分割

为了验证 GaMM-SC 分割算法在高分辨率 SAR 影像分割中的适用性和有效性，选取 4 幅高分辨率 SAR 影像进行分割实验，见图 3.16，其中，图 3.16 的(a)和(b)为两幅 128×128 像素的 30 m 分辨率 Radarsat-I 卫星 SAR 影像，图中包括不同融化程度的海冰；图 3.16(c)和(d)为两幅 512×512 像素的 5 m 分辨率 Radarsat-I 卫星 SAR 影像，图中包括建筑、河流、农田等地物目标。为了定量评价高分辨率 SAR 影像分割结果，通过目视解译绘制各影像标准分割影像，如图 3.16(e)～(h)所示，图中标号 1～4 为同质区域索引。

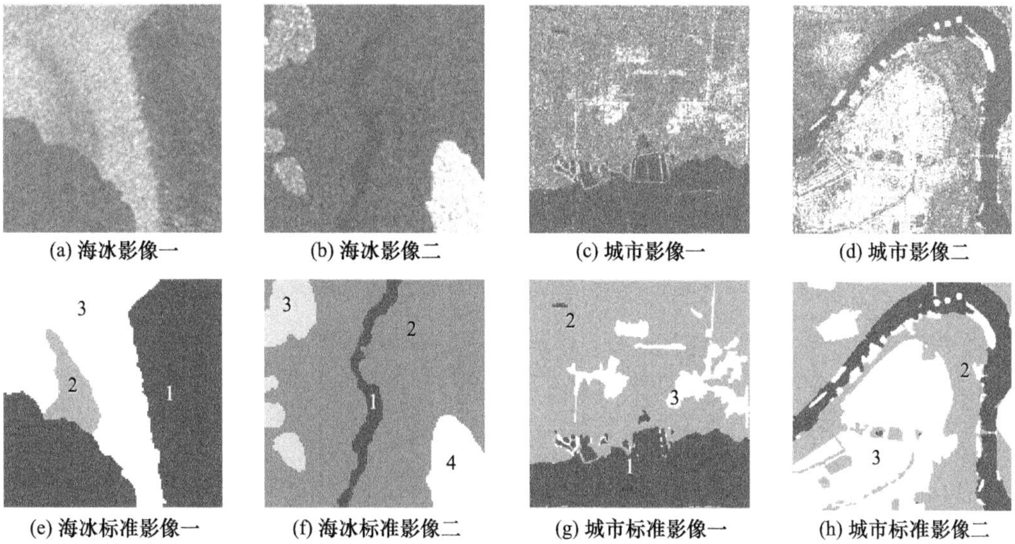

图 3.16　高分辨率 SAR 影像及其标准分割影像

采用 GaMM-SC 分割算法对图 3.16(a)～(d)高分辨率 SAR 影像进行分割实验，分割结果见图 3.17(a)～(d)。从分割结果可以看出，GaMM-SC 分割算法可有效克服 SAR 影像内斑点噪声影响，将各目标区域分割开，且分割结果中仅存在少量误分割像素，其中(b)存在少量黑色误分割像素，(c)存在少量白色误分割像素。为了更加直观评价分割结果，提取分割结果内各区域之间轮廓线叠加在 SAR 影像上，得到轮廓线叠加结果见图 3.17(e)～(h)，从白色的轮廓线可以看出，GaMM-SC 分割算法可以较准确分割各目标区域，存在少量误分割像素，可以获得较高质量的 SAR 影响分割结果。

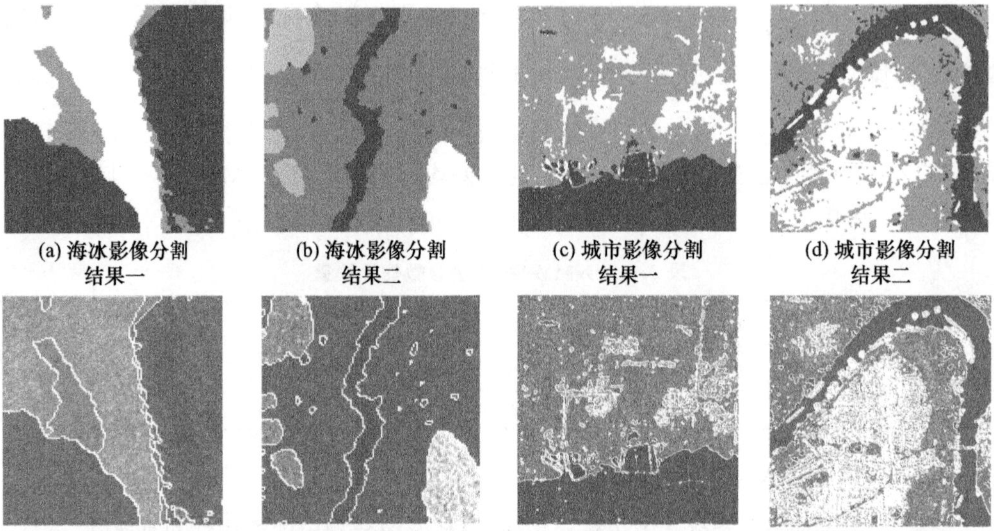

(a) 海冰影像分割结果一　(b) 海冰影像分割结果二　(c) 城市影像分割结果一　(d) 城市影像分割结果二

(e) 海冰影像轮廓线叠加结果一　(f) 海冰影像轮廓线叠加结果二　(g) 城市影像轮廓线叠加结果一　(h) 城市影像轮廓线叠加结果二

图 3.17　高分辨率 SAR 影像实验结果

表 3.10 为高分辨率 SAR 影像分割结果的精度，结合 SAR 影像分割结果和标准分割影像获得混淆矩阵，进而计算各区域的用户精度和产品精度，以及整幅分割结果的总精度和 kappa 值。在海冰影像一分割结果中，区域 2 的产品精度较低，为 55.08%，而其他区域的用户精度和产品精度均在 91%以上，这是由于区域 1 上侧少量像素被错误分割给区域 2，且区域 2 内总像素比较少，进而导致该区域用户精度比较低；而海冰影像一的总精度为 95.27%，kappa 值为 0.92。海冰影像二分割结果中，区域 1 的产品精度较低，为 61.97%，而其他区域的用户精度和产品精度均在 95%以上，总精度为 95.79%，kappa 值为 0.90。城市影像一分割结果中，区域 3 的产品精度较低，为 75.41%，而其他区域用户精度和产品精度均在 87%以上，总精度为 94.98%，kappa 值为 0.91。城市影像二分割结果中，各区域用户精度和产品精度均在 82%以上，总精度为 88.47%，kappa 值为 0.83。综上，GaMM-SC 分割算法可获得高精度的高分辨率 SAR 影像的分割结果。

表 3.10　高分辨率 SAR 影像分割结果精度

影像	精度指标	区域 1	区域 2	区域 3	区域 4
海冰影像一	用户精度/%	97.32	98.05	91.96	—
	产品精度/%	99.80	55.08	99.69	—
	总精度/%	95.27			
	kappa 值	0.92			

续表

影像	精度指标	区域 1	区域 2	区域 3	区域 4
海冰影像二	用户精度/%	99.90	95.12	98.56	96.31
	产品精度/%	61.97	99.78	96.00	99.12
	总精度/%	95.79			
	kappa 值	0.90			
城市影像一	用户精度/%	96.91	95.24	87.69	—
	产品精度/%	97.71	97.37	75.41	—
	总精度/%	94.98			
	kappa 值	0.91			
城市影像二	用户精度/%	99.35	89.74	82.00	—
	产品精度/%	83.87	84.53	96.72	—
	总精度/%	88.47			
	kappa 值	0.83			

图 3.18 为高分辨率 SAR 影像灰度直方图拟合结果，图中横坐标和纵坐标分别为像素光谱测度值及其频数，灰色区域为 SAR 影像灰度直方图，实线为 GaMM 概率分布曲线，虚线为组分概率分布曲线。从灰度直方图可知，SAR 影像灰度直方图呈现出右侧重尾、平坦峰等复杂特性。从组分概率分布拟合曲线可知，单一伽马分布可建模简单特性，如图 3.18(b)左侧第一个峰值、图 3.18(c)左侧第二个峰值，但难以拟合近似对称特性峰值(如图 3.18(a)左侧第一个峰值)、平坦峰特性峰值(如图 3.18(b)右侧峰值)，进而可知 GaMM 难以满足准确建模 SAR 影像灰度直方图的要求。

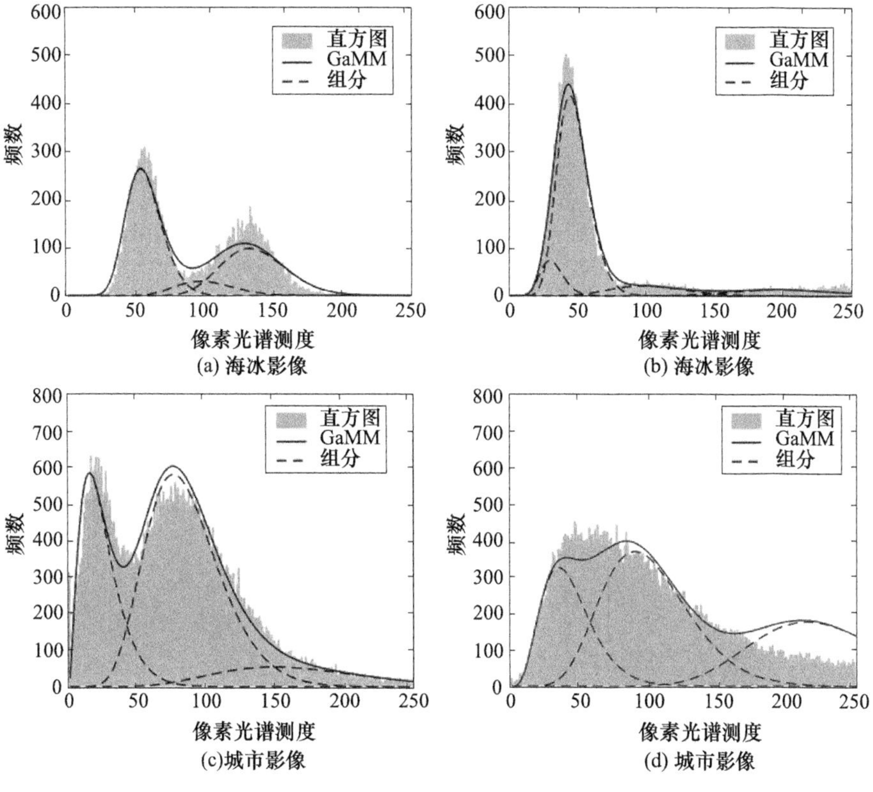

图 3.18　高分辨率 SAR 影像灰度直方图拟合结果

第 4 章　层次化混合模型

本章主要围绕层次化混合模型理论展开，首先阐述层次化混合模型的结构和构建过程，其次介绍层次化混合模型的统计特性以定量衡量层次化混合模型构建复杂统计分布的特性，然后阐述层次化混合模型的建模特点以证明层次化混合模型的建模能力，最后推导出层次化混合模型的 EM 参数估计过程以实现模型参数的估计。

4.1　层次化混合模型概述

为了准确建模高分辨率遥感影像内像素光谱测度的统计分布，应先解决准确建模其各目标区域内像素光谱测度统计分布的问题。传统有限混合模型组分由单一概率分布定义，难以建模非对称、重尾和双峰等特性统计分布。为此，本章提出一种具有层次性结构的混合模型，称为层次化混合模型。层次化混合模型组分由多个分量概率分布加权和构成，用于解决各目标区域内像素光谱测度复杂统计分布的建模问题；层次化混合模型分量由同一已知概率分布定义，用于建模目标区域中各子区域内像素光谱测度的统计分布。

图 4.1 为层次化混合模型的结构图，包含 k 个组分，构成了层次化混合模型第一层结构，其中 l 为组分索引。每个层次化混合模型组分内包含 m 个分量，层次化混合模型分量由同一已知的概率分布定义，$k\times m$ 个分量构成了层次化混合模型第二层结构。

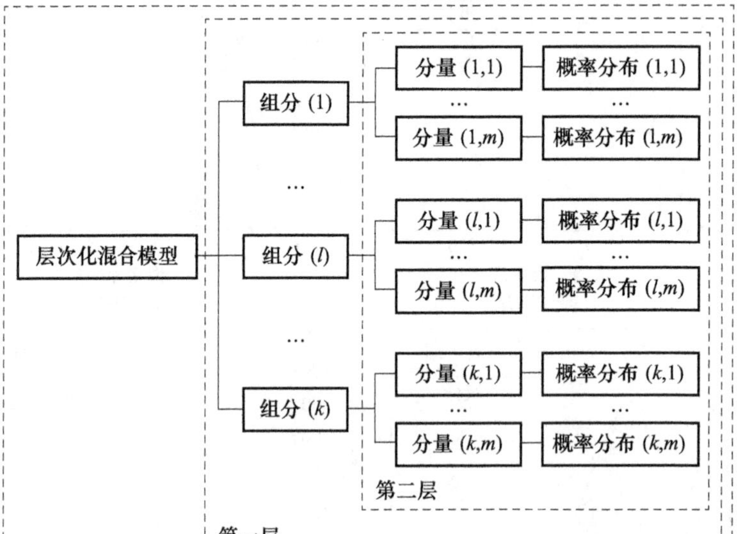

图 4.1　层次化混合模型的结构图

4.2　层次化混合模型构建

设 $\boldsymbol{X}=\{X_i;i=1,2,\cdots,n\}$、$\boldsymbol{Z}=\{Z_i;i=1,2,\cdots,n\}$ 和 $\boldsymbol{Y}=\{Y_i;i=1,2,\cdots,n\}$ 为三个随机场，i 为随机变量索引，X_i、Z_i 和 Y_i 为第 i 个随机变量。设 $\boldsymbol{O}=\{1,2,\cdots,o\}$、$\boldsymbol{K}=\{1,2,\cdots,k\}$ 和 $\boldsymbol{M}=\{1,2,\cdots,m\}$ 分别为 X_i、Z_i 和 Y_i 的状态空间，对于 $\forall i$，有 $X_i\in\boldsymbol{O}$，$Z_i\in\boldsymbol{K}$ 和 $Y_i\in\boldsymbol{M}$。令 $\boldsymbol{x}=\{x_i;i=1,2,\cdots,n\}$ 为随机场 $\boldsymbol{X}$ 的一个实现，则在状态空间 $\boldsymbol{O}$ 中随机变量 X_i 可取值 x_i，有 $p(X_i=x_i)=p(x_i)$。令 $\boldsymbol{z}=\{z_i;i=1,2,\cdots,n\}$ 为随机场 $\boldsymbol{Z}$ 的一个实现，则在状态空间 $\boldsymbol{K}$ 中随机变量 Z_i 可取值 z_i，有 $p(Z_i=z_i)=p(z_i)$。令 $\boldsymbol{y}=\{y_i;i=1,\cdots,n\}$ 为随机场 $\boldsymbol{Y}$ 的一个实现，则在状态空间 M 中随机变量 Y_i 可取值 y_i，有 $p(Y_i=y_i)=p(y_i)$。

在影像分割中，设 $\boldsymbol{X}$ 为可观测随机场，给定一幅高分辨率遥感影像，其像素光谱测度集合表示为 $\boldsymbol{x}=\{\boldsymbol{x}_i;i=1,2,\cdots,n\}$，为可观测随机场 $\boldsymbol{X}$ 的一个实现，i 为像素索引，$\boldsymbol{x}_i=(x_{i1},x_{i2},\cdots,x_{iD})$ 为像素 i 的光谱测度矢量，D 为总波段数，像素光谱测度的状态空间表示为 $\boldsymbol{O}=\{1,2,\cdots,256\}$。设 $\boldsymbol{Z}$ 为隐含随机场，令各像素的目标区域标号集合 $\boldsymbol{z}=\{z_i;i=1,2,\cdots,n\}$ 为隐含随机场 $\boldsymbol{Z}$ 的一个实现，z_i 为像素 i 的目标区域标号，其状态空间表示为 $\boldsymbol{K}=\{1,2,\cdots,k\}$，$k$ 为影像内最优目标区域数，$l\in\{1,2,\cdots,k\}$ 为目标区域的索引。设 $\boldsymbol{Y}$ 为隐含随机场，令各像素的子区域标号集合 $\boldsymbol{y}=\{y_i;i=1,2,\cdots,n\}$ 为隐含随机场 $\boldsymbol{Y}$ 的一个实现，y_i 为像素 i 的子区域标号，其状态空间表示为 $\boldsymbol{M}=\{1,2,\cdots,m\}$，$m$ 为各目标区域内子区域数，$j\in\{1,2,\cdots,m\}$ 为子区域索引。根据目标区域标号 z_i 可将待分割影像划分为具有实际意义的 k 个目标区域，以实现影像分割。而各目标区域是由 m 个具有较强同质性的子区域构成，由子区域标号 y_i 标记。

4.2.1　层次化混合模型概率分布

层次化混合模型包括两层结构，定义为多个组分加权，用于建模影像内像素光谱测度概率分布，其概率分布具体构建过程阐述如下。

像素 i 隶属于目标区域 l 的概率分布，即 $Z_i=l$ 的先验概率分布，表示为

$$p(Z_i=l)=p(z_i)=\pi_{li} \tag{4.1}$$

式中，π_{li} 表示像素 i 隶属于目标区域 l 的先验概率，称为层次化混合模型组分权重，满足约束条件

$$0\leqslant\pi_{li}\leqslant 1,\ \sum_{l=1}^{k}\pi_{li}=1 \tag{4.2}$$

假设目标区域 l 内像素光谱测度矢量 $\boldsymbol{x}_i$ 服从给定参数集 $\boldsymbol{\Omega}_l$ 的条件概率分布，即在给定像素目标区域标号 $Z_i=l$ 条件下像素光谱测度矢量 $\boldsymbol{x}_i$ 的条件概率分布，表示为

$$p(\boldsymbol{x}_i\mid Z_i=l)=p_l(\boldsymbol{x}_i\mid\boldsymbol{\Omega}_l) \tag{4.3}$$

根据贝叶斯理论，结合式(4.1)和式(4.3)可得到像素光谱测度矢量 $\boldsymbol{x}_i$ 和目标区域标号 $Z_i=l$ 的联合概率分布。由于标号为离散随机变量，通过对该联合概率分布的目标区域标号求和得到像素光谱测度矢量 $\boldsymbol{x}_i$ 的边缘概率分布，表示为

$$p(\boldsymbol{x}_i)=\sum_{Z_i}p(\boldsymbol{x}_i,Z_i=l)=\sum_{Z_i}p(\boldsymbol{x}_i\mid Z_i=l)p(Z_i=l) \tag{4.4}$$

给定参数集 $\boldsymbol{\Psi}_i$，式(4.4)概率分布参数化后进一步表示为

$$p(\boldsymbol{x}_i \mid \boldsymbol{\Psi}_i) = \sum_{l=1}^{k} \pi_{li} p_l(\boldsymbol{x}_i \mid \boldsymbol{\Omega}_l) \tag{4.5}$$

式中，$\boldsymbol{\Psi}_i = \{\boldsymbol{\pi}_i, \boldsymbol{\Omega}\}$表示像素 i 的模型参数集；$\boldsymbol{\pi}_i = \{\pi_{li}; l=1,2,\cdots,k\}$为像素 i 的组分权重集；l 为组分索引；k 为总组分数；$\boldsymbol{\Omega} = \{\boldsymbol{\Omega}_l; l=1,2,\cdots,k\}$为组分参数集；$\boldsymbol{\Omega}_l$为组分 l 的参数集；$p_l(\boldsymbol{x}_i \mid \boldsymbol{\Omega}_l)$表示组分 l 的概率分布。

根据贝叶斯理论，像素 i 隶属于目标区域 l 的后验概率分布表示为

$$p(Z_i = l \mid \boldsymbol{x}_i) = \frac{p(\boldsymbol{x}_i \mid Z_i = l) p(Z_i = l)}{p(\boldsymbol{x}_i)} \tag{4.6}$$

将式(4.1)、式(4.3)和式(4.5)代入式(4.6)得到目标区域后验概率，表示为

$$p(Z_i = l \mid \boldsymbol{x}_i) = \frac{\pi_{li} p_l(\boldsymbol{x}_i \mid \boldsymbol{\Omega}_l)}{\sum_{l'=1}^{k} \pi_{l'i} p_{l'}(\boldsymbol{x}_i \mid \boldsymbol{\Omega}_{l'})} \tag{4.7}$$

4.2.2 层次化混合模型组分概率分布

层次化混合模型组分是层次化混合模型的第一层结构，用于建模各目标区域内像素光谱测度概率分布。为了准确建模目标区域内像素光谱测度的非对称、重尾和多峰等复杂统计分布，将组分概率分布定义为多个分量概率分布的加权和，其具体构建过程阐述如下。

在目标区域 l 内，像素 i 隶属于子区域 j 的概率分布，即在给定 $Z_i = l$ 条件下 $Y_i = j$ 的先验概率分布，表示为

$$p(Y_i = j \mid Z_i = l) = w_{lij} \tag{4.8}$$

式中，w_{lij}表示像素 i 隶属于目标区域 l 中子区域 j 的先验概率，称为层次化混合模型分量权重，满足约束条件

$$0 \leqslant w_{lij} \leqslant 1, \sum_{j=1}^{m} w_{lij} = 1 \tag{4.9}$$

在目标区域 l 内，假设子区域 j 内像素光谱测度矢量 $\boldsymbol{x}_i$服从给定参数集 $\boldsymbol{\theta}_{lj}$的概率分布，即在给定 $Z_i = l$ 和 $Y_i = j$ 的条件下像素光谱测度矢量 $\boldsymbol{x}_i$的条件概率分布，表示为

$$p(\boldsymbol{x}_i \mid Y_i = j, Z_i = l) = p_{lj}(\boldsymbol{x}_i \mid \boldsymbol{\theta}_{lj}) \tag{4.10}$$

式中，$p_{lj}(\boldsymbol{x}_i \mid \boldsymbol{\theta}_{lj})$表示层次化混合模型组分 l 内分量 j 的概率分布，由已知的概率分布定义，如高斯分布等；$\boldsymbol{\theta}_{lj}$表示组分 l 内分量 j 的参数集。

根据贝叶斯理论，结合式(4.8)和式(4.10)得到像素光谱测度矢量 $\boldsymbol{x}_i$和像素子区域标号 Y_i的联合条件概率分布。由于标号为离散随机变量，通过对该联合条件概率分布的子区域标号 Y_i求和得到像素光谱测度矢量 $\boldsymbol{x}_i$的边缘条件概率分布，表示为

$$p(\boldsymbol{x}_i \mid Z_i = l) = \sum_{Y_i} p(\boldsymbol{x}_i, Y_i = j \mid Z_i = l) = \sum_{Y_i} p(Y_i = j \mid Z_i = l) p(\boldsymbol{x}_i \mid Y_i = j, Z_i = l) \tag{4.11}$$

式(4.11)表示目标区域 l 内像素光谱测度矢量 $\boldsymbol{x}_i$的条件概率分布，即层次化混合模型组分概率分布。该式可进一步表示为

$$p_l(\boldsymbol{x}_i \mid \boldsymbol{\Omega}_l) = \sum_{j=1}^{m} w_{lij} p_{lj}(\boldsymbol{x}_i \mid \boldsymbol{\theta}_{lj}) \tag{4.12}$$

式中，组分 l 的参数集表示为 $\boldsymbol{\Omega}_l = \{\boldsymbol{w}_l, \boldsymbol{\theta}_l\}$；$\boldsymbol{w}_l = \{w_{lij}; i=1,2,\cdots,n, j=1,2,\cdots,m\}$为组分 l 内分量权重集；$\boldsymbol{\theta}_l = \{\boldsymbol{\theta}_{lj}; j=1,2,\cdots,m\}$为组分 l 内分量参数集。

根据贝叶斯理论，像素 i 隶属于目标区域 l 内子区域 j 的后验概率分布表示为

$$p(Y_i=j\mid\boldsymbol{x}_i,Z_i=l)=\frac{p(\boldsymbol{x}_i\mid Y_i=j,Z_i=l)\,p(Y_i=j\mid Z_i=l)}{p(\boldsymbol{x}_i\mid Z_i=l)} \tag{4.13}$$

将式(4.8)、式(4.10)和式(4.12)代入式(4.13)得到子区域后验概率，表示为

$$p(Y_i\mid\boldsymbol{x}_i,Z_i=l)=\frac{w_{lij}\,p_{lj}(\boldsymbol{x}_i\mid\boldsymbol{\theta}_{lj})}{\sum_{j'=1}^{m}w_{lij'}\,p_{lj'}(\boldsymbol{x}_i\mid\boldsymbol{\theta}_{lj'})} \tag{4.14}$$

4.2.3　层次化混合模型分量概率分布

根据不同类型影像内像素光谱测度统计特性的不同，将层次化混合模型分量定义为不同概率分布，如高斯分布、学生 t 分布和伽马分布等，具体构建过程阐述如下。

当像素光谱测度 x_i 为单一数值时，采用高斯分布定义分量，表示为

$$p_{lj}{}^{G}(x_i\mid\boldsymbol{\theta}_{lj})=(2\pi\sigma_{lj}^2)^{-1/2}\exp\left(-\frac{(x_i-\mu_{lj})^2}{2\sigma_{lj}{}^2}\right) \tag{4.15}$$

式中，分量参数集表示为 $\boldsymbol{\theta}_{lj}=\{\mu_{lj},\sigma_{lj}{}^2\}$；$\mu_{lj}$ 和 $\sigma_{lj}{}^2$ 分别为组分 l 内分量 j 的均值和方差。

采用伽马分布定义分量时，表示为

$$p_{lj}{}^{Ga}(x_i\mid\boldsymbol{\theta}_{lj})=\frac{x_i{}^{\alpha_{lj}-1}}{\Gamma(\alpha_{lj})\beta_{lj}{}^{\alpha_{lj}}}\exp\left(-\frac{x_i}{\beta_{lj}}\right) \tag{4.16}$$

式中，分量参数集表示为 $\boldsymbol{\theta}_{lj}=\{\alpha_{lj},\beta_{lj}\}$；$\alpha_{lj}$ 和 β_{lj} 分别为组分 l 内分量 j 的形状和尺度参数。

当像素光谱测度 $\boldsymbol{x}_i$ 为矢量时，采用多元高斯分布定义分量，表示为

$$p_{lj}^{mG}(\boldsymbol{x}_i\mid\boldsymbol{\theta}_{lj})=(2\pi)^{-D/2}\left|\boldsymbol{\Sigma}_{lj}\right|^{-1/2}\exp\left(-\frac{1}{2}(\boldsymbol{x}_i-\boldsymbol{\mu}_{lj})\boldsymbol{\Sigma}_{lj}{}^{-1}(\boldsymbol{x}_i-\boldsymbol{\mu}_{lj})^{\mathrm{T}}\right) \tag{4.17}$$

式中，分量参数集表示为 $\boldsymbol{\theta}_{lj}=\{\boldsymbol{\mu}_{lj},\boldsymbol{\Sigma}_{lj}\}$；$\boldsymbol{\mu}_{lj}$ 和 $\boldsymbol{\Sigma}_{lj}$ 分别表示组分 l 内分量 j 的均值矢量和协方差矩阵。

采用多元学生 t 分布定义分量时，表示为

$$p_{lj}^{mS}(\boldsymbol{x}_i\mid\boldsymbol{\theta}_{lj})=\frac{\Gamma\left(\frac{\upsilon_{lj}+D}{2}\right)}{\Gamma\left(\frac{\upsilon_{lj}}{2}\right)(\upsilon_{lj}\pi)^{D/2}\left|\boldsymbol{\Sigma}_{lj}\right|^{1/2}}\left(1+\frac{(\boldsymbol{x}_i-\boldsymbol{\mu}_{lj})\boldsymbol{\Sigma}_{lj}{}^{-1}(\boldsymbol{x}_i-\boldsymbol{\mu}_{lj})^{\mathrm{T}}}{\upsilon_{lj}}\right)^{-\frac{(\upsilon_{lj}+D)}{2}} \tag{4.18}$$

式中，$\boldsymbol{\theta}_{lj}=\{\boldsymbol{\mu}_{lj},\boldsymbol{\Sigma}_{lj},\upsilon_{lj}\}$ 为分量参数集；$\boldsymbol{\mu}_{lj}$ 和 $\boldsymbol{\Sigma}_{lj}$ 分别表示组分 l 内分量 j 的均值矢量和协方差矩阵；$\upsilon_{lj}\in[0,+\infty)$ 表示组分 l 内分量 j 的自由度参数，用于控制学生 t 分布尾部的厚度；$\Gamma(\cdot)$ 为伽马函数。

4.2.4　层次化混合模型常用形式

将式(4.12)组分概率分布代入式(4.5)得到层次化混合模型概率分布，用于建模像素光谱测度矢量 $\boldsymbol{x}_i$ 的条件概率分布，表示为

$$p(\boldsymbol{x}_i\mid\boldsymbol{\Psi}_i)=\sum_{l=1}^{k}\pi_{li}\,p_l(\boldsymbol{x}_i\mid\boldsymbol{\Omega}_l)=\sum_{l=1}^{k}\pi_{li}\left[\sum_{j=1}^{m}w_{lij}\,p_{lj}(\boldsymbol{x}_i\mid\boldsymbol{\theta}_{lj})\right] \tag{4.19}$$

由式(4.19)可知，当层次化混合模型分量数为 1 时，层次化混合模型组分概率分布由单一已知的概率分布定义，层次化混合模型退化为有限混合模型。因此，层次化混合模型可视为一种广义有限混合模型。图 4.2(a)为传统有限混合模型的图模型，图 4.2(b)为层次化混合模型的图模型，其中 u_{li} 和 v_{lij} 分别表示目标区域和子区域的后验概率。

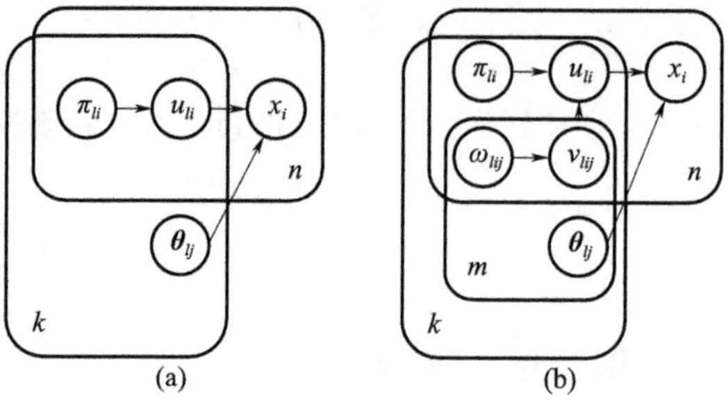

图 4.2　传统有限混合模型和层次化混合模型的图模型

通过对层次化混合模型概率分布变形可得

$$p(\boldsymbol{x}_i \mid \boldsymbol{\Psi}_i) = \sum_{l=1}^{k}\sum_{j=1}^{m}\gamma_{lij}p_{lj}(\boldsymbol{x}_i \mid \boldsymbol{\theta}_{lj}) \tag{4.20}$$

式中，$\gamma_{lij}=\pi_{li}\times w_{lij}$ 表示混合权重；$\boldsymbol{\gamma}_l=\{\gamma_{lij};i=1,2,\cdots,n,j=1,2,\cdots,m\}=\{(\gamma_{11})_i,\cdots,(\gamma_{1m})_i,\cdots,(\gamma_{k1})_i,\cdots,(\gamma_{km})_i\}$。不难证明，混合权重满足条件

$$0\leqslant\gamma_{lij}\leqslant 1,\sum_{l=1}^{k}\sum_{j=1}^{m}\gamma_{lij}=\sum_{l=1}^{k}\pi_{li}\left(\sum_{j=1}^{m}w_{lj}\right)=1 \tag{4.21}$$

目前，应用较广泛的高分辨率遥感影像包括光学（全色和多光谱）遥感影像和 SAR 影像，根据这两种类型影像内像素光谱测度的统计分布特性，分别构建层次化 GMM（Hierarchical GMM，HGMM）、层次化多元 SMM（Hierarchical multivariate SMM，HmSMM）和层次化 GaMM（Hierarchical GaMM，HGaMM）建模高分辨率光学和 SAR 遥感影像统计模型。

（1）HGMM。采用高斯分布定义分量构成 HGMM，则由 HGMM 建模全色遥感影像内像素光谱测度 x_i 的概率分布，表示为

$$p(x_i \mid \boldsymbol{\Psi}_i) = \sum_{l=1}^{k}\pi_{li}\left[\sum_{j=1}^{m}w_{lij}p_{lj}{}^{G}(x_i \mid \boldsymbol{\theta}_{lj})\right]=\sum_{l=1}^{k}\pi_{li}\left[\sum_{j=1}^{m}w_{lij}\ (2\pi\sigma_{lj}^2)^{-1/2}\exp\left(-\frac{(x_i-\mu_{lj})^2}{2\sigma_{lj}{}^2}\right)\right] \tag{4.22}$$

式中，模型参数集表示为 $\boldsymbol{\Psi}_i=\{\boldsymbol{\pi}_i,\boldsymbol{w},\boldsymbol{\mu},\boldsymbol{\sigma}^2\}$；$\boldsymbol{\pi}_i=\{\pi_{li};l=1,2,\cdots,k,i=1,2,\cdots,n\}$ 为像素 i 组分权重集合；$\boldsymbol{w}=\{w_{lij};l=1,2,\cdots,k,i=1,2,\cdots,n,j=1,2,\cdots,m\}$ 为分量权重集合；$\boldsymbol{\mu}=\{\mu_{lj};l=1,2,\cdots,k,j=1,2,\cdots,m\}$ 为均值集合；$\boldsymbol{\sigma}^2=\{\sigma_{lj}{}^2;l=1,2,\cdots,k,j=1,2,\cdots,m\}$ 为方差集合。

采用多元高斯分布定义分量构成层次化多元 GMM（Hierarchical multivariate GMM，HmGMM），则由 HmGMM 建模多光谱遥感影像内像素光谱测度矢量 $\boldsymbol{x}_i$ 的概率分布，表示为

$$\begin{aligned}p(\boldsymbol{x}_i \mid \boldsymbol{\Psi}_i) &= \sum_{l=1}^{k}\pi_{li}\left[\sum_{j=1}^{m}w_{lij}p_{lj}{}^{\mathrm{mG}}(\boldsymbol{x}_i \mid \boldsymbol{\theta}_{lj})\right]\\ &=\sum_{l=1}^{k}\pi_{li}\left[\sum_{j=1}^{m}w_{lij}\ (2\pi)^{-D/2}\ |\boldsymbol{\Sigma}_{lj}|^{-1/2}\exp\left(-\frac{1}{2}(\boldsymbol{x}_i-\boldsymbol{\mu}_{lj})\boldsymbol{\Sigma}_{lj}{}^{-1}(\boldsymbol{x}_i-\boldsymbol{\mu}_{lj})^{\mathrm{T}}\right)\right]\end{aligned} \tag{4.23}$$

式中，像素 i 的模型参数集表示为 $\boldsymbol{\Psi}_i=\{\boldsymbol{\pi}_i,\boldsymbol{w},\boldsymbol{\mu},\boldsymbol{\Sigma}\}$；$\boldsymbol{\pi}_i=\{\pi_{li};l=1,2,\cdots,k,i=1,2,\cdots,n\}$ 为像素 i 组分权重集合；$\boldsymbol{w}=\{w_{lij};l=1,2,\cdots,k,i=1,2,\cdots,n,j=1,2,\cdots,m\}$ 为分量权重集合；$\boldsymbol{\mu}=\{\mu_{lj};l=1,2,\cdots,k,j=1,2,\cdots,m\}$ 为均值向量集合；$\boldsymbol{\Sigma}=\{\boldsymbol{\Sigma}_{lj};l=1,2,\cdots,k,j=1,2,\cdots,m\}$ 为协方差集合。

(2)HmSMM。采用多元学生 t 分布定义层次化混合模型构成 HmSMM,则由 HmSMM 建模多光谱遥感影像内像素光谱测度 $\boldsymbol{x}_i$ 的概率分布,表示为

$$\begin{aligned} p(\boldsymbol{x}_i \mid \boldsymbol{\Psi}_i) &= \sum_{l=1}^{k} \pi_{li} \left[\sum_{j=1}^{m} w_{lij} p_{lj}{}^{\mathrm{mS}}(\boldsymbol{x}_i \mid \boldsymbol{\theta}_{lj}) \right] \\ &= \sum_{l=1}^{k} \pi_{li} \left[\sum_{j=1}^{m} w_{lij} \frac{\Gamma\left(\frac{\upsilon_{lj}+D}{2}\right)}{\Gamma\left(\frac{\upsilon_{lj}}{2}\right)(\upsilon_{lj}\pi)^{D/2} \left|\boldsymbol{\Sigma}_{lj}\right|^{1/2}} \left(1+\frac{(\boldsymbol{x}_i-\boldsymbol{\mu}_{lj})\boldsymbol{\Sigma}_{lj}{}^{-1}(\boldsymbol{x}_i-\boldsymbol{\mu}_{lj})^{\mathrm{T}}}{\upsilon_{lj}}\right)^{-\frac{(\upsilon_{lj}+D)}{2}} \right] \end{aligned} \tag{4.24}$$

式中,像素 i 的模型参数集表示为 $\boldsymbol{\Psi}_i=\{\boldsymbol{\pi}_i, \boldsymbol{w}, \boldsymbol{\mu}, \boldsymbol{\Sigma}, \boldsymbol{\upsilon}\}$;$\boldsymbol{\pi}_i=\{\pi_{li}; l=1,2,\cdots,k, i=1,2,\cdots,n\}$ 为像素 i 组分权重集合;$\boldsymbol{w}=\{w_{lij}; l=1,2,\cdots,k, i=1,2,\cdots,n, j=1,2,\cdots,m\}$ 为分量权重集合;$\boldsymbol{\mu}=\{\boldsymbol{\mu}_{lj}; l=1,2,\cdots,k, j=1,2,\cdots,m\}$ 为均值向量集合;$\boldsymbol{\Sigma}=\{\boldsymbol{\Sigma}_{lj}; l=1,2,\cdots,k, j=1,2,\cdots,m\}$ 为协方差集合;$\boldsymbol{\upsilon}=\{\upsilon_{lj}; l=1,2,\cdots,k, j=1,2,\cdots,m\}$ 为自由度参数集合。

(3)HGaMM。采用伽马分布定义层次化混合模型构成 HGaMM,则由 HGaMM 建模 SAR 遥感影像内像素光谱测度 x_i 的概率分布,表示为

$$p(x_i \mid \boldsymbol{\Psi}_i) = \sum_{l=1}^{k} \pi_{li} \left[\sum_{j=1}^{m} w_{lij} p_{lj}{}^{\mathrm{Ga}}(x_i \mid \boldsymbol{\theta}_{lj}) \right] = \sum_{l=1}^{k} \pi_{li} \left[\sum_{j=1}^{m} w_{lij} \frac{x_i{}^{\alpha_{lj}-1}}{\Gamma(\alpha_{lj})\beta_{lj}{}^{\alpha_{lj}}} \exp\left(-\frac{x_i}{\beta_{lj}}\right) \right] \tag{4.25}$$

式中,模型参数集表示为 $\boldsymbol{\Psi}_i=\{\boldsymbol{\pi}, \boldsymbol{w}, \boldsymbol{\alpha}, \boldsymbol{\beta}\}$;$\boldsymbol{\pi}_i=\{\pi_{li}; l=1,2,\cdots,k, i=1,2,\cdots,n\}$ 为像素 i 组分权重集合;$\boldsymbol{w}=\{w_{lij}; l=1,2,\cdots,k, i=1,2,\cdots,n, j=1,2,\cdots,m\}$ 为分量权重集合;$\boldsymbol{\alpha}=\{\alpha_{lj}; l=1,2,\cdots,k, j=1,2,\cdots,m\}$ 为形状参数集合;$\boldsymbol{\beta}=\{\beta_{lj}; l=1,2,\cdots,k, j=1,2,\cdots,m\}$ 为尺度参数集合。

4.3 层次化混合模型统计特性

4.3.1 层次化混合模型原点矩

原点矩描述随机变量概率分布的特性,是求偏度和峰度值的前提,更是参数估计和统计推断的基础,在数理统计中有具重要的作用。假设随机变量 X 服从式(4.15)层次化混合模型概率分布,则随机变量 X 的 r 阶原点矩表示为

$$\begin{aligned} E_{\mathrm{HMM}}[X^r] &= \int_{-\infty}^{+\infty} x^r p(x) \mathrm{d}x \\ &= \int_{-\infty}^{+\infty} x^r \left[\sum_{l=1}^{k} \pi_{li} \sum_{j=1}^{m} w_{lij} p_{lj}(x \mid \boldsymbol{\theta}_{lj}) \right] \mathrm{d}x \\ &= \sum_{l=1}^{k} \pi_{li} \sum_{j=1}^{m} w_{lij} \left[\int_{-\infty}^{+\infty} x^r p_{lj}(x \mid \boldsymbol{\theta}_{lj}) \mathrm{d}x \right] \\ &= \sum_{l=1}^{k} \pi_{li} \sum_{j=1}^{m} w_{lij} E_E[X^r] \end{aligned} \tag{4.26}$$

式中,最后一行等式中 $E_E[X^r]$ 表示随机变量 X 服从层次化混合模型分量概率分布的 r 阶原点矩,通过计算该期望值进而计算得到 $E_{\mathrm{HMM}}[X^r]$。下面分别阐述服从 HGMM 和 HGaMM 概率分布的随机变量 X 的 r 阶原点矩的计算过程。

(1)HGMM 的原点矩。令服从 HGMM 概率分布的随机变量 X 的 r 阶原点矩表示为 $E_{\text{HGMM}}(X^r)$，服从高斯分量的随机变量 X 的 r 阶原点矩表示为 $E_N[X^r]$。若要计算 $E_N[X^r]$，需先计算服从标准正态分布的随机变量 H 的 q 阶原点矩，表示为

$$\begin{aligned}E_N{}^0[H^q] &= \int_{-\infty}^{+\infty} h^q \frac{1}{\sqrt{2\pi}} e^{-\frac{h^2}{2}} dh \\ &= \frac{1}{q+1} h^{q+1} \frac{1}{\sqrt{2\pi}} e^{-\frac{h^2}{2}} \Big|_{-\infty}^{+\infty} + \frac{1}{q+1} \int_{-\infty}^{+\infty} h^{q+2} \frac{1}{\sqrt{2\pi}} e^{-\frac{h^2}{2}} dh \\ &= 0 + \frac{1}{q+1} E_N{}^0[H^{q+2}]\end{aligned} \tag{4.27}$$

由式(4.27)可知，其存在递推关系，表示为

$$E_N{}^0[H^q] = (q-1) E_N{}^0[H^{q-2}],q=2,3,4,\cdots \tag{4.28}$$

随机变量 H 的 0 和 1 阶原点矩分别表示为

$$E_N{}^0[H^0] = \int_{-\infty}^{+\infty} h^0 \frac{1}{\sqrt{2\pi}} e^{-\frac{h^2}{2}} dh = 1 \tag{4.29}$$

$$E_N{}^0[H^1] = \int_{-\infty}^{+\infty} h \frac{1}{\sqrt{2\pi}} e^{-\frac{h^2}{2}} dh = 0 \tag{4.30}$$

当 q 为偶数时，随机变量 H 的 q 阶原点矩表示为

$$E_N{}^0[H^q] = (q-1)(q-3)\cdots 3 \cdot 1 \cdot E_N{}^0[H^0] \tag{4.31}$$

当 q 为奇数时，随机变量 H 的 q 阶原点矩表示为

$$E_N{}^0[H^q] = (q-1)(q-3)\cdots 3 \cdot 1 \cdot E_N{}^0[H^1] = 0 \tag{4.32}$$

综上，随机变量 H 的 q 阶原点矩表示为

$$E_N{}^0[H^q] = \begin{cases} 0, & q\text{ 为奇数} \\ (q-1)(q-3)\cdots 3 \cdot 1, & q\text{ 为偶数} \end{cases} \tag{4.33}$$

将随机变量 X 标准正态化，得到 $H=(X-\mu_{lj})/\sigma_{lj}$，进而推导 $X=\mu_{lj}+H\sigma_{lj}$，则随机变量 X 的 r 阶原点矩表示为

$$\begin{aligned}E_N[X^r] &= E_N[(\mu_{lj} + h\sigma_{lj})^r] \\ &= E_N[C_0^r \mu_{lj}{}^r + C_1^r \mu_{lj}{}^{r-1} (h\sigma_{lj}) + \cdots + C_q^r \mu_{lj}{}^{r-q} (h\sigma_{lj})^q + \cdots + C_r^r (h\sigma_{lj})^r] \\ &= E_N\Big[\sum_{q=0}^{r} C_q^r h^q \sigma_{lj}{}^q \mu_{lj}{}^{r-q}\Big] \\ &= \sum_{q=0}^{r} C_q^r \sigma_{lj}{}^q \mu_{lj}{}^{r-q} E_N{}^0[H^q] \\ &= \sum_{q=0}^{r} C_q^r \sigma_{lj}{}^q \mu_{lj}{}^{r-q} \times \begin{cases} 0, & q\text{ 为奇数} \\ (q-1)(q-3)\cdots 3 \cdot 1, & q\text{ 为偶数} \end{cases}\end{aligned} \tag{4.34}$$

式中，$C_q{}^r = r!/[(r-q)!\times q!]$为组合数。根据式(4.34)可计算出随机变量 X 的一阶矩、二阶矩、三阶矩和四阶矩，分别表示为

$$E_N[X] = \mu_{lj} \tag{4.35}$$

$$E_N[X^2] = \mu_{lj}{}^2 + \sigma_{lj}{}^2 \tag{4.36}$$

$$E_N[X^3] = \mu_{lj}{}^3 + 3\mu_{lj}\sigma_{lj}{}^2 \tag{4.37}$$

$$E_N[X^4] = \mu_{lj}{}^4 + 6\mu_{lj}{}^2\sigma_{lj}{}^2 + 3\sigma_{lj}{}^4 \tag{4.38}$$

将式(4.35)～式(4.38)分别代入式(4.26)中，可计算出服从 HGMM 概率分布的随机变

量 X 的一阶矩、二阶矩、三阶矩和四阶矩，分别表示为

$$E_{\mathrm{HGMM}}[X]=\sum_{l=1}^{k}\pi_{li}\sum_{j=1}^{m}w_{lij}E_N[X]=\sum_{l=1}^{k}\pi_{li}\sum_{j=1}^{m}w_{lij}\mu_{lj} \tag{4.39}$$

$$E_{\mathrm{HGMM}}[X^2]=\sum_{l=1}^{k}\pi_{li}\sum_{j=1}^{m}w_{lij}E_N[X^2]=\sum_{l=1}^{k}\pi_{li}\sum_{j=1}^{m}w_{lij}({\mu_{lj}}^2+{\sigma_{lj}}^2) \tag{4.40}$$

$$E_{\mathrm{HGMM}}[X^3]=\sum_{l=1}^{k}\pi_{li}\sum_{j=1}^{m}w_{lij}E_N[X^3]=\sum_{l=1}^{k}\pi_{li}\sum_{j=1}^{m}w_{lij}({\mu_{lj}}^3+3\mu_{lj}{\sigma_{lj}}^2) \tag{4.41}$$

$$E_{\mathrm{HGMM}}[X^4]=\sum_{l=1}^{k}\pi_{li}\sum_{j=1}^{m}w_{lij}E_N[X^4]=\sum_{l=1}^{k}\pi_{li}\sum_{j=1}^{m}w_{lij}({\mu_{lj}}^4+6{\mu_{lj}}^2{\sigma_{lj}}^2+{\sigma_{lj}}^4) \tag{4.42}$$

(2) HGaMM 的原点矩。令服从 HGaMM 概率分布的随机变量 X 的 r 阶原点矩表示为 $E_{\mathrm{HGaMM}}[X^r]$，服从伽马分量概率分布的随机变量 X 的 r 阶原点矩表示为

$$E_G[X^r]=\int_0^{+\infty}x^r\frac{x^{\alpha_{lj}-1}}{\Gamma(\alpha_{lj}){\beta_{lj}}^{\alpha_{lj}}}\mathrm{e}^{-\frac{x}{\beta_{lj}}}\mathrm{d}x=\frac{{\beta_{lj}}^r}{\Gamma(\alpha_{lj})}\int_0^{+\infty}t^{r+\alpha_{lj}-1}\mathrm{e}^{-t}\mathrm{d}t=\frac{{\beta_{lj}}^r\Gamma(\alpha_{lj}+r)}{\Gamma(\alpha_{lj})} \tag{4.43}$$

式中，$t=x/\beta_{li}$。根据伽马函数的递归性质可知 $\Gamma(n)=(n-1)!\ \Gamma(1)$，其中 n 为整数。因此，随机变量 X 的 r 阶原点矩进一步表示为

$$E_G[X^r]=\frac{{\beta_{lj}}^r(\alpha_{lj}+r-1)!}{(\alpha_{lj}-1)!} \tag{4.44}$$

根据式(4.42)分别计算随机变量 X 的一阶矩、二阶矩、三阶矩和四阶矩，表示为

$$E_G[X]=\alpha_{lj}\beta_{lj} \tag{4.45}$$

$$E_G[X^2]=({\alpha_{lj}}^2+\alpha_{lj}){\beta_{lj}}^2 \tag{4.46}$$

$$E_G[X^3]=({\alpha_{lj}}^3+3{\alpha_{lj}}^2+2\alpha_{lj}){\beta_{lj}}^3 \tag{4.47}$$

$$E_G[X^4]=({\alpha_{lj}}^4+6{\alpha_{lj}}^3+11{\alpha_{lj}}^2+6\alpha_{lj}){\beta_{lj}}^4 \tag{4.48}$$

将式(4.45)～式(4.48)分别代入式(4.26)中，得到服从 HGaMM 概率分布的随机变量 X 的一阶矩、二阶矩、三阶矩和四阶矩，分别表示为

$$E_{\mathrm{HGaMM}}[X]=\sum_{l=1}^{k}\pi_{li}\sum_{j=1}^{m}w_{lij}E_G[X]=\sum_{l=1}^{k}\pi_{li}\sum_{j=1}^{m}w_{lij}\alpha_{lj}\beta_{lj} \tag{4.49}$$

$$E_{\mathrm{HGaMM}}[X^2]=\sum_{l=1}^{k}\pi_{li}\sum_{j=1}^{m}w_{lij}E_G[X^2]=\sum_{l=1}^{k}\pi_{li}\sum_{j=1}^{m}w_{lij}({\alpha_{lj}}^2+\alpha_{lj}){\beta_{lj}}^2 \tag{4.50}$$

$$E_{\mathrm{HGaMM}}[X^3]=\sum_{l=1}^{k}\pi_{li}\sum_{j=1}^{m}w_{lij}E_G[X^3]=\sum_{l=1}^{k}\pi_{li}\sum_{j=1}^{m}w_{lij}({\alpha_{lj}}^3+3{\alpha_{lj}}^2+2\alpha_{lj}){\beta_{lj}}^3 \tag{4.51}$$

$$E_{\mathrm{HGaMM}}[X^4]=\sum_{l=1}^{k}\pi_{li}\sum_{j=1}^{m}w_{lij}E_G[X^4]=\sum_{l=1}^{k}\pi_{li}\sum_{j=1}^{m}w_{lij}({\alpha_{lj}}^4+6{\alpha_{lj}}^3+11{\alpha_{lj}}^2+6\alpha_{lj}){\beta_{lj}}^4 \tag{4.52}$$

4.3.2　层次化混合模型偏度

偏度是表示随机变量统计分布的偏斜方向和程度的度量术语，描述随机变量统计分布的非对称程度的数字特征，利用随机变量的高阶原点矩可计算其偏度。

令随机变量 X 服从层次化混合模型概率分布，则随机变量 X 的方差表示为

$$\mathrm{Var}_{\mathrm{HMM}}(X)=E_{\mathrm{HMM}}[X^2]-(E_{\mathrm{HMM}}[X])^2 \tag{4.53}$$

根据随机变量 X 的各阶原点矩可计算其偏度，表示为

$$\begin{aligned}\operatorname{skew}(X)&=E\left[\left(\frac{X-\mu}{\sigma}\right)^{3}\right]\\&=\frac{E_{\mathrm{HMM}}[X^{3}]-3E_{\mathrm{HMM}}[X]\mathrm{Var}_{\mathrm{HMM}}(X)-(E_{\mathrm{HMM}}[X])^{3}}{(\mathrm{Var}_{\mathrm{HMM}}(X))^{3/2}}\end{aligned} \tag{4.54}$$

若 $\operatorname{skew}(X)=0$，则表示随机变量 X 服从的概率分布为对称分布；若 $\operatorname{skew}(X)>0$，则表示该概率分布为右偏分布，也称正偏分布，该概率分布右侧具有较长的尾部；若 $\operatorname{skew}(X)<0$，则表示该概率分布为左偏分布，也称负偏分布，该概率分布左侧具有较长的尾部。

图 4.3 为不同偏度概率分布的曲线图，图中横坐标和纵坐标分别表示随机变量及其概率，图中虚线为正态分布曲线，实线分别为右偏分布和左偏分布的曲线。从图 4.3(a)中可看出，右偏分布曲线的右侧尾部较长且厚重，其顶峰偏向于正态分布的左侧。从图 4.3(b)中可看出，左偏分布曲线的左侧尾部较长且厚重，其顶峰偏向于正态分布的右侧。

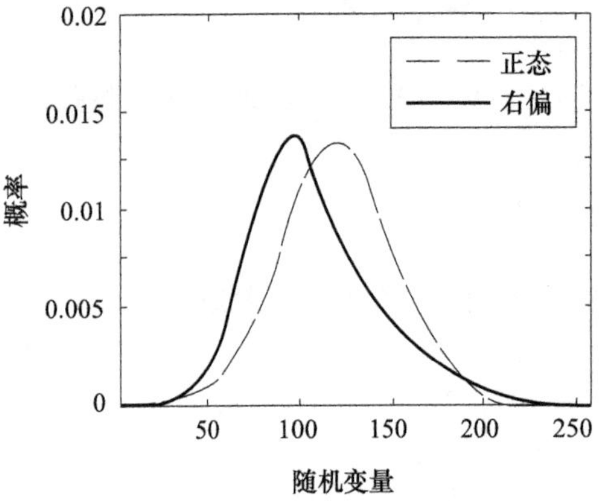

(a) 右偏分布

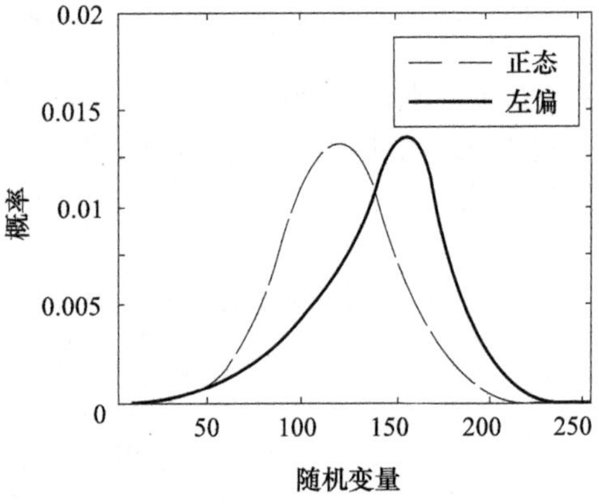

(b) 左偏分布

图 4.3 不同偏度的概率分布

4.3.3 层次化混合模型峰度

峰度是描述随机变量概率分布峰值的度量，主要反映概率分布相对于正态分布峰值的高低，根据随机变量的高阶原点矩可以计算其峰度值。

令随机变量 X 服从层次化混合模型概率分布，其峰度的计算公式为

$$\begin{aligned}\operatorname{kurt}(X)&=E\left[\left(\frac{X-\mu}{\sigma}\right)^{4}\right]-3\\&=\frac{E_{\mathrm{HMM}}[X^{4}]-4E_{\mathrm{HMM}}[X]E_{\mathrm{HMM}}[X^{3}]}{(\mathrm{Var}_{\mathrm{HMM}}(X))^{2}}+\\&\quad\frac{6\,(E_{\mathrm{HMM}}[X])^{2}E_{\mathrm{HMM}}[X^{2}]-3\,(E_{\mathrm{HMM}}[X])^{4}}{(\mathrm{Var}_{\mathrm{HMM}}(X))^{2}}-3\end{aligned} \tag{4.55}$$

若 $\operatorname{kurt}(X)=0$，则表示随机变量 X 的概率分布为正态分布；若 $\operatorname{kurt}(X)>0$，则表示该概率分布为尖峰分布；若 $\operatorname{kurt}(X)<0$，则表示该概率分布为平坦峰分布。

图 4.4 为不同峰度值的概率分布曲线。图中横坐标和纵坐标分别表示随机变量及其概率，虚线为正态分布曲线，实线为不同峰值的概率分布曲线。图 4.4(a)为尖峰分布曲线，可以看出其峰部比正态分布的高；图 4.4(b)为平坦峰分布曲线，可以看出其峰部比正态分布的低且平坦，分布两侧的尾部更长。

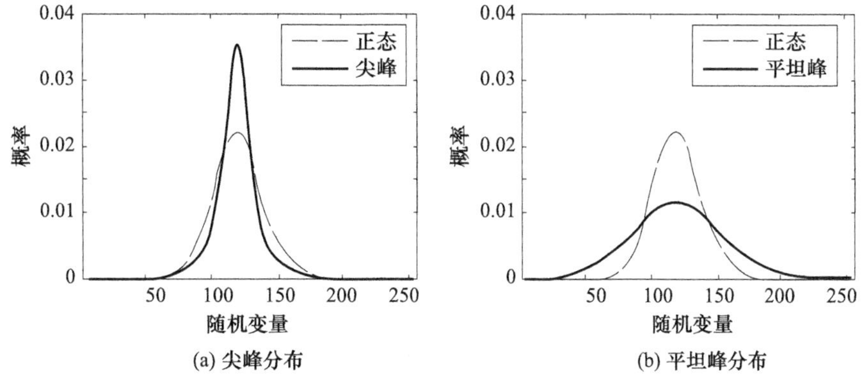

图 4.4　不同峰度的概率分布

4.4 层次化混合模型的建模特点

本节介绍层次化混合模型的建模特点，并以层次化高斯混合模型(HGMM)和层次化伽马混合模型(HGaMM)为例阐述。

4.4.1 层次化高斯混合模型的建模特点

HGMM 主要包括高斯分量和组分两层结构，建模特点分别如下。

(1)高斯分量。高斯分量参数包括均值和方差，其中均值表示随机变量集中分布的位置，方差表示随机变量的离散程度。图 4.5 为不同参数的高斯分量曲线，图中横坐标和纵坐标分别为随机变量及其概率，实线和虚线分别为高斯分量 1 和 2。图 4.5(a)为相同均值($\mu_1=\mu_2=100$)和不同标准差($\sigma_1=10$(对应高斯分量 1)和 $\sigma_2=25$(对应高斯分量 2))的高斯分量曲线，比较图中虚实曲线可知，标准差越大高斯分量曲线的峰部越低，且尾部越长。图 4.5(b)为不同均值($\mu_1=100$(对应高斯分量 2)和 $\mu_2=150$(对应高斯分量 1))和相同标准差($\sigma_1=\sigma_2=20$)的高斯分量曲线，比较图中虚实曲线可知，均值越大高斯分量曲线越偏向横坐标右侧。另外，从图 4.5 中可看出，高斯分量为对称单峰分布。

综上所述，均值表示概率分布曲线的位置，均值越大高斯分布曲线越偏于右侧；标准差表示概率分布曲线的陡峭程度，标准差越小高斯分布曲线越陡峭。

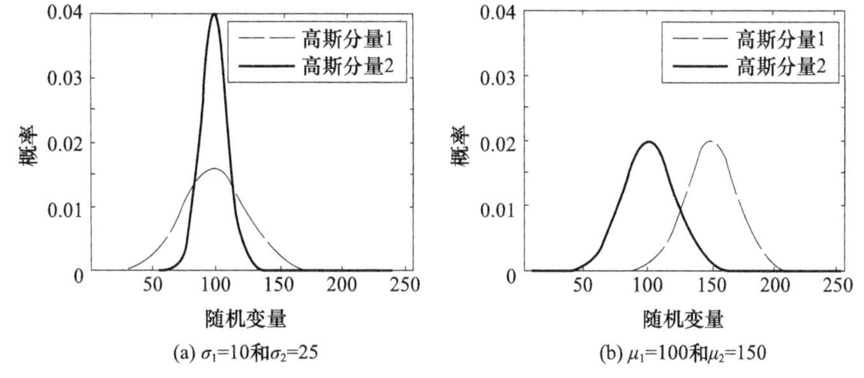

图 4.5　不同参数的高斯分量

表 4.1 列出图 4.5 高斯分量概率分布的偏度和峰度值，可以看出高斯分量的偏度值均等于 0，峰度值均小于 0，说明高斯分量为正态分布，且为平坦峰分布。因此，高斯分量仅适用于建模对称单峰的统计分布。

表 4.1　高斯分量的偏度和峰度

统计特性	图 4.5(a)高斯分量 1	图 4.5(a)高斯分量 2	图 4.5(b)高斯分量 1	图 4.5(b)高斯分量 2
偏度值	0	0	0	0
峰度值	−2	−2	−2	−2

(2)HGMM 组分。HGMM 组分由多个高斯分量概率分布加权和构成，主要包括分量权重、均值和标准差三个参数。以两组高斯分量概率分布加权和构成的 HGMM 组分为例，通过改变 HGMM 组分的其中一个参数固定另外两个参数，以分析各参数在 HGMM 组分建模复杂统计分布中所起到的作用，并阐述 HGMM 的建模复杂统计分布的能力。

图 4.6 的(a)～(c)为不同分量权重的 HGMM 组分曲线，而各组分的均值和标准差相同。图 4.6 中横坐标和纵坐标分别为随机变量及其概率，实线和虚线分别为 HGMM 组分和分量的曲线，图中虚线由左向右分别为高斯分量 1 和 2，各组分的均值和标准差分别设为{$\mu_1=80$，$\sigma_1=20$}和{$\mu_2=120$，$\sigma_2=20$}。图 4.6(a)中高斯分量 1 和 2 具有相同的权重，即 $w_1=w_2=0.5$。从图 4.6(a)实线可看出，该组分曲线具有对称性。图 4.6(b)中高斯分量 1 的权重大于高斯分量 2，从实线可看出该组分曲线的峰部偏于左侧，且右侧尾部比左侧尾部长且厚。图 4.6(c)中高斯分量 1 的权重小于高斯分量 2，从实线可看出该组分曲线的峰部偏于右侧，其左侧尾部比右侧尾部长且厚。综上所述，在分量参数集相同的情况下，分量权重可控制 HGMM 组分曲线的峰部位置和重尾性，即组分函数曲线的峰部偏向于分量权重大所对应的高斯分量，而另一侧尾部较长且厚重。

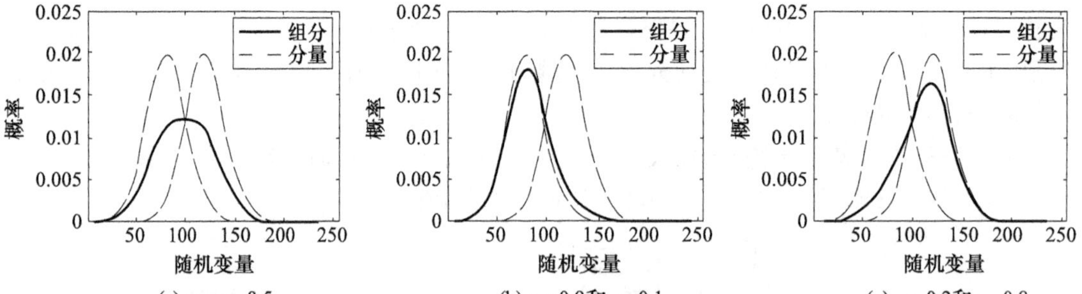

(a) $w_1=w_2=0.5$　(b) $w_1=0.9$和$w_2=0.1$　(c) $w_1=0.2$和$w_2=0.8$

图 4.6　不同分量权重的 HGMM 组分

表 4.2 列出图 4.6 中不同分量权重的 HGMM 组分概率分布的偏度和峰度值。从表 4.2 可看出，图 4.6(a)组分的偏度值为 0，表明该组分曲线呈现对称特性；图 4.6(b)组分的偏度值大于 0，表明该组分曲线呈现右偏态特性，即峰值位于左侧，右侧尾部较长；图 4.6(c)组分的偏度值小于 0，表明该组分曲线呈现左偏态特性，即该组分的峰值位于右侧，左侧尾部较长。而三个组分的峰度值均小于 0，表明这三个组分均为平坦峰分布，其顶峰值小于正态分布。综上，图 4.6 中 HGMM 组分的偏度和峰度值与其曲线的特点相符。

表 4.2　不同分量权重 HGMM 组分的偏度和峰度值

特征	图 4.6(a)组分	图 4.6(b)组分	图 4.6(c)组分
偏度值	0	0.36	−0.27
峰度值	−1	−0.72	−0.85

图 4.7 为不同均值的 HGMM 组分曲线，各组分的分量权重和标准差相同，图中虚线由左到右分别为高斯分量 1 和 2，其权重和标准差分别为$\{w_1=0.6,\sigma_1=15\}$和$\{w_2=0.4,\sigma_2=20\}$。图 4.7(a)中高斯分量 1 的均值小于分量 2，从实线可知该组分具有非对称性。图 4.7(b)中高斯分量 1 和 2 的均值之差增大，从实线可知该组分曲线具有双峰特性。图 4.7(c)中高斯分量 1 和 2 均值之差进一步增大，从实线可知该组分函数曲线的双峰特性更加明显。另外，权重和标准差的设置使得各组分峰值偏于左侧分量位置。

综上所述，随着两个高斯分量均值差的增大，所构建出的 HGMM 组分的双峰特性更加明显。

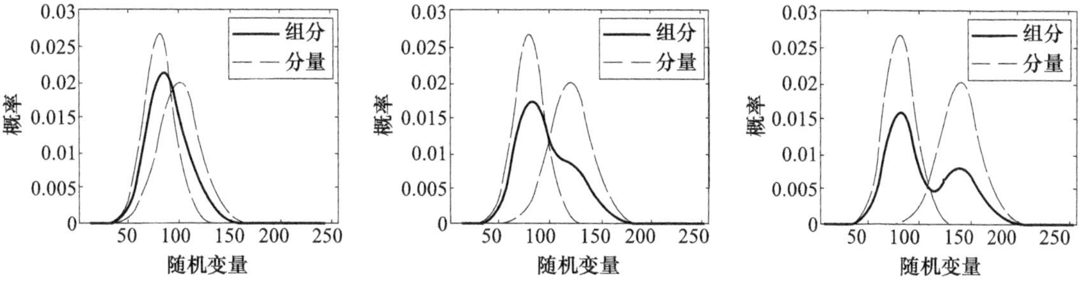

(a) μ_1=80和μ_2=100　(b) μ_1=80和μ_2=120　(c) μ_1=80和μ_2=140

图 4.7　不同均值的 HGMM 组分

表 4.3 列出图 4.7 中不同均值的 HGMM 组分概率分布的偏度和峰度值。从表 4.3 可以看出，图 4.7 中各组分的偏度值均大于 0，表明三个组分均为右偏态分布，即顶峰偏于左侧，右侧尾部较长；而各组分的峰度值均小于 0，表明这三个组分均为平坦峰分布，峰部均低于正态分布。

综上所述，图 4.7 中 HGMM 组分的偏度和峰度值与其函数曲线的特点相符。

表 4.3　不同均值 HGMM 组分的偏度和峰度值

特征	图 4.7(a)组分	图 4.7(b)组分	图 4.7(c)组分
偏度值	0.38	0.46	0.45
峰度值	−1.07	−0.77	−1.01

图 4.8 为不同标准差的 HGMM 组分曲线，各组分的分量权重和均值相同，图中虚线由左到右分别为高斯分量 1 和 2，其权重和均值分别为$\{w_1=0.7,\mu_1=120\}$和$\{w_2=0.3,\mu_2=120\}$。图 4.8(a)中高斯分量 1 和 2 的标准差分别为 20 和 50，由实线可知该组分曲线具有对称和重尾特性，且峰部比较平坦。图 4.8(b)中高斯分量 1 和 2 的标准差分别为 10 和 50，由实线可知该组分曲线比图 4.8(a)陡峭。图 4.8(c)中高斯分量 1 和 2 的标准差分别为 5 和 50，由实线可知该组分曲线具有尖峰特性。另外，由于各组分中两个高斯分量的均值相同，各组分曲线均具有对称特性。随着高斯分量 1 标准差减少，所构成的组分曲线更加陡峭，且随

之呈现出尖峰特性。

表 4.4 列出图 4.8 中不同标准差的 HGMM 组分概率分布的偏度和峰度值。从表 4.4 可以看出，这三个组分的偏度值均等于 0，说明这三个组分均具有对称特性。图 4.8 的(a)和(b)内组分的峰度值均小于 0，说明这两个组分均具有平坦峰特性；图 4.8(a)的峰度值小于图 4.8(b)的峰度值，说明图 4.8(a)的平坦峰特性更加明显。图 4.8(c)内组分的峰度值大于 0，说明该组分具有尖峰特性。

综上所述，图 4.8 中 HGMM 组分的偏度和峰度值与其曲线的特点相符。

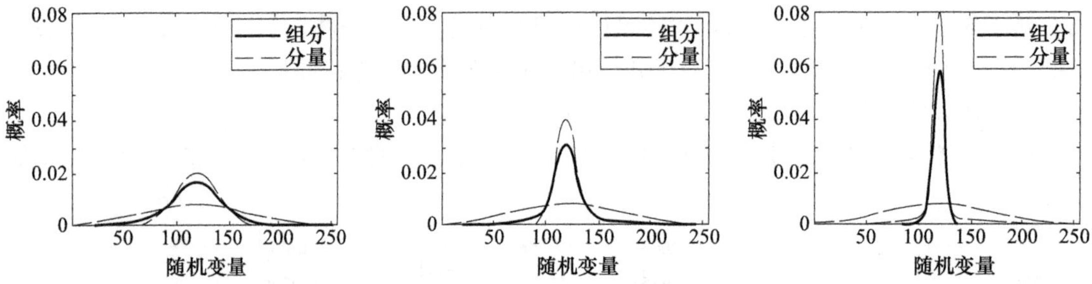

(a) σ_1=20和σ_2=50　(b) σ_1=10和σ_2=50　(c) σ_1=5和σ_2=50

图 4.8　不同标准差的 HGMM 组分

表 4.4　不同标准差 HGMM 组分的偏度和峰度值

特征	图 4.8(a)组分	图 4.8(b)组分	图 4.8(c)组分
偏度值	0	0	0
峰度值	−1.55	−0.77	0.18

图 4.9 为不同组分参数的 HGMM 组分曲线。其中，图 4.9(a)中组分具有尖峰特性，且其右侧尾部较左侧长；图 4.9(b)中组分具有非对称和左侧重尾特性，其峰部偏向于右侧；图 4.9(c)中组分具有对称和双峰的特性。

综上所述，通过设置不同组分参数可构建出具有复杂统计特性的 HGMM 组分，因此，HGMM 组分具有建模复杂统计分布的能力。

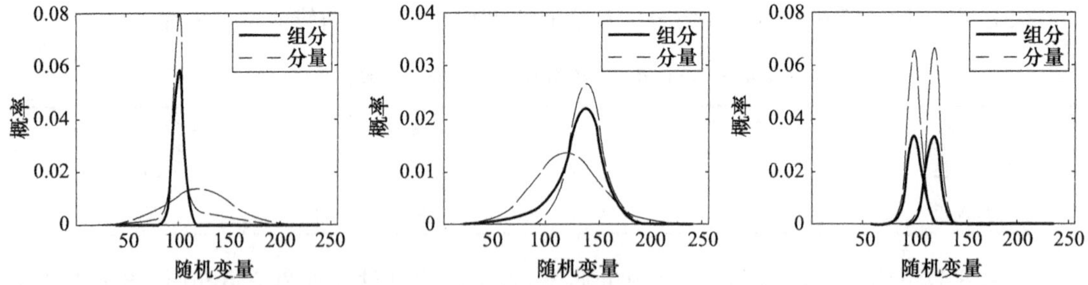

(a) 非对称尖峰　(b) 左侧重尾　(c) 对称双峰

图 4.9　不同组分参数的 HGMM 组分

表 4.5 列出图 4.9 中 HGMM 组分的偏度和峰度值。从表 4.5 可以看出，图 4.9(a)组分的偏度和峰度值均大于 0，表明该组分为右偏态分布，其右侧尾部比较厚重且峰部偏向于左侧，另外该组分为尖峰分布。图 4.9(b)组分的偏度和峰度值均小于 0，表明该组分为左偏态分布，即左侧尾部比较厚重，且该组分为平坦峰分布。图 4.9(c)组分的偏度值等于 0，表明该组

分为对称分布，其峰度值小于 0，表明该组分为平坦峰分布。

综上所述，图 4.9 组分的偏度和峰度值与各组分曲线形态相符。

表 4.5　不同组分参数 HGMM 组分的偏度和峰度值

特征	图 4.9(a)组分	图 4.9(b)组分	图 4.9(c)组分
偏度值	1.63	−0.79	0
峰度值	1.18	−0.54	−1.22

综合以上几种情况，通过对 HGMM 组分参数的分析可知，不同的组分参数使得 HGMM 组分概率分布呈现出不同的统计特性。其中，分量权重可控制 HGMM 组分峰部的偏向位置，从而构建出具有非对称特性的组分；均值可控制 HGMM 组分的多峰特性，从而构建出具有对称或多峰特性的组分；标准差可控制 HGMM 组分的尖峰或平坦峰特性。因此，HGMM 组分可建模对称或非对称、单侧或双侧重尾、尖峰或平坦峰和单峰或双峰等复杂统计分布。进而得出，HGMM 具有建模复杂统计分布的能力。另外，偏度和峰度值可定量地衡量 HGMM 组分概率分布的偏态特性和峰部高低特性。

4.4.2　层次化伽马混合模型的建模特点

HGaMM 主要包括伽马分量和组分两层结构，建模特点分别如下。

(1)伽马分量。伽马分量的参数包括形状和尺度参数，其具有右偏态的特性。图 4.10 为不同参数的伽马分量曲线，横坐标和纵坐标分别为随机变量及其概率，实线和虚线分别为伽马分量 1 和 2 曲线。其中，图 4.10(a)为形状参数相同($\alpha_1=\alpha_2=5$)而尺度参数不同的伽马分量曲线，伽马分量 1 的尺度参数小于伽马分量 2，从曲线可知伽马分量 1 的函数曲线比伽马分量 2 的更加陡峭。图 4.10(b)为尺度参数相同($\beta_1=\beta_2=8$)而形状参数不同，伽马分量 1 的形状参数小于伽马分量 2，从曲线可知伽马分量 1 函数曲线的顶峰值大于伽马分量 2，而右侧尾部的陡峭程度相同。

综上所述，在形状参数相同时，尺度参数越小则伽马分量曲线越陡峭；在尺度参数相同时，形状参数越小伽马分量曲线的峰值越高。

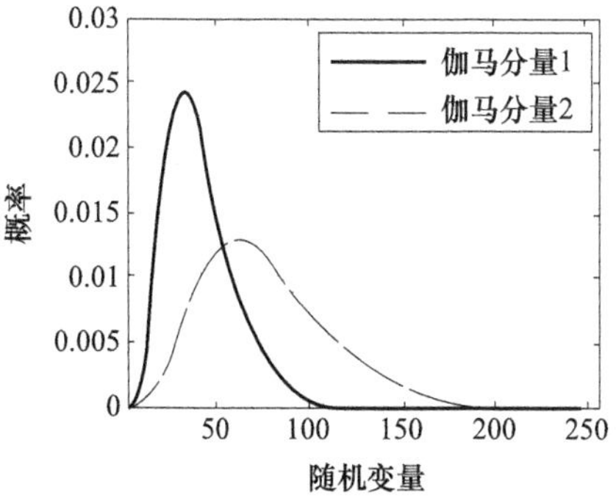

(a) $\beta_1=8$和$\beta_2=15$

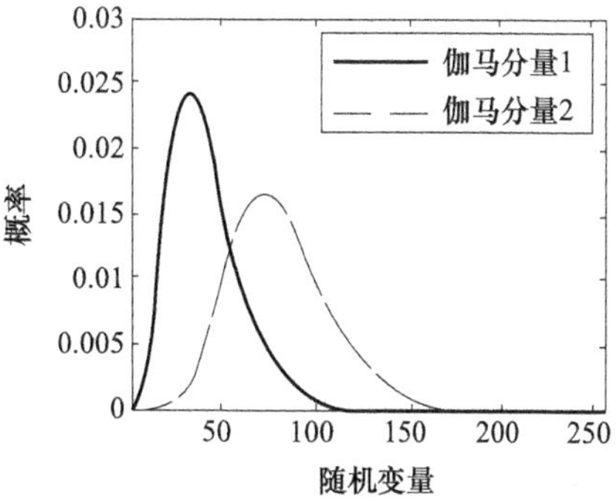

(b) $\alpha_1=5$和$\alpha_2=10$

图 4.10　不同参数的伽马分量

表 4.6 列出图 4.10 中各伽马分量概率分布的偏度和峰度值。从表 4.6 可知，各伽马分量的偏度和峰度值均大于 0，这表明伽马分量为右偏态分布，即其峰部偏于左侧且右侧尾部较长和厚，同时具有尖峰特性。

表 4.6　不同参数伽马分量的偏度和峰度值

统计特性	图 4.10(a)伽马分量 1	图 4.10(a)伽马分量 2	图 4.10(b)伽马分量 1	图 4.10(b)伽马分量 2
偏度值	0.89	0.89	0.89	0.63
峰度值	1.20	1.20	1.20	0.60

(2)HGaMM 组分。HGaMM 组分由多个伽马分量概率分布加权和构成,其参数包括分量权重、形状和尺度参数。以两组伽马分量概率分布加权和构成的 HGaMM 组分为例,通过改变 HGaMM 组分的某一个参数而固定另外两个参数,以分析各参数在 HGaMM 组分建模复杂统计分布中所起到的作用,并阐述 HGaMM 的建模能力。

图 4.11 为不同分量权重的 HGaMM 组分曲线,而各组分的形状和尺度参数相同。图 4.11中横坐标和纵坐标分别为随机变量及其概率,实线为 HGaMM 组分曲线,虚线为伽马分量的曲线,由左向右分别为伽马分量 1 和 2。各组分伽马分量 1 和 2 的形状和尺度参数分别设为$\{\alpha_1=8,\beta_1=8\}$和$\{\alpha_2=15,\beta_2=7\}$。其中,图 4.11(a)中伽马分量 1 和 2 的分量权重相同,可以看出,该组分曲线的峰部较为平坦,且右侧尾部较长。图 4.11(b)中伽马分量 1 的权重大于伽马分量 2,可以看出,该组分函数曲线的峰部偏向于伽马分量 1,且右尾部较长和厚。图 4.11(c)中伽马分量 1 的权重小于伽马分量 2,可以看出,该组分曲线的峰部偏于伽马分量 2。

综上所述,分量权重控制 HGaMM 组分曲线峰部的位置,峰部的位置更偏向于分量权重大所对应的伽马分量。

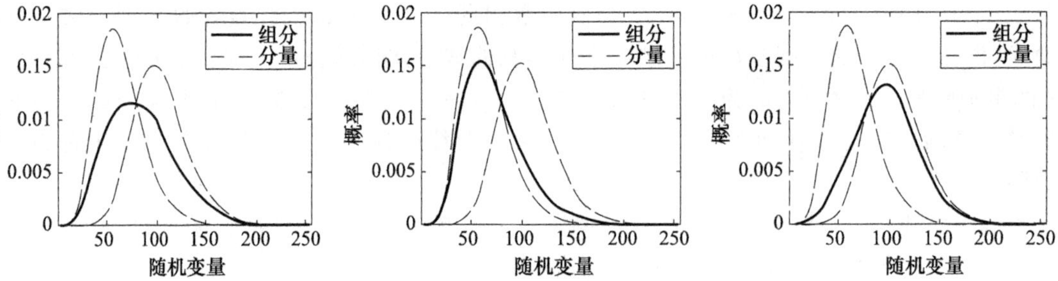

(a) $w_1=w_2=0.5$　　(b) $w_1=0.8$和$w_2=0.2$　　(c) $w_1=0.2$和$w_2=0.8$

图 4.11　不同分量权重的 HGaMM 组分

表 4.7 列出图 4.11 中不同分量权重 HGaMM 组分概率分布的偏度和峰度值。从表 4.7 可以看出,各组分的偏度值均大于 0,说明这三个组分均具有非对称且右侧重尾特性。虽然图 4.11(c)组分曲线在视觉上近似具有对称特性,但其偏度值大于 0 说明该组分曲线的右侧尾部比左侧尾部厚重。图 4.11(a)组分的峰度值小于 0,说明该组分为平坦峰分布。图 4.11(b)和(c)组分的峰度值均大于 0,说明这两个组分为尖峰分布。

综上所述,图 4.11 中 HGaMM 组分的偏度和峰度值与其曲线的特点相符。

表 4.7　不同分量权重的 HGaMM 组分的偏度和峰度值

特征	图 4.11(a)组分	图 4.11(b)组分	图 4.11(c)组分
偏度值	0.47	0.82	0.25
峰度值	−0.02	0.75	0.10

图 4.12 为不同形状参数的 HGaMM 组分曲线，各组分的分量权重和尺度参数相同，虚线由左到右分别为伽马分量 1 和 2，其权重和尺度参数分别为$\{w_1=0.5,\beta_1=8\}$和$\{w_2=0.5,\beta_2=7\}$。图 4.12(a)中伽马分量 1 和 2 的形状参数分别为 5 和 10，可知该组分曲线具有非对称和右侧重尾特性。图 4.12(b)中伽马分量 1 和 2 的形状参数分别为 5 和 15，可知该组分曲线具有双峰特性，且左侧峰部高于右侧。图 4.12(c)中伽马分量 1 和 2 的形状参数分别为 10 和 20，可知该组分曲线具有双峰特性，且峰部比较平坦。

综上所述，随着两个伽马分量形状参数差值的增大，所构建的 HGaMM 组分的双峰特性更加明显。

表 4.8 列出图 4.12 中不同形状参数的 HGaMM 组分概率分布的偏度和峰度值。从表 4.8 可知，图 4.12 各组分的偏度值均大于 0，说明这三个组分曲线具有右侧重尾特性；图 4.12(a)，的峰度值大于 0，说明该组分具有尖峰特性；图 4.12(b)和(c)组分的峰度值均小于 0，说明这两个组分为平坦峰分布。

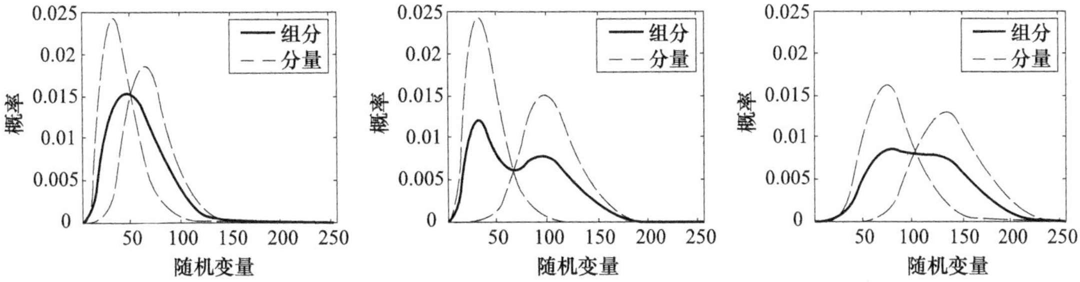

(a) α_1=5和α_2=10　(b) α_1=5和α_2=15　(c) α_1=10和α_2=20

图 4.12　不同形状参数的 HGaMM 组分函数

综上所述，图 4.12 中组分的偏度和峰度值与其曲线的特征相符。另外，偏度和峰度值不能衡量组分是否具有双峰或多峰特性。

表 4.8　不同形状参数 HGaMM 组分的偏度和峰度值

特征	图 4.12(a)组分	图 4.12(b)组分	图 4.12(c)组分
偏度值	0.62	0.44	0.38
峰度值	0.26	−0.63	−0.36

图 4.13 为不同尺度参数的 HGaMM 组分曲线，各组分的分量权重和形状参数相同，虚线由左到右分别为伽马分量 1 和 2，其权重和形状参数分别设为$\{w_1=0.5,\alpha_1=5\}$和$\{w_2=0.5,\alpha_2=5\}$。图 4.13(a)中伽马分量 1 和 2 的形状参数分别设为 5 和 10，可知该组分曲线具有双峰特性且峰部偏于左侧分量。图 4.13(b)中伽马分量 1 和 2 的形状参数分别设为 10 和 15，可知该组分曲线具有右侧重尾特性。图 4.13(c)中伽马分量 1 和 2 的形状参数分别设为 10 和 20，且两个分量形状参数差值大于图 4.13(b)，可知该组分曲线的右侧尾部比图 4.13(b)的长且厚重。

综上所述，随着两个伽马分量尺度参数差值的增大，所构成的 HGaMM 组分曲线的右侧尾部增长且更加厚重。

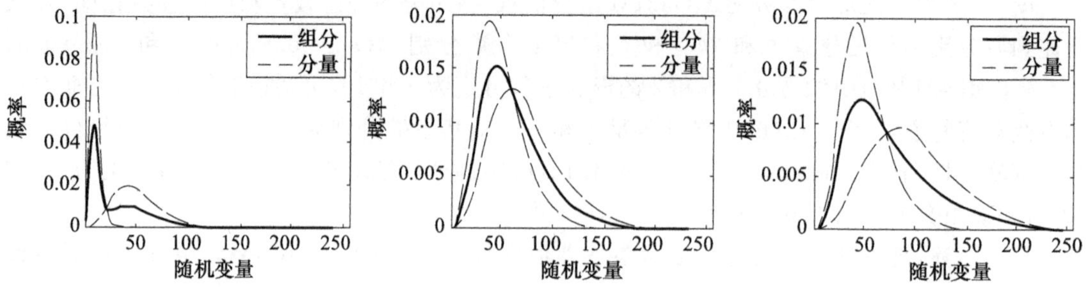

(a) β_1=5和β_2=10　(b) β_1=10和β_2=15　(c) β_1=10和β_2=20

图 4.13　不同尺度参数的 HGaMM 组分

表 4.9 列出图 4.13 不同尺度参数 HGaMM 组分概率分布的偏度和峰度值。从表 4.9可知图 4.13 组分的偏度均大于 0，说明这三个组分均具有右侧重尾特性；峰度值均大于 0，说明这三个组分均具有尖峰特性。另外，图 4.13(c)组分的偏度值大于图 4.13(b)组分的偏度值，说明图 4.13(c)组分的右侧重尾特性更加明显。

综上所述，图 4.13 组分的偏度和峰度值与其曲线的特性相符。

表 4.9　不同尺度参数 HGaMM 组分的偏度和峰度值

特征	图 4.13(a)组分	图 4.13(b)组分	图 4.13(c)组分
偏度值	1.14	1.11	1.24
峰度值	0.91	1.86	1.97

图 4.14 为不同组分参数的 HGaMM 组分曲线。由于伽马分量为右偏态分布，利用两个伽马分量概率分布的加权和可构建出左偏态的组分，见图 4.14(a)。由于伽马分量具有尖峰特性，通过两个伽马分量概率分布的加权和可构建出具有平坦峰特性的组分，见图 4.14(b)。图 4.14(c)中组分曲线具有双峰特性，且峰部偏于右侧分量位置。

综上所述，通过设定不同的组分参数可构建出具有左偏态、平坦峰或双峰特性的 HGaMM 组分。

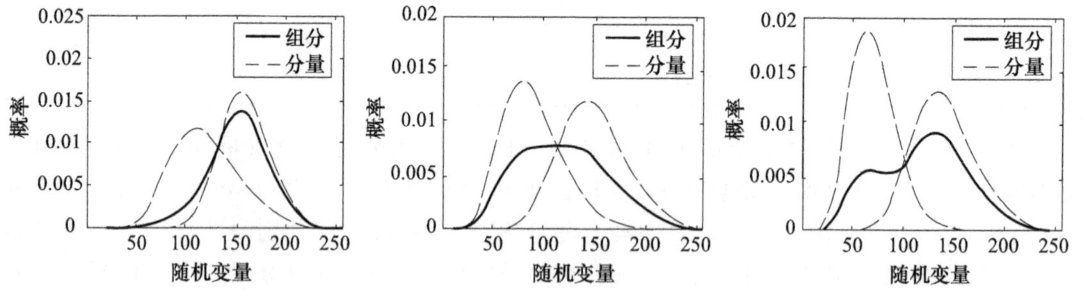

(a) 左偏态组分　(b) 平坦峰组分　(c) 双峰组分

图 4.14　不同组分参数的 HGaMM 组分

表 4.10 列出图 4.14 中不同组分参数的 HGaMM 组分概率分布的偏度和峰度值。从表 4.10 可知，图 4.14(a)的偏度值小于 0，说明该组分具有左侧重尾特性；而其峰度值大于 0，说明该组分具有尖峰特性。图 4.14(b)和(c)组分的偏度值均大于 0，且峰度值均

小于 0，说明这两个组分均具有右侧重尾和平坦峰特性。

表 4.10　不同组分参数 HGaMM 组分的偏度和峰度值

特征	图 4.14(a)组分	图 4.14(b)组分	图 4.14(c)组分
偏度值	−0.25	0.05	0.33
峰度值	0.38	−0.49	−0.32

综上以上几种情况，通过对 HGaMM 组分参数的分析可知，不同的组分参数设置使得 HGaMM 组分概率分布呈现出不同的统计特性，如非对称、右侧重尾、尖峰或平坦峰和双峰等特性。其中，分量权重可控制 HGaMM 组分的峰部偏向位置，即组分峰部偏向于较大分量权重所对应的伽马分量；形状参数可控制 HGaMM 组分峰部的高低，形状参数越小峰部越高；尺度参数可控制组分曲线陡峭程度，尺度参数越大组分重尾特性越明显。因此，HGaMM 组分可建模非对称、尖峰或平坦峰、重尾、单峰或双峰等复杂统计分布。进而得出，HGaMM 具有建模复杂统计分布的能力。另外，偏度和峰度值可定量表明 HGaMM 组分的偏态特性和尖峰或平坦峰特性。

4.5　层次化混合模型参数估计

EM 方法是一种常用的混合模型参数估计的迭代方法，本节阐述 EM 方法估计层次化混合模型模型参数的基本理论及步骤。

影像像素光谱测度集 $\boldsymbol{x}$ 为可观测数据，像素目标区域标号集 $\boldsymbol{z}$ 及其子区域标号集 $\boldsymbol{y}$ 为不可观测数据。令集合$\{\boldsymbol{x},\boldsymbol{y},\boldsymbol{z}\}$为完全数据集，其概率分布表示为 $p(\boldsymbol{x},\boldsymbol{y},\boldsymbol{z}|\boldsymbol{\Psi})$，根据 3.2 节中层次化混合模型理论可知，采用层次化混合模型建模像素光谱测度的联合条件概率分布表示为 $p(\boldsymbol{x}|\boldsymbol{\Psi})$。在贝叶斯理论框架下，给定当前模型参数集 $\boldsymbol{\Psi}^{(t)}$，利用目标区域标号 z 的条件概率分布 $p(\boldsymbol{z}|\boldsymbol{x},\boldsymbol{\Psi}^{(t)})$，即目标区域后验概率，将对数似然函数改写为

$$\begin{aligned}L(\boldsymbol{\Psi}) &= \ln p(\boldsymbol{x} \mid \boldsymbol{\Psi}) = \ln\Big[\sum_{z}\sum_{y} p(\boldsymbol{x},\boldsymbol{y},\boldsymbol{z} \mid \boldsymbol{\Psi})\Big] \\ &= \ln\Big[\sum_{z}\sum_{y} p(\boldsymbol{z} \mid \boldsymbol{x},\boldsymbol{\Psi}^{(t)})\frac{p(\boldsymbol{x},\boldsymbol{y},\boldsymbol{z} \mid \boldsymbol{\Psi})}{p(\boldsymbol{z} \mid \boldsymbol{x},\boldsymbol{\Psi}^{(t)})}\Big] \\ &= \ln\Big[\sum_{z} p(\boldsymbol{z} \mid \boldsymbol{x},\boldsymbol{\Psi}^{(t)})\Big(\sum_{y}\frac{p(\boldsymbol{x},\boldsymbol{y},\boldsymbol{z} \mid \boldsymbol{\Psi})}{p(\boldsymbol{z} \mid \boldsymbol{x},\boldsymbol{\Psi}^{(t)})}\Big)\Big]\end{aligned} \tag{4.56}$$

在贝叶斯理论框架下，容易证明目标区域标号 $\boldsymbol{z}$ 的条件概率分布满足条件

$$\sum_{z} p(\boldsymbol{z} \mid \boldsymbol{x},\boldsymbol{\Psi}^{(t)}) = \sum_{z}\frac{p(\boldsymbol{z},\boldsymbol{x} \mid \boldsymbol{\Psi}^{(t)})}{p(\boldsymbol{x} \mid \boldsymbol{\Psi}^{(t)})} = \frac{\sum_{z} p(\boldsymbol{z},\boldsymbol{x} \mid \boldsymbol{\Psi}^{(t)})}{p(\boldsymbol{x} \mid \boldsymbol{\Psi}^{(t)})} = 1 \tag{4.57}$$

根据 Jensen 不等式，推导出关于式(4.56)对数似然函数的不等式，表示为

$$L(\boldsymbol{\Psi}) \geqslant \sum_{z} p(\boldsymbol{z} \mid \boldsymbol{x},\boldsymbol{\Psi}^{(t)})\ln\Big(\sum_{y}\frac{p(\boldsymbol{x},\boldsymbol{y},\boldsymbol{z} \mid \boldsymbol{\Psi})}{p(\boldsymbol{z} \mid \boldsymbol{x},\boldsymbol{\Psi}^{(t)})}\Big) \tag{4.58}$$

利用子区域标号 $\boldsymbol{y}$ 的条件概率分布 $p(\boldsymbol{y}|\boldsymbol{x},\boldsymbol{z},\boldsymbol{\Psi}^{(t)})$，即子区域后验概率，将式(4.58)不等式改写为

$$L(\boldsymbol{\Psi}) \geqslant \sum_{z} p(\boldsymbol{z} \mid \boldsymbol{x},\boldsymbol{\Psi}^{(t)})\ln\Big[\sum_{y} p(\boldsymbol{y} \mid \boldsymbol{x},\boldsymbol{z},\boldsymbol{\Psi}^{(t)})\frac{p(\boldsymbol{x},\boldsymbol{y},\boldsymbol{z} \mid \boldsymbol{\Psi})}{p(\boldsymbol{y} \mid \boldsymbol{x},\boldsymbol{z},\boldsymbol{\Psi}^{(t)})p(\boldsymbol{z} \mid \boldsymbol{x},\boldsymbol{\Psi}^{(t)})}\Big] \tag{4.59}$$

在贝叶斯理论框架下，容易证明子区域标号 $\boldsymbol{y}$ 的条件概率分布满足条件

$$\sum_{\boldsymbol{y}} p(\boldsymbol{y} \mid \boldsymbol{x}, \boldsymbol{z}, \boldsymbol{\Psi}^{(t)}) = \sum_{\boldsymbol{y}} \frac{p(\boldsymbol{y}, \boldsymbol{x} \mid \boldsymbol{z}, \boldsymbol{\Psi}^{(t)})}{p(\boldsymbol{x} \mid \boldsymbol{z}, \boldsymbol{\Psi}^{(t)})} = \frac{\sum_{\boldsymbol{y}} p(\boldsymbol{y}, \boldsymbol{x} \mid \boldsymbol{z}, \boldsymbol{\Psi}^{(t)})}{p(\boldsymbol{x} \mid \boldsymbol{z}, \boldsymbol{\Psi}^{(t)})} = 1 \tag{4.60}$$

根据 Jensen 不等式，进一步将式(4.59)推导为

$$\begin{aligned} L(\boldsymbol{\Psi}) &\geqslant \sum_{\boldsymbol{z}} p(\boldsymbol{z} \mid \boldsymbol{x}, \boldsymbol{\Psi}^{(t)}) \left[\sum_{\boldsymbol{y}} p(\boldsymbol{y} \mid \boldsymbol{z}, \boldsymbol{x}, \boldsymbol{\Psi}^{(t)}) \ln \frac{p(\boldsymbol{x}, \boldsymbol{y}, \boldsymbol{z} \mid \boldsymbol{\Psi})}{p(\boldsymbol{y} \mid \boldsymbol{z}, \boldsymbol{x}, \boldsymbol{\Psi}^{(t)}) p(\boldsymbol{z} \mid \boldsymbol{x}, \boldsymbol{\Psi}^{(t)})} \right] \\ &= \sum_{\boldsymbol{z}} \sum_{\boldsymbol{y}} p(\boldsymbol{z} \mid \boldsymbol{x}, \boldsymbol{\Psi}^{(t)}) p(\boldsymbol{y} \mid \boldsymbol{z}, \boldsymbol{x}, \boldsymbol{\Psi}^{(t)}) \ln \frac{p(\boldsymbol{x}, \boldsymbol{y}, \boldsymbol{z} \mid \boldsymbol{\Psi})}{p(\boldsymbol{y} \mid \boldsymbol{z}, \boldsymbol{x}, \boldsymbol{\Psi}^{(t)}) p(\boldsymbol{z} \mid \boldsymbol{x}, \boldsymbol{\Psi}^{(t)})} \end{aligned} \tag{4.61}$$

将当前层次化混合模型模型参数表示为 $\boldsymbol{\Psi}^{(t)}$，最大化层次化混合模型似然函数可理解为下一次迭代中模型参数的对数似然函数优于当前模型参数的对数似然函数，表示为

$$\begin{aligned} L(\boldsymbol{\Psi}) - L(\boldsymbol{\Psi}^{(t)}) &\geqslant \sum_{\boldsymbol{z}} \sum_{\boldsymbol{y}} p(\boldsymbol{z} \mid \boldsymbol{x}, \boldsymbol{\Psi}^{(t)}) p(\boldsymbol{y} \mid \boldsymbol{z}, \boldsymbol{x}, \boldsymbol{\Psi}^{(t)}) \ln \frac{p(\boldsymbol{x}, \boldsymbol{y}, \boldsymbol{z} \mid \boldsymbol{\Psi})}{p(\boldsymbol{z} \mid \boldsymbol{x}, \boldsymbol{\Psi}^{(t)}) p(\boldsymbol{y} \mid \boldsymbol{z}, \boldsymbol{x}, \boldsymbol{\Psi}^{(t)})} - \\ &\quad \sum_{\boldsymbol{z}} \sum_{\boldsymbol{y}} p(\boldsymbol{z} \mid \boldsymbol{x}, \boldsymbol{\Psi}^{(t)}) p(\boldsymbol{y} \mid \boldsymbol{z}, \boldsymbol{x}, \boldsymbol{\Psi}^{(t)}) \ln \frac{p(\boldsymbol{x}, \boldsymbol{y}, \boldsymbol{z} \mid \boldsymbol{\Psi}^{(t)})}{p(\boldsymbol{z} \mid \boldsymbol{x}, \boldsymbol{\Psi}^{(t)}) p(\boldsymbol{y} \mid \boldsymbol{z}, \boldsymbol{x}, \boldsymbol{\Psi}^{(t)})} \\ &= \sum_{\boldsymbol{z}} \sum_{\boldsymbol{y}} p(\boldsymbol{z} \mid \boldsymbol{x}, \boldsymbol{\Psi}^{(t)}) p(\boldsymbol{y} \mid \boldsymbol{z}, \boldsymbol{x}, \boldsymbol{\Psi}^{(t)}) \ln \frac{p(\boldsymbol{x}, \boldsymbol{y}, \boldsymbol{z} \mid \boldsymbol{\Psi})}{p(\boldsymbol{x}, \boldsymbol{y}, \boldsymbol{z} \mid \boldsymbol{\Psi}^{(t)})} \end{aligned} \tag{4.62}$$

将式(4.62)改写为

$$\begin{aligned} L(\boldsymbol{\Psi}) &\geqslant L(\boldsymbol{\Psi}^{(t)}) + \sum_{\boldsymbol{z}} \sum_{\boldsymbol{y}} p(\boldsymbol{z} \mid \boldsymbol{x}, \boldsymbol{\Psi}^{(t)}) p(\boldsymbol{y} \mid \boldsymbol{z}, \boldsymbol{x}, \boldsymbol{\Psi}^{(t)}) \ln \frac{p(\boldsymbol{x}, \boldsymbol{y}, \boldsymbol{z} \mid \boldsymbol{\Psi})}{p(\boldsymbol{x}, \boldsymbol{y}, \boldsymbol{z} \mid \boldsymbol{\Psi}^{(t)})} \\ &= L(\boldsymbol{\Psi}^{(t)}) + \sum_{\boldsymbol{z}} \sum_{\boldsymbol{y}} p(\boldsymbol{z} \mid \boldsymbol{x}, \boldsymbol{\Psi}^{(t)}) p(\boldsymbol{y} \mid \boldsymbol{z}, \boldsymbol{x}, \boldsymbol{\Psi}^{(t)}) \ln p(\boldsymbol{x}, \boldsymbol{y}, \boldsymbol{z} \mid \boldsymbol{\Psi}) - \\ &\quad \sum_{\boldsymbol{z}} \sum_{\boldsymbol{y}} p(\boldsymbol{z} \mid \boldsymbol{x}, \boldsymbol{\Psi}^{(t)}) p(\boldsymbol{y} \mid \boldsymbol{z}, \boldsymbol{x}, \boldsymbol{\Psi}^{(t)}) \ln p(\boldsymbol{x}, \boldsymbol{y}, \boldsymbol{z} \mid \boldsymbol{\Psi}^{(t)}) \end{aligned} \tag{4.63}$$

式中，包含模型参数 $\boldsymbol{\Psi}^{(t)}$ 的第一和第三项为常数，在最大化对数似然函数时可将常数项忽略，进而将不等式右侧项记为

$$\begin{aligned} Q(\boldsymbol{\Psi}, \boldsymbol{\Psi}^{(t)}) &= \sum_{\boldsymbol{z}} \sum_{\boldsymbol{y}} p(\boldsymbol{z} \mid \boldsymbol{x}, \boldsymbol{\Psi}^{(t)}) p(\boldsymbol{y} \mid \boldsymbol{z}, \boldsymbol{x}, \boldsymbol{\Psi}^{(t)}) \ln p(\boldsymbol{x}, \boldsymbol{y}, \boldsymbol{z} \mid \boldsymbol{\Psi}) \\ &= E[\ln p(\boldsymbol{x}, \boldsymbol{y}, \boldsymbol{z} \mid \boldsymbol{\Psi}) \mid \boldsymbol{x}, \boldsymbol{\Psi}^{(t)}] \end{aligned} \tag{4.64}$$

称式(4.64)为完全数据对数似然函数的条件期望。通过最大化函数 $Q(\boldsymbol{\Psi}, \boldsymbol{\Psi}^{(t)})$ 以达到最大化对数似然函数的目的，则层次化混合模型的模型参数估计值表示为

$$\begin{aligned} \hat{\boldsymbol{\Psi}} &= \underset{\boldsymbol{\Psi}}{\arg\max} \{ Q(\boldsymbol{\Psi}, \boldsymbol{\Psi}^{(t)}) \} \\ &= \underset{\boldsymbol{\Psi}}{\arg\max} \left\{ \sum_{\boldsymbol{z}} \sum_{\boldsymbol{y}} p(\boldsymbol{z} \mid \boldsymbol{x}, \boldsymbol{\Psi}^{(t)}) p(\boldsymbol{y} \mid \boldsymbol{z}, \boldsymbol{x}, \boldsymbol{\Psi}^{(t)}) \ln p(\boldsymbol{x}, \boldsymbol{y}, \boldsymbol{z} \mid \boldsymbol{\Psi}) \right\} \\ &= \underset{\boldsymbol{\Psi}}{\arg\max} \left\{ \sum_{\boldsymbol{z}} \sum_{\boldsymbol{y}} p(\boldsymbol{z} \mid \boldsymbol{x}, \boldsymbol{\Psi}^{(t)}) p(\boldsymbol{y} \mid \boldsymbol{z}, \boldsymbol{x}, \boldsymbol{\Psi}^{(t)}) \ln [p(\boldsymbol{x} \mid \boldsymbol{y}, \boldsymbol{z}, \boldsymbol{\Psi}) p(\boldsymbol{y} \mid \boldsymbol{z}, \boldsymbol{\Psi}) p(\boldsymbol{z} \mid \boldsymbol{\Psi})] \right\} \end{aligned} \tag{4.65}$$

根据 3.2 节中层次化混合模型理论，将式(4.65)进一步表示为

$$\begin{aligned} \hat{\boldsymbol{\Psi}} &= \underset{\boldsymbol{\Psi}}{\arg\max} \left\{ \sum_{i=1}^{n} \sum_{l=1}^{k} \sum_{j=1}^{m} p(\boldsymbol{z} \mid \boldsymbol{x}, \boldsymbol{\Psi}^{(t)}) p(\boldsymbol{y} \mid \boldsymbol{z}, \boldsymbol{x}, \boldsymbol{\Psi}^{(t)}) \ln [\pi_{li} w_{lij} p_{lj}(\boldsymbol{x}_i \mid \boldsymbol{\theta}_{lj})] \right\} \\ &= \underset{\boldsymbol{\Psi}}{\arg\max} \left\{ \sum_{i=1}^{n} \sum_{l=1}^{k} \sum_{j=1}^{m} p(\boldsymbol{z} \mid \boldsymbol{x}, \boldsymbol{\Psi}^{(t)}) p(\boldsymbol{y} \mid \boldsymbol{z}, \boldsymbol{x}, \boldsymbol{\Psi}^{(t)}) [\ln \pi_{li} + \ln w_{lij} + \ln p_{lj}(\boldsymbol{x}_i \mid \boldsymbol{\theta}_{lj})] \right\} \end{aligned} \tag{4.66}$$

利用式(4.64)条件期望 $Q(\boldsymbol{\Psi}, \boldsymbol{\Psi}^{(t)})$ 对模型参数求偏导数，并令偏导数等于 0，可推导出新的模型参数。

总结上述层次化混合模型的 EM 参数估计的实现过程，具体如下：

步骤 1：初始化模型参数 $\boldsymbol{\Psi}^{(t)}=\{\boldsymbol{\pi}^{(t)},\boldsymbol{w}^{(t)},\boldsymbol{\theta}^{(t)}\}$，令 $t=0$；

步骤 2：执行 E 步，分别计算目标区域和子区域的后验概率，即 $p(z|\boldsymbol{x},\boldsymbol{\Psi}^{(t)})$ 和 $p(\boldsymbol{y}|\boldsymbol{z},\boldsymbol{x},\boldsymbol{\Psi}^{(t)})$，计算完全数据对数似然函数的条件期望 $Q(\boldsymbol{\Psi},\boldsymbol{\Psi}^{(t)})$；

步骤 3：执行 M 步，最大化完全数据对数似然函数的条件期望 $Q(\boldsymbol{\Psi},\boldsymbol{\Psi}^{(t)})$，以估计出新的模型参数 $\boldsymbol{\Psi}^{(t+1)}=\{\boldsymbol{\pi}^{(t+1)},\boldsymbol{w}^{(t+1)},\boldsymbol{\theta}^{(t+1)}\}$；

步骤 4：计算第 t 和第 $t+1$ 次迭代中的对数似然函数 $L(\boldsymbol{\Psi}^{(t)})$ 和 $L(\boldsymbol{\Psi}^{(t+1)})$；

步骤 5：判断对数似然函数是否收敛，若收敛则结束迭代；否则，返回步骤 2，并令 $t=t+1$。

第 5 章　层次化混合模型高分辨率遥感影像分割

本章主要围绕基于层次化混合模型的高分辨率遥感影像分割算法和实验展开，包括基于HGMM、HmGMM、HmSMM 和 HGaMM 的遥感影像分割算法描述和分割实例。在算法描述中，阐述了各算法的分割模型构建、模型参数求解和算法具体流程；在分割实例中，阐述了各算法在遥感影像分割中的应用，并对实验结果进行定性和定量评价，以验证各分割算法的有效性和实用性。

5.1　基于 HGMM 的遥感影像分割

本节主要介绍基于 HGMM 的全色遥感影像分割的算法描述和分割实验，其中算法描述部分采用 HGMM 构建全色影像的统计模型，采用 MRF 建模组分权重先验分布，根据贝叶斯定理构建影像分割模型以及分割模型求解，并总结该算法的具体流程；分割实验部分采用 HGMM 算法对模拟全色影像和高分辨率遥感影像分割，包括分割结果和直方图拟合结果的定性分析、分割精度和拟合误差的定量分析，并采用传统混合模型分割算法进行对比分割实验，以验证 HGMM 算法的有效性。

5.1.1　基于 HGMM 的影像分割算法描述

将待分割的遥感影像表示为 $\boldsymbol{x}=\{x_i;i=1,2,\cdots,n\}$，其中 x_i 为像素 i 的光谱测度值，采用高斯分布定义层次化混合模型的分量。采用式(4.22)的 HGMM 建模像素光谱测度矢量 x_i 的条件概率分布，假设 x_i 的条件概率分布相互独立，则通过对式(4.22)各像素光谱测度条件概率分布连乘，得到其联合条件概率分布表示为

$$p(\boldsymbol{x}\mid\boldsymbol{\Psi})=\prod_{i=1}^{n}p(x_i\mid\boldsymbol{\Psi}_i)=\prod_{i=1}^{n}\left\{\sum_{l=1}^{k}\pi_{li}\left[\sum_{j=1}^{m}w_{lij}\ (2\pi\sigma_{lj}^2)^{-1/2}\exp\left(-\frac{(x_i-\mu_{lj})^2}{2{\sigma_{lj}}^2}\right)\right]\right\} \tag{5.1}$$

式中，模型参数集表示为 $\boldsymbol{\Psi}=\{\boldsymbol{\pi},\boldsymbol{w},\boldsymbol{\mu},\boldsymbol{\sigma}^2\}$；$\boldsymbol{\pi}=\{\pi_{li};l=1,2,\cdots,k,i=1,2,\cdots,n\}$为组分权重集合；$\boldsymbol{w}=\{w_{lij};l=1,2,\cdots,k,i=1,2,\cdots,n,j=1,2,\cdots,m\}$为分量权重集合；$\boldsymbol{\mu}=\{\mu_{lj};l=1,2,\cdots,k,j=1,2,\cdots,m\}$为均值集合；$\boldsymbol{\sigma}^2=\{{\sigma_{lj}}^2;l=1,2,\cdots,k,j=1,2,\cdots,m\}$为方差集合。称式(5.1)为基于 HGMM 的全色遥感影像统计模型。

为了将像素空间位置关系引入分割模型，采用式(2.27)的高斯 MRF 建模 HGMM 组分权重的先验分布，以降低影像噪声对分割结果的影响。为了实现自适应平滑噪声，通过最大化组分权重概率分布可得到平滑系数的表达式，即

$$({\eta_l}^{(t+1)})^2=\frac{1}{n}\sum_{i=1}^{n}\left[\sum_{i'\in\boldsymbol{N}_i}({\pi_{li}}^{(t)}-{\pi_{li'}}^{(t)})\right]^2 \tag{5.2}$$

式中，η_l 由上一次迭代中组分权重计算，可避免设定固定数值所产生的分割误差。

根据贝叶斯定理，结合式(5.1)基于 HGMM 的影像统计模型和式(2.27)组分权重先验分

布可构建模型参数后验分布，得到基于 HGMM 的影像分割模型，表示为

$$
\begin{aligned}
p(\boldsymbol{w},\boldsymbol{\mu},\boldsymbol{\sigma} \mid \boldsymbol{\pi},\boldsymbol{x}) &\propto p(\boldsymbol{\pi},\boldsymbol{w},\boldsymbol{\mu},\boldsymbol{\sigma} \mid \boldsymbol{x})p(\boldsymbol{\pi}) \\
&= \prod_{i=1}^{n}\left\{\sum_{l=1}^{k}\pi_{li}\left[\sum_{j=1}^{m}w_{lij}\ (2\pi\sigma_{lj}^{2})^{-1/2}\exp\left(-\frac{(x_i-\mu_{lj})^2}{2\sigma_{lj}{}^{2}}\right)\right]\right\}\times \\
&\quad \prod_{l=1}^{k}\eta_l^{-n}\exp\left[-\frac{1}{2\eta_l^2}\sum_{i=1}^{n}\left(\sum_{i'\in \mathbf{N}_i}(\pi_{li}-\pi_{li'})\right)^2\right]
\end{aligned}
\tag{5.3}
$$

在模型参数求解中，结合 EM 和 M-H 方法估计和优化式(5.3)基于 HGMM 的影像分割模型的参数。其中，分量权重、均值矢量和协方差可显式表达，为了保证算法的高效性，采用 EM 方法推导出上述参数的表达式；考虑到像素空间位置关系使得组分权重难以显式表达，因此设计 M-H 方法模拟影像分割模型以优化组分权重。

对式(5.3)基于 HGMM 的影像分割模型取对数并忽略与待求的分量权重、均值矢量和协方差无关的项（即组分权重的先验分布项），得到对数似然函数，表示为

$$
\begin{aligned}
L(\boldsymbol{w},\boldsymbol{\mu},\boldsymbol{\sigma}) &= \ln p(\boldsymbol{w},\boldsymbol{\mu},\boldsymbol{\sigma} \mid \boldsymbol{x},\boldsymbol{\pi}) \\
&= \sum_{i=1}^{n}\ln\left\{\sum_{l=1}^{k}\pi_{li}\left[\sum_{j=1}^{m}w_{lij}\ (2\pi\sigma_{lj}^{2})^{-1/2}\exp\left(-\frac{1}{2\sigma_{lj}{}^{2}}\ (x_i-\mu_{lj})^2\right)\right]\right\}
\end{aligned}
\tag{5.4}
$$

在 EM 方法的 E 步中，给定第 t 次迭代的模型参数 $\boldsymbol{\Psi}^{(t)}=\{\boldsymbol{\pi}^{(t)},\boldsymbol{w}^{(t)},\boldsymbol{\mu}^{(t)},(\boldsymbol{\sigma}^{(t)})^2\}$，根据贝叶斯定理，可得到像素 i 隶属于目标区域 l 的后验概率，表示为

$$
\begin{aligned}
u_{li}{}^{(t)} &= \frac{\pi_{li}{}^{(t)}\,p_l(\boldsymbol{x}_i \mid \boldsymbol{\Omega}_l{}^{(t)})}{\sum_{l'=1}^{k}\pi_{l'i}{}^{(t)}\,p_l(\boldsymbol{x}_i \mid \boldsymbol{\Omega}_{l'}{}^{(t)})} \\
&= \frac{\pi_{li}{}^{(t)}\sum_{j=1}^{m}w_{lij}{}^{(t)}\ (2\pi\sigma_{lj}^{2})^{-1/2}\exp\left(-\frac{1}{2\sigma_{lj}{}^{2}}\ (x_i-\mu_{lj})^2\right)}{\sum_{l'=1}^{k}\pi_{l'i}{}^{(t)}\sum_{j=1}^{m}w_{l'ij}{}^{(t)}\ (2\pi\sigma_{l'j}^{2})^{-1/2}\exp\left(-\frac{1}{2\sigma_{l'j}{}^{2}}\ (x_i-\mu_{l'j})^2\right)}
\end{aligned}
\tag{5.5}
$$

同理，根据贝叶斯定理，可得到像素 i 隶属于目标区域 l 中子区域 j 的后验概率，表示为

$$
v_{lij}{}^{(t)} = \frac{w_{lij}{}^{(t)}\,p_{lj}(\boldsymbol{x}_i \mid \boldsymbol{\theta}_{lj}{}^{(t)})}{\sum_{j'=1}^{m}w_{lij'}{}^{(t)}\,p_{lj}(\boldsymbol{x}_i \mid \boldsymbol{\theta}_{lj'}{}^{(t)})} = \frac{w_{lij}{}^{(t)}\ (2\pi\sigma_{lj}^{2})^{-1/2}\exp\left(-\frac{1}{2\sigma_{lj}{}^{2}}\ (x_i-\mu_{lj})^2\right)}{\sum_{j'=1}^{m}w_{lij'}{}^{(t)}\ (2\pi\sigma_{lj'}^{2})^{-1/2}\exp\left(-\frac{1}{2\sigma_{lj'}{}^{2}}\ (x_i-\mu_{lj'})^2\right)}
\tag{5.6}
$$

由式(5.5)和式(5.6)可知，后验概率满足条件 $\sum_{l=1}^{k}u_{li}=1$ 和 $\sum_{j=1}^{m}v_{lij}=1$ 。根据Jensen不等式，并结合式(5.5)和式(5.6)的后验概率，得到关于式(5.4)对数似然函数的不等式，表示为

$$
L(\boldsymbol{w},\boldsymbol{\mu},\boldsymbol{\sigma}) \geqslant \sum_{i=1}^{n}\sum_{l=1}^{k}u_{li}{}^{(t)}\left\{\ln\pi_{li}{}^{(t)}+\sum_{j=1}^{m}v_{lij}{}^{(t)}\ln\left[w_{lij}\ (2\pi\sigma_{lj}^{2})^{-1/2}\exp\left(-\frac{1}{2\sigma_{lj}^{2}}\ (x_i-\mu_{lj})^2\right)\right]\right\}
\tag{5.7}
$$

式中，不等式右侧项为对数似然函数的下界函数，当且仅当待求参数为极值点时，等号成立。通过最大化该下界函数，进而可最大化对数似然函数。因此，将最大化对数似然函数转化为最大化其下界函数，将该下界函数作为新的目标函数，即

$$
Q(\boldsymbol{w},\boldsymbol{\mu},\boldsymbol{\sigma}) = \sum_{i=1}^{n}\sum_{l=1}^{k}u_{li}{}^{(t)}\left\{\ln\pi_{li}{}^{(t)}+\sum_{j=1}^{m}v_{lij}{}^{(t)}\left[\ln w_{lij}-\frac{1}{2}\ln(2\pi\sigma_{lj}^{2})-\frac{1}{2\sigma_{lj}^{2}}\ (x_i-\mu_{lj})^2\right]\right\}
\tag{5.8}
$$

在 EM 方法的 M 步中，最大化目标函数 $Q(\boldsymbol{w},\boldsymbol{\mu},\boldsymbol{\sigma})$ 估计分量权重、均值和方差。由于分量权重需满足约束条件 $\sum_{j=1}^{m}w_{lij}=1$ ，因此采用拉格朗日乘数法构建关于分量权重的带约束

条件目标函数，表示为

$$Q_w(\boldsymbol{w}) = Q(\boldsymbol{w},\boldsymbol{\mu},\boldsymbol{\sigma}) + \sum_{i=1}^{n}\sum_{l=1}^{k}\rho_{li}\left(\sum_{j=1}^{m} w_{lij} - 1\right) \tag{5.9}$$

式中，ρ_{li}为拉格朗日乘子。利用式(5.9)目标函数分别对 w_{lij} 和 ρ_{li} 求偏导，并令导数为 0，得到分量权重表达式，写为

$$w_{lij}^{(t+1)} = \frac{v_{lij}^{(t)}}{\sum_{j=1}^{m} v_{lij}^{(t)}} \tag{5.10}$$

利用式(5.8)目标函数分别对均值 μ_{lj} 和方差 σ_{lj}^2 求偏导，并令导数为 0，可得到均值和方差的表达式，分别表示为

$$\mu_{lj}^{(t+1)} = \frac{\sum_{i=1}^{n} u_{li}^{(t)} v_{lij}^{(t)} x_i}{\sum_{i=1}^{n} u_{li}^{(t)} v_{lij}^{(t)}} \tag{5.11}$$

$$(\sigma_{lj}^{(t+1)})^2 = \frac{\sum_{i=1}^{n} u_{li}^{(t)} v_{lij}^{(t)} (x_i - \mu_{lj}^{(t+1)})^2}{\sum_{i=1}^{n} u_{li}^{(t)} v_{lij}^{(t)}} \tag{5.12}$$

在采用 EM 方法估计出第 $t+1$ 次迭代中的分量权重 $w_{lij}^{(t+1)}$、均值 $\mu_{lj}^{(t+1)}$ 和方差 $(\sigma_{lj}^{(t+1)})^2$ 后，采用 M-H 方法模拟基于 HGMM 的影像分割模型，设计更新组分权重操作以优化该参数。

令第 t 次迭代中组分权重集表示为 $\boldsymbol{\pi}^{(t)} = \{\boldsymbol{\pi}_1^{(t)},\cdots,\boldsymbol{\pi}_i^{(t)},\cdots,\boldsymbol{\pi}_n^{(t)}\}$，随机选取像素索引 $i \in \{1,2,\cdots,n\}$，在像素 i 组分权重集 $\boldsymbol{\pi}_i^{(t)} = \{\pi_{1i}^{(t)},\cdots,\pi_{li}^{(t)},\cdots,\pi_{ki}^{(t)}\}$ 中随机选取 $\pi_{li}^{(t)}$ 为待更新组分权重。将组分权重 $\pi_{li}^{(t)}$ 更新为 $\pi_{li}^{(t)} + \pi_v$，其中 $\pi_v \in [0,1]$ 为权重增量。为了满足组分权重的约束条件 $\sum_{l=1}^{k}\pi_{li} = 1$，对像素 i 的候选组分权重集 $\{\pi_{1i}^{(t)},\cdots,(\pi_{li}^{(t)}+\pi_v),\cdots,\pi_{ki}^{(t)}\}$ 做归一化处理，表示为

$$\boldsymbol{\pi}_i^* = \{\pi_{1i}^*,\cdots,\pi_{li}^*,\cdots,\pi_{ki}^*\} = \left\{\frac{\pi_{1i}^{(t)}}{1+\pi_v},\cdots,\frac{\pi_{li}^{(t)}+\pi_v}{1+\pi_v},\cdots,\frac{\pi_{ki}^{(t)}}{1+\pi_v}\right\} \tag{5.13}$$

进而，候选组分权重集表示为 $\boldsymbol{\pi}^* = \{\boldsymbol{\pi}_1,\cdots,\boldsymbol{\pi}_i^*,\cdots,\boldsymbol{\pi}_n\}$，则候选组分权重的接受率表示为 $a(\boldsymbol{\pi}^{(t)},\boldsymbol{\pi}^*) = \min\{1,R\}$。根据最大化后验分布准则，利用式(5.4)和更新前后的组分权重计算 R，表示为

$$\begin{aligned}
R &= \frac{p(\boldsymbol{x} \mid \boldsymbol{\pi}^*,\boldsymbol{w}^{(t)},\boldsymbol{\theta}^{(t)})}{p(\boldsymbol{x} \mid \boldsymbol{\pi}^{(t)},\boldsymbol{w}^{(t)},\boldsymbol{\theta}^{(t)})} \times \frac{p(\boldsymbol{\pi}^*)}{p(\boldsymbol{\pi}^{(t)})} \\
&= \frac{\prod_{i=1}^{n}\left[\sum_{l=1}^{k}\pi_{li}^*\sum_{j=1}^{m} w_{lij}^{(t)}\,(2\pi\,(\sigma_{lj}^{(t)})^2)^{-1/2}\exp\left(-\frac{1}{2\,(\sigma_{lj}^{(t)})^2}(x_i-\mu_{lj}^{(t)})^2\right)\right]}{\prod_{i=1}^{n}\left[\sum_{l=1}^{k}\pi_{li}^{(t)}\sum_{j=1}^{m} w_{lij}^{(t)}\,(2\pi\,(\sigma_{lj}^{(t)})^2)^{-1/2}\exp\left(-\frac{1}{2\,(\sigma_{lj}^{(t)})^2}(x_i-\mu_{lj}^{(t)})^2\right)\right]} \times \\
&\quad \frac{\prod_{l=1}^{k}\exp\left\{-\frac{1}{2\,(\eta_l^{(t)})^2}\sum_{i=1}^{n}\left(\sum_{i'\in \boldsymbol{N}_i}(\pi_{li}^* - \pi_{li'}^*)\right)^2\right\}}{\prod_{l=1}^{k}\exp\left\{-\frac{1}{2\,(\eta_l^{(t)})^2}\sum_{i=1}^{n}\left(\sum_{i'\in \boldsymbol{N}_i}(\pi_{li}^{(t)} - \pi_{li'}^{(t)})\right)^2\right\}}
\end{aligned} \tag{5.14}$$

当候选组分权重接受率等于 1 时，则接受候选组分权重集，即 $\boldsymbol{\pi}^{(t+1)}=\boldsymbol{\pi}^{*}$；否则，保持当前组分权重不变，即 $\boldsymbol{\pi}^{(t+1)}=\boldsymbol{\pi}^{(t)}$。

在迭代中进行模型参数求解，最终得到最优的模型参数。利用最优模型参数通过式(5.5)计算目标区域类属后验概率 u_{li}，通过最大化后验概率得到各像素的目标区域标号，表示为

$$z_i=\underset{l\in\{1,2,\cdots,k\}}{\operatorname{argmax}}\{u_{li}\} \tag{5.15}$$

综上，总结基于 HGMM 的全色遥感影像分割算法的具体实现过程，如图 5.1 所示。

输入：组分数 k，分量数 m，迭代次数 IT，收敛误差 e。

输出：像素类属性标号。

步骤 1：初始化模型参数集 $\boldsymbol{\Psi}^{(t)}$：组分权重 $\pi_{li}{}^{(t)}$、分量权重 $w_{lij}{}^{(t)}$、均值 $\mu_{lj}{}^{(t)}$ 和方差 $(\sigma_{lj}{}^{(t)})^2$，令迭代索引 $t=0$；

步骤 2：利用式(5.5)和式(5.6)计算后验概率 $u_{li}{}^{(t)}$ 和 $v_{lij}{}^{(t)}$；

步骤 3：利用式(5.2)计算平滑系数 $\eta_e^{(t)}$，利用式(5.10)～式(5.12)分别计算第 $t+1$ 次迭代中分量权重 $w_{lij}{}^{(t+1)}$、均值 $\mu_{lj}{}^{(t+1)}$ 和协方差 $(\sigma_{lj}{}^{(t+1)})^2$；

步骤 4：执行更新组分权重操作，利用式(5.14)计算候选组分权重接受率，并得到组分权重 $\pi_{li}{}^{(t+1)}$，进而得到新的模型参数集 $\boldsymbol{\Psi}^{(t+1)}$；

步骤 5：根据式(5.3)利用模型参数集合 $\boldsymbol{\Psi}^{(t)}$ 和 $\boldsymbol{\Psi}^{(t+1)}$ 分别计算似然函数 $L(\boldsymbol{\Psi}^{(t)})$ 和 $L(\boldsymbol{\Psi}^{(t+1)})$；

步骤 6：若对数似然函数收敛，即 $|L(\boldsymbol{\Psi}^{(t+1)})-L(\boldsymbol{\Psi}^{(t)})|<e$，或达到最大迭代次数，即 $t\geqslant$ IT，则停止迭代，否则返回步骤 2，且 $t=t+1$。

步骤 7：利用式(5.15)获得像素标号，即分割结果。

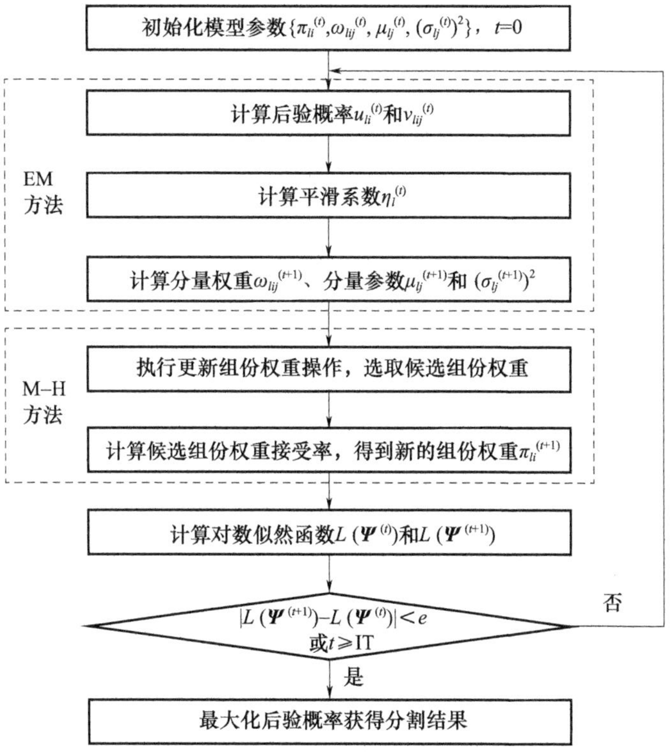

图 5.1　基于 HGMM 的全色遥感影像分割流程图

5.1.2 基于 HGMM 的全色遥感影像分割实例

在高分辨率全色遥感影像分割实验中，采用 HGMM 算法对模拟全色和高分辨率全色遥感影像进行分割实验，将 HGMM 算法的参数设置如下，其中分量数为 3，迭代数为 1000，收敛误差为 0.0001。采用 GMM 算法和 SMM 算法进行对比分割实验，定性和定量地分析实验结果，以验证 HGMM 算法对全色遥感影像分割的有效性。其中，GMM 算法（Nguyen et al.，2013b）采用 GMM 建模影像内像素光谱测度的统计分布，进而构建模型参数的似然函数作为影像统计模型，利用基于平滑因子的 Gibbs 分布建模组分权重先验分布以考虑到像素空间位置关系，根据贝叶斯理论构建模型参数后验分布作为影像分割模型，并采用 EM 方法求解影像分割模型，以推导出模型参数表达式；SMM 算法（Nguyen et al.，2012）采用 SMM 建模影像内像素光谱测度的统计分布，进而构建出影像统计模型，采用 MRF 构建组分权重先验分布，根据贝叶斯定理构建出影像分割模型，并采用 GD 方法优化模型参数。

5.1.2.1 模拟全色影像分割

为了验证 HGMM 算法的有效性，制作包含三个同质区域的模板影像，见图 5.2(a)，其中标号 1～3 表示不同的同质区域索引，且各同质区域之间的边界曲折，可验证 HGMM 算法对圆滑曲线边界区域的分割性能。表 5.1 列出了生成模拟全色影像的参数，包含三个组分参数对应生成模板影像中三个区域内的像素光谱测度，且每个组分包含两组高斯分量参数（包括分量权重 w_{lj}、均值 u_{lj} 和标准差 b_{lj}）。依据模板影像利用表 5.1 参数生成模拟全色影像，见图 5.2(b)，该模拟全色影像各目标区域内 40% 的像素光谱测度由高斯分量 1 生成，60% 的像素光谱测度由高斯分量 2 生成，所生成的像素光谱测度随机分布于对应目标区域内，因此各目标区域内像素光谱测度差异性较大，可模拟出高分辨率全色遥感影像的光谱特点。

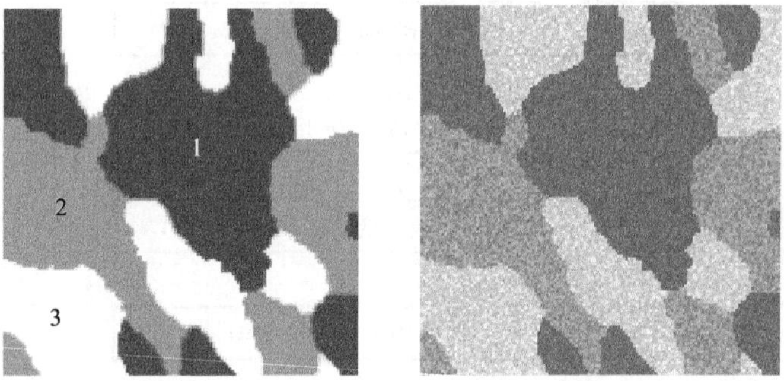

(a) 模板影像　　(b) 模拟全色影像

图 5.2　模板影像和模拟全色影像

表 5.1　生成模拟全色影像的参数

参数	组分 1(l=1)		组分 2(l=2)		组分 3(l=3)	
	高斯分量 1(j=1)	高斯分量 2(j=2)	高斯分量 1(j=1)	高斯分量 2(j=2)	高斯分量 1(j=1)	高斯分量 2(j=2)
w_{lj}	0.4	0.6	0.4	0.6	0.4	0.6
μ_{lj}	50	70	120	160	190	220
σ_{lj}	7	10	20	9	8	10

为了验证模拟全色影像各目标区域内像素光谱测度统计分布具有复杂特性，绘制模拟全色影像各目标区域的灰度直方图，见图 5.3，其中横坐标和纵坐标分别为像素光谱测度及其频数，灰色柱状图为灰度直方图，其中区域 1 的灰度直方图具有尖峰和非对称特性，区域 2 的灰度直方图具有左侧重尾和双峰特性，区域 3 的灰度直方图具有非对称和双峰特性，且左侧峰值具有尖峰特性。

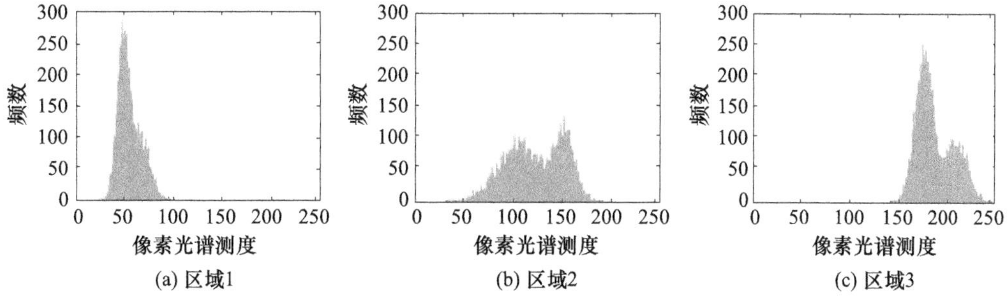

图 5.3 模拟全色影像各区域的灰度直方图

综上分析，该模拟全色影像各目标区域内像素光谱测度统计分布具有复杂的统计特性，进而整幅模拟全色影像的灰度直方图具有复杂的统计特性，且各区域内光谱测度异质性较强，可有效验证提取分割算法的建模能力和分割准确性。

采用 GMM 算法、SMM 算法和 HGMM 算法对模拟全色影像进行分割实验，实验结果见图 5.4。图 5.4(a)～(c)分别为 GMM 算法、SMM 算法和 HGMM 算法的分割结果。在 GMM 算法的分割结果中，区域 1(黑色)内存在大量灰色误分割像素，区域 2(灰色)内存在大量白色误分割像素。在 SMM 算法的分割结果中，区域 2 内存在较多白色和黑色误分割像素。在 HGMM 算法的分割结果中，各目标区域内几乎不存在误分割像素，且 HGMM 算法可将各目标区域准确分割开。为了更直观地评价上述分割结果，提取分割结果中各区域之间的轮廓线叠加在模拟全色影像上，叠加结果见图 5.4(d)～(f)。在 GMM 算法的轮廓线叠加结果中，区域 1 和区域 2 内存在大量白色误分割像素，而区域 3(白色)内几乎不存在白色误分割像素。在 SMM 算法的轮廓线叠加结果中，区域 1 和 3 的白色轮廓线与模拟全色影像中区域 1 和 3 的边界较好地重合在一起，而区域 2 内存在大量白色的误分割像素。在 HGMM 算法的轮廓线叠加结果中，各区域的轮廓与模拟全色影像中各目标区域的边界很好地重合在一起，且几乎不存在误分割像素。综上分析，HGMM 算法可准确地分割模拟全色影像。

为了定量评价模拟全色影像的分割结果，以模板影像作为标准分割结果，利用模板影像和分割结果分别计算各目标区域的产品精度和用户精度，以及整幅分割结果的总精度和 kappa 值，见表 5.2。从 GMM 算法和 SMM 算法的分割精度可知，各目标区域的最低分割精度均为区域 2 的用户精度，为 76.50%，这是由于分割结果中区域 2 内大量像素被错误地分割给其他区域。GMM 算法和 SMM 算法的总分割精度分别为 87.07%和 92.94%，因此 SMM 算法分割结果的分割精度优于 GMM 算法。从 HGMM 算法分割精度可知，各目标区域的产品精度和用户精度均在 99%以上，说明 HGMM 算法可准确分割开模拟全色影像的各目标区域，且优于 GMM 算法和 SMM 算法各目标区域的产品精度和用户精度。HGMM 算法的总精度为 99.64%，比 GMM 算法和 SMM 算法的总精度分别高 12.57%和 6.70%；HGMM 算法的 kappa值为 0.99，比 GMM 算法和 SMM 算法的 kappa 值分别高 0.18 和 0.10。综上分析，HGMM 算法可准确分割模拟全色影像，并获得高精度的分割结果。

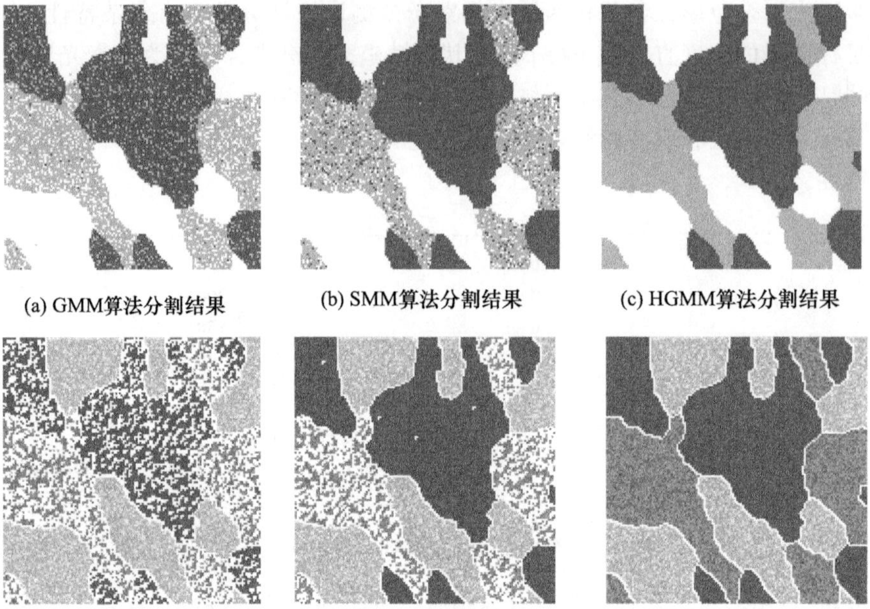

(a) GMM算法分割结果　(b) SMM算法分割结果　(c) HGMM算法分割结果

(d) GMM算法叠加结果　(e) SMM算法叠加结果　(f) HGMM算法叠加结果

图 5.4　模拟全色影像的实验结果

表 5.2　模拟全色影像分割结果的精度

算法	精度	区域 1	区域 2	区域 3
GMM 算法	产品精度%	99.34	79.41	82.56
	用户精度/%	84.44	76.50	99.95
	总精度/%	87.07		
	kappa 值	0.81		
SMM 算法	产品精度/%	93.29	99.81	88.25
	用户精度/%	99.91	76.50	99.97
	总精度/%)	92.94		
	kappa 值	0.89		
HGMM 算法	产品精度/%	99.78	99.54	99.60
	用户精度/%	99.78	99.52	99.63
	总精度/%	99.64		
	kappa 值	0.99		

为了验证 HGMM 算法的统计建模能力，采用 GMM 算法、SMM 算法和 HGMM 算法拟合模拟全色影像各目标区域的灰度直方图，拟合结果见图 5.5。图中横坐标和纵坐标分别为像素光谱测度及其频数，灰色区域为各目标区域的灰度直方图，实色曲线分别为 GMM 组分、SMM 组分和 HGMM 组分，虚线为 HGMM 分量。从图 5.5(a)～(c)可看出，高斯分布为对称单峰分布，难以拟合非对称、重尾和双峰的灰度直方图。从图 5.5(d)～(f)可看出，虽然学生 t 分布具有重尾特性，但仍难以拟合非对称和双峰等复杂特性的灰度直方图。从图 5.5(g)～(i)可看出，采用两组高斯分量概率分布加权和构建的 HGMM 组分可准确拟合模拟灰度影像中各目标区域的非对称、重尾、尖峰和双峰特性的灰度直方图。综上分析，HGMM 算法具有准确建模像素光谱测度复杂统计分布的能力。

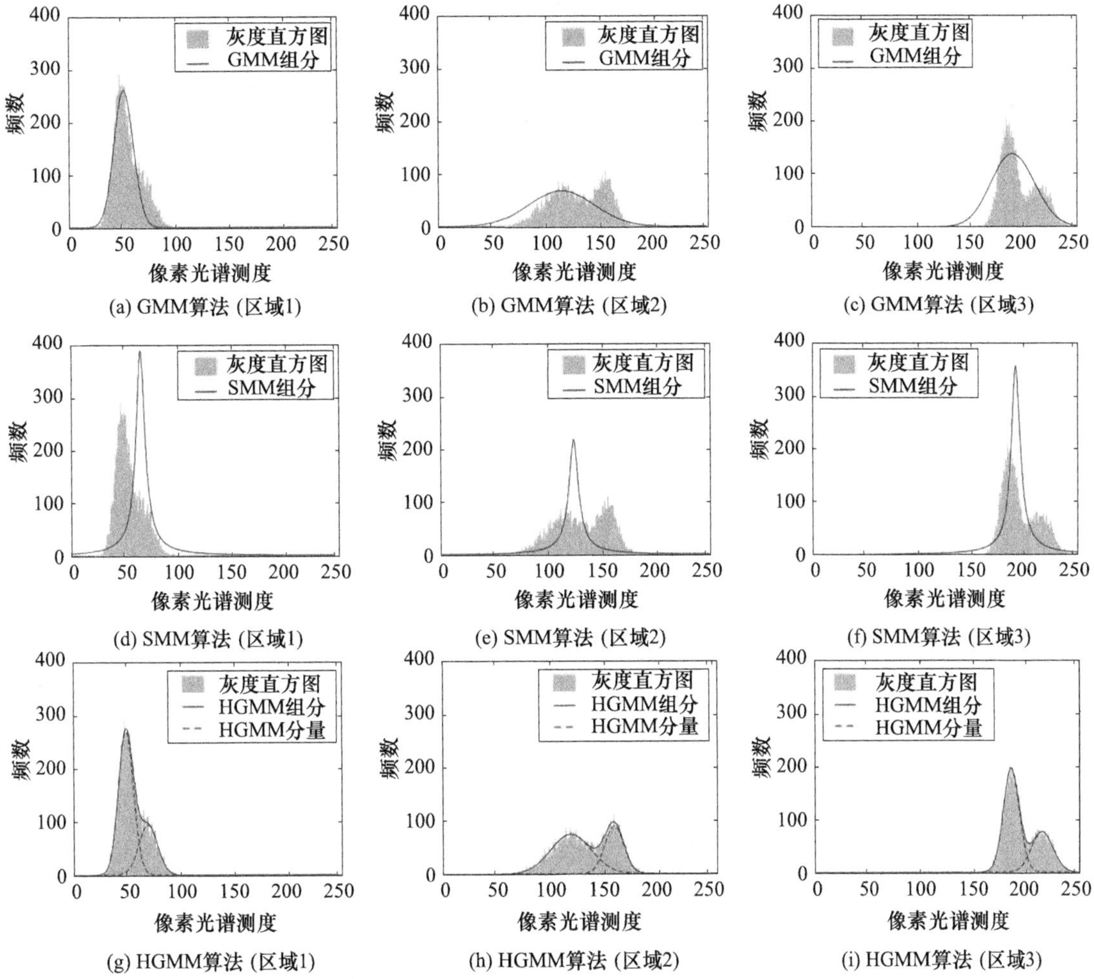

图 5.5　模拟全色影像各区域的灰度直方图拟合结果

为了定量评价 HGMM 算法拟合模拟全色影像灰度直方图的拟合结果，分别计算各目标区域灰度直方图和整幅灰度直方图的拟合误差，并绘制对应的柱状图(图 5.6)，拟合误差见表 5.3。GMM 算法、SMM 算法和 HGMM 算法各区域拟合误差分别在 4.88%到 5.92%、9.73%到 15.50%和 1.17%到 1.38%。从拟合误差柱状图可直观看出，SMM 算法的拟合误差最高，而 HGMM 算法的拟合误差最低，其中 HGMM 算法的整幅灰度直方图拟合误差比 GMM 算法和 SMM 算法分别低 1.86%和 6.92%。综上分析，HGMM 算法可获得最优的拟合精度。

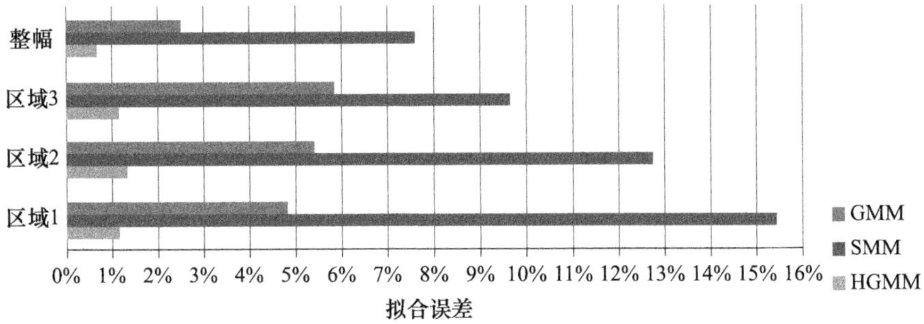

图 5.6　模拟全色影像灰度直方图拟合误差及其柱状图

表 5.3 模拟全色影像灰度直方图拟合误差

算法	拟合误差/%			
	区域 1	区域 2	区域 3	整幅
GMM	4.88	5.44	5.92	2.58
SMM	15.50	12.83	9.73	7.64
HGMM	1.19	1.38	1.17	0.72

5.1.2.2 全色遥感影像分割

图 5.7 为高分辨率全色遥感影像，其中图 5.7(a)～(c)和(f)为 256×256 像素大小，来源于 Cartosat1 卫星的 0.8 m 空间分辨率遥感影像；图 5.7(d)为 256×256 像素大小，来源于 EROS-B卫星的 0.7 m 空间分辨率遥感影像；图 5.7(e)和(h)分别为 256×256 和 500×500 像素大小，来源于 Worldview1 卫星的 0.5 m 空间分辨率遥感影像；图 5.7(g)为 500×500 像素大小，来源于Cartosat1卫星的 0.8 m 空间分辨率遥感影像。图 5.7(a)～(c)、(f)和(g)中主要地物为耕地，由于耕地区域内农作物类型比较多且复杂，导致像素光谱测度差异性较大；图 5.7(d)、(e)和(h)中主要包括道路、房屋建筑、草坪或树木和广场等地物，地物类型具有多样性和复杂性。

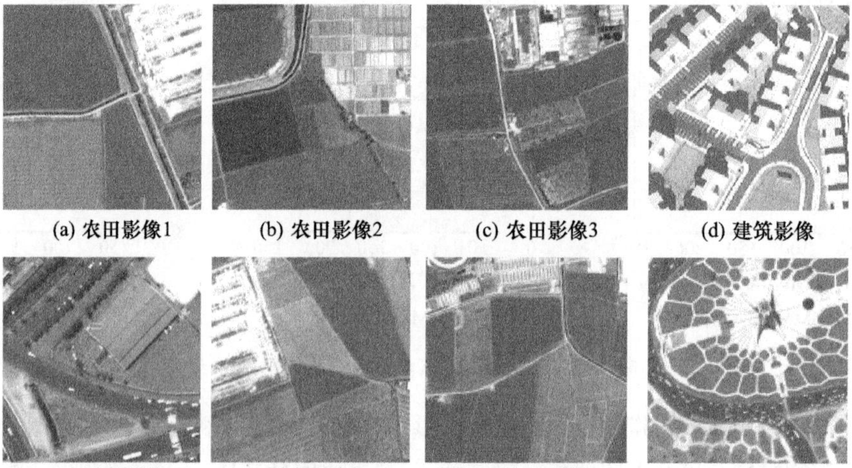

(a) 农田影像1　(b) 农田影像2　(c) 农田影像3　(d) 建筑影像

(e) 城市影像　(f) 农田影像4　(g) 农田影像5　(h) 广场影像

图 5.7 高分辨率全色遥感影像

通过目视解译绘制高分辨率全色遥感影像的同质区域影像作为标准分割影像，见图 5.8(a)～(h)，其中标号 1～4 索引不同的目标区域。该标准分割影像用于定量评价高分辨率全色遥感影像的分割结果。

采用 GMM 算法、SMM 算法和 HGMM 算法分割高分辨率全色遥感影像，分割结果见图 5.9、图 5.10 和图 5.11。结合目视解译和高分辨率遥感影像灰度直方图的峰值数，将各影像的目标区域数分别设为 3、3、3、3、4、4、3 和 3。从 GMM 算法的分割结果可知，图中存在不同程度的误分割像素，且各目标区域之间的轮廓比较模糊，对于像素光谱测度差异性较大的目标区域，其分割结果中存在较多的误分割像素，如图 5.9 的(c)、(f)和(g)中耕地区域；对于地物类型比较多样且复杂的目标区域，GMM 算法易受像素光谱测度的影响，导致分割结果中存在较多误分割像素，且各目标区域之间的轮廓比较模糊，难以将各目标区域分割开，见图5.9(e)。从 SMM 算法的分割结果可知，图中同样存在较多误分割像素，尤其是像素光谱测度差异性较大的目标区域,如图 5.10(b)下侧耕地区域和图 5.10(f)下侧耕地区域。

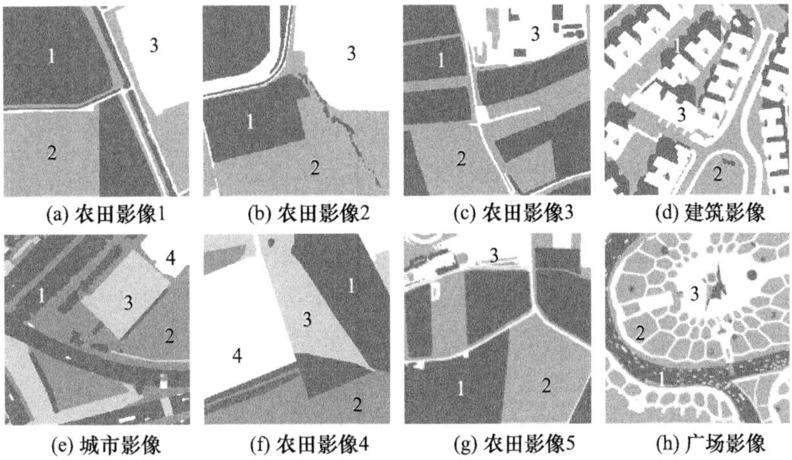

(a) 农田影像1　(b) 农田影像2　(c) 农田影像3　(d) 建筑影像

(e) 城市影像　(f) 农田影像4　(g) 农田影像5　(h) 广场影像

图 5.8　高分辨率全色遥感影像的标准分割影像

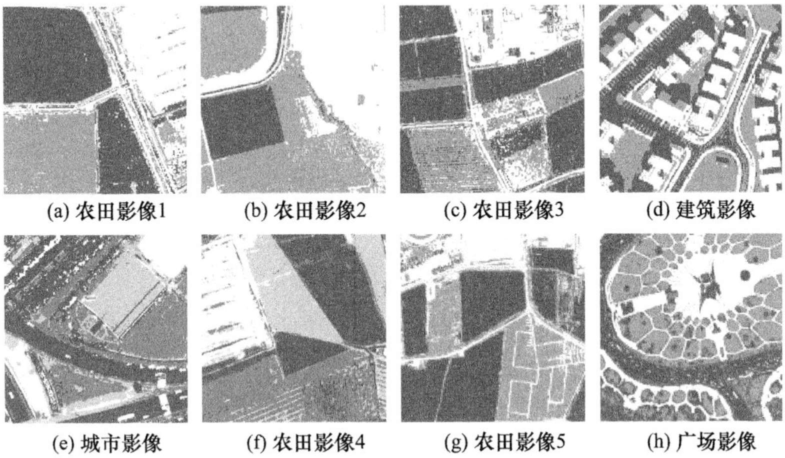

(a) 农田影像1　(b) 农田影像2　(c) 农田影像3　(d) 建筑影像

(e) 城市影像　(f) 农田影像4　(g) 农田影像5　(h) 广场影像

图 5.9　GMM 算法分割高分辨率全色遥感影像的结果

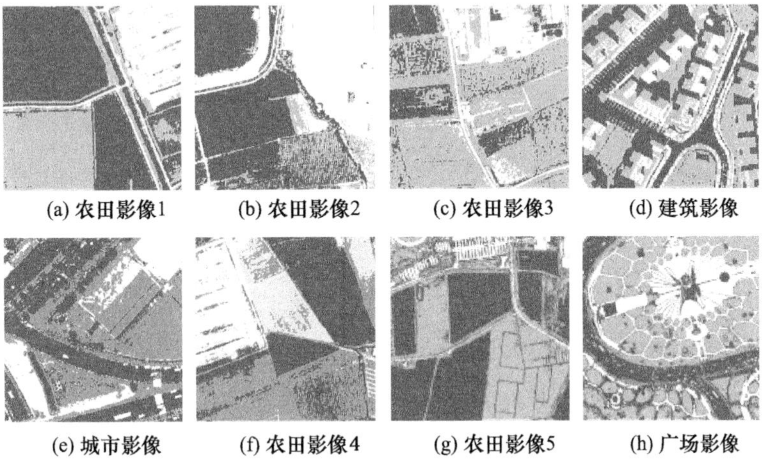

(a) 农田影像1　(b) 农田影像2　(c) 农田影像3　(d) 建筑影像

(e) 城市影像　(f) 农田影像4　(g) 农田影像5　(h) 广场影像

图 5.10　SMM 算法分割高分辨率全色遥感影像的结果

综上分析,GMM 算法和 SMM 算法难以获得最优的高分辨率遥感影像分割结果。从

HGMM 算法分割结果可知，HGMM 算法可将高分辨率全色遥感影像各目标区域较好地分割开。对于像素光谱测度差异性比较大的耕地影像以及地物类型比较多样且复杂的城市影像，HGMM 算法均可获得较好的分割结果，见图 5.11(c)、(e)和(f)。这是由于 HGMM 算法结合 HGMM 和 MRF 建模影像分割模型，可有效利用像素光谱和位置信息以克服高分辨率遥感影像内像素光谱测度差异性较大的影响。另外，HGMM 算法可较好地保存影像中地物目标的细节信息，如图 5.11(h)内道路上停靠的车辆。HGMM 算法可以获得最优的高分辨率遥感影像分割结果。为了更加直观地评价 HGMM 算法的分割结果，提取图 5.11 分割结果中各区域之间的轮廓线叠加在高分辨率全色遥感影像上，轮廓线叠加结果见图 5.12，可直观地看出，分割结果各区域轮廓线与高分辨率遥感影像中各目标区域的边界较好地重合一起，这表明 HGMM 算法可准确地将全色遥感影像各目标区域分割开。HGMM 算法在分割高分辨率全色遥感影像上具有较好的分割性能。

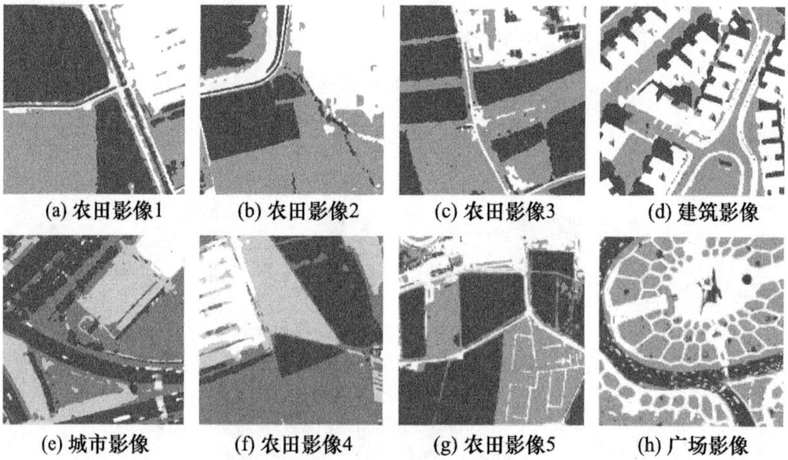

图 5.11　HGMM 算法分割高分辨率全色遥感影像的结果

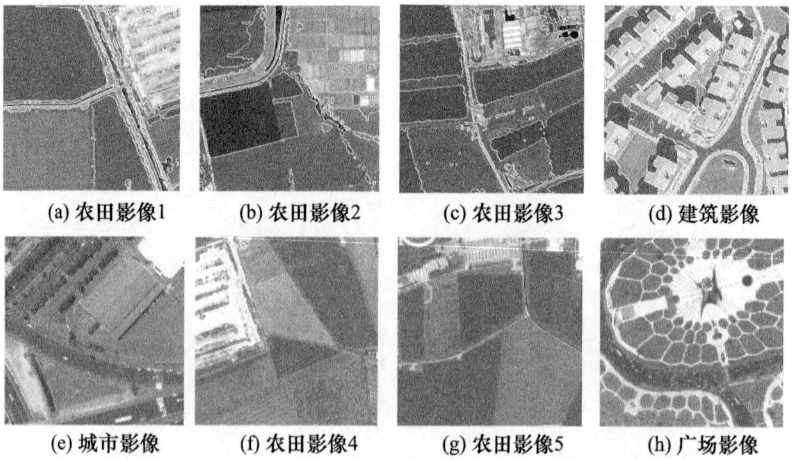

图 5.12　HGMM 算法高分辨率全色遥感影像分割结果的轮廓线叠加结果

为了定量评价高分辨率全色遥感影像的分割结果，利用标准分割影像和分割结果计算各目标区域的产品精度和用户精度，以及整幅分割结果的总精度和 kappa 值。表 5.4～表 5.6 分别列出了 GMM 算法、SMM 算法和 HGMM 算法分割高分辨率全色遥感影像分割结果的精度。对于 GMM 算法和 SMM 算法的分割结果，由于其各区域中均存在较多误分割像素，使得对应区域的分割精度较低。另外，由于高分辨率全色遥感影像中同一目标区域内像素光谱测度的差异性较大，导致部分目标区域难以被这两个对比算法准确分割开，导致对应目标区域的产品精度或用户精度比较低。这导致 GMM 算法和 SMM 算法的总精度和 kappa 值比较低。而 HGMM 算法可将各目标区域较好地分割开，因此各区域的分割精度均在 86%以上。进而，HGMM 算法的总精度和 kappa 值均高于对比算法，其中比 GMM 算法和 SMM 算法总精度高 7%到 21%和 4%到 42%，比 GMM 算法和 SMM 算法 kappa 值分别高 0.10～0.31 和 0.07～0.51。图 5.13 绘制出各算法总精度和 kappa 值的柱状图，从图中可直观地看出 SMM 算法的精度比较低，而 HGMM 算法的精度最高。综上分析，HGMM 算法可以获得高精度的高分辨率全色遥感影像分割结果，且分割精度高于对比算法。

表 5.4　GMM 算法分割高分辨率全色遥感影像的精度

影像	精度	区域 1	区域 2	区域 3	影像	精度	区域 1	区域 2	区域 3	区域 4
农田 1	产品精度/%	94.13	94.87	62.86	城市	产品精度/%	86.41	91.64	70.46	33.30
	用户精度/%	91.46	72.41	94.97		用户精度/%	87.24	70.15	67.64	98.91
	总精度/%	84.92				总精度/%	76.81			
	kappa 值	0.78				kappa 值	0.69			
农田 2	产品精度/%	99.83	60.45	75.81	农田 4	用户精度/%	86.98	86.45	77.05	92.54
	用户精度/%	46.03	75.69	98.03		用户精度/%	92.57	77.92	86.66	85.43
	总精度/%	72.55				总精度/%	85.18			
	kappa 值	0.63				kappa 值	0.80			
农田 3	产品精度/%	92.17	86.04	61.91	农田 5	产品精度/%	42.00	99.55	98.88	—
	用户精度/%	89.67	71.17	89.67		用户精度/%	98.87	67.87	90.81	—
	总精度/%	82.56				总精度/%	80.03			
	kappa 值	0.74				kappa 值	0.71			
建筑	产品精度/%	59.67	66.88	98.79	广场	产品精度/%	97.35	89.14	59.49	—
	用户精度/%	98.09	61.46	74.03		用户精度/%	89.91	80.97	89.49	—
	总精度/%	74.68				总精度/%	86.56			
	kappa 值	0.65				kappa 值	0.79			

表 5.5　SMM 算法分割高分辨率全色遥感影像的精度

影像	精度	区域 1	区域 2	区域 3	影像	精度	区域 1	区域 2	区域 3	区域 4
农田 1	产品精度/%	84.73	88.85	97.40	城市	产品精度/%	80.23	70.29	4.45	28.43
	用户精度/%	98.49	80.09	82.33		用户精度/%	94.39	71.99	0.65	99.53
	总精度/%	88.28				总精度/%	64.84			
	kappa 值	0.82				kappa 值	0.55			
农田 2	产品精度/%	65.84	89.72	77.66	农田 4	产品精度/%	73.85	72.50	85.91	93.71
	用户精度/%	94.53	33.98	97.90		用户精度/%	96.02	71.36	63.64	84.56
	总精度/%	73.64				总精度/%	78.57			
	kappa 值	0.65				kappa 值	0.73			

续表

影像	精度	区域 1	区域 2	区域 3	影像	精度	区域 1	区域 2	区域 3	区域 4
农田 3	产品精度/%	95.48	55.66	83.15	农田 5	产品精度/%	42.70	99.45	99.59	—
	用户精度/%	43.45	90.64	82.67		用户精度/%	98.55	82.54	70.66	—
	总精度/%	68.43				总精度/%	80.81			
	kappa 值	0.58				kappa 值	0.71			
建筑	产品精度/%	53.37	41.24	99.48	广场	产品精度/%	80.84	84.93	94.31	—
	用户精度/%	98.82	51.26	37.83		用户精度/%	90.92	87.02	47.41	—
	总精度/%	55.58				总精度/%	83.34			
	kappa 值	0.45				kappa 值	0.74			

表 5.6 HGMM 算法分割高分辨率全色遥感影像的精度

影像	精度	区域 1	区域 2	区域 3	影像	精度	区域 1	区域 2	区域 3	区域 4
农田 1	产品精度/%	95.05	92.97	86.97	城市	产品精度/%	93.92	92.84	86.15	90.76
	用户精度/%	96.04	87.28	95.18		用户精度/%	95.67	87.24	90.99	98.76
	总精度/%	92.54				总精度/%	91.51			
	kappa 值	0.89				kappa 值	0.88			
农田 2	产品精度/%	98.36	88.14	95.37	农田 4	产品精度/%	96.82	89.07	89.71	95.86
	用户精度/%	87.90	95.32	97.28		用户精度/%	95.19	95.94	87.32	86.08
	总精度/%	93.43				总精度/%	92.13			
	kappa 值	0.90				kappa 值	0.90			
农田 3	产品精度/%	97.85	90.87	91.00	农田 5	产品精度/%	90.45	98.92	92.94	—
	用户精度/%	96.23	94.48	86.85		用户精度/%	97.05	92.40	99.52	—
	总精度/%	93.92				总精度/%	95.46			
	kappa 值	0.91				kappa 值	0.93			
建筑	产品精度/%	98.25	97.61	97.44	广场	产品精度/%	98.05	97.17	95.64	—
	用户精度/%	100	95.94	97.96		用户精度/%	98.02	96.73	97.69	—
	总精度/%	97.67				总精度/%	97.45			
	kappa 值	0.96				kappa 值	0.96			

为了验证 HGMM 算法建模高分辨率遥感影像内像素光谱测度复杂统计分布的能力，采用 GMM 算法、SMM 算法和 HGMM 算法拟合高分辨率全色遥感影像灰度直方图，拟合结果见图 5.14～图 5.16。图中横坐标和纵坐标分别为像素光谱测度及其频数，灰色区域为各高分辨率遥感影像的灰度直方图，实线分别为 GMM 算法、SMM 算法和 HGMM 算法的拟合曲线，虚线分别为对应混合模型组分的拟合曲线。从各灰度直方图可知，高分辨率遥感影像的像素光谱测度统计分布具有复杂特性，主要表现为非对称、尖峰、平坦峰、重尾和双峰等特性。这是由于高分辨率遥感影像各目标区域内像素的同质性或异质性比较明显，使得各目标区域的灰度直方图中像素光谱测度比较集中或分散分布。从图 5.14 可知，由于高斯分布为对称单峰分布，难以拟合具有非对称、重尾和双峰等复杂统计分布，这使得 GMM 难以准确拟合

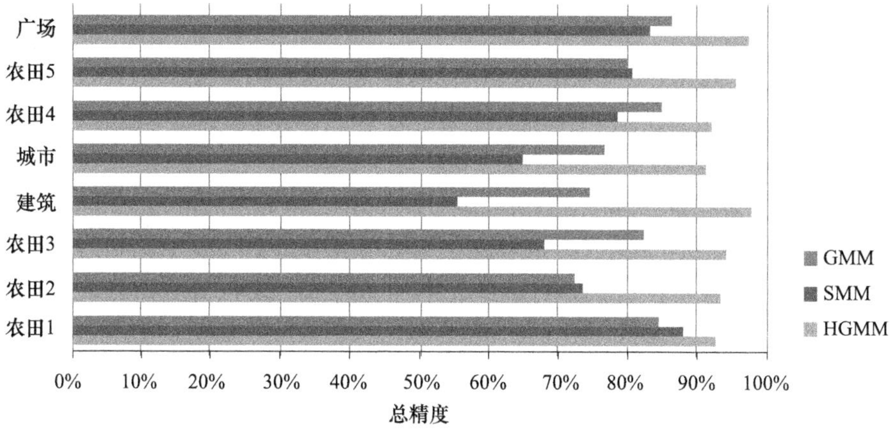

(a)总精度柱状图

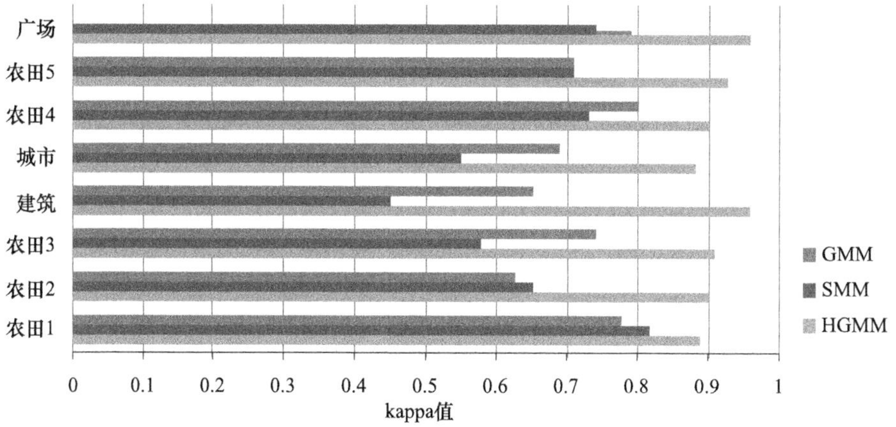

(b) kappa值柱状图

图 5.13　高分辨率全色遥感影像分割结果的总精度和 kappa 值柱状图

高分辨率遥感影像的灰度直方图，进而导致 GMM 算法难以将影像中各目标区域准确分割开，且分割结果中存在较多误分割像素。从图 5.15 可知，学生 t 分布为对称单峰分布，虽然具有重尾特性，但仍难以拟合具有非对称、重尾和双峰等复杂特性的灰度直方图，使得 SMM 难以准确拟合高分辨率遥感影像的灰度直方图。综上，SMM 算法和 GMM 算法难以建模高分辨率遥感影像内像素光谱测度的复杂统计分布。从图 5.16 可知，HGMM 组分由多个高斯分量加权和构成，其可拟合具有非对称、重尾、尖峰、平坦峰和双峰等复杂统计分布，因此 HGMM 可准确拟合高分辨率全色遥感影像灰度直方图，进而 HGMM 算法可将高分辨率全色遥感影像各目标区域分割开。综上，HGMM 算法具有准确建模高分辨率全色遥感影像内像素光谱测度复杂统计分布的能力。

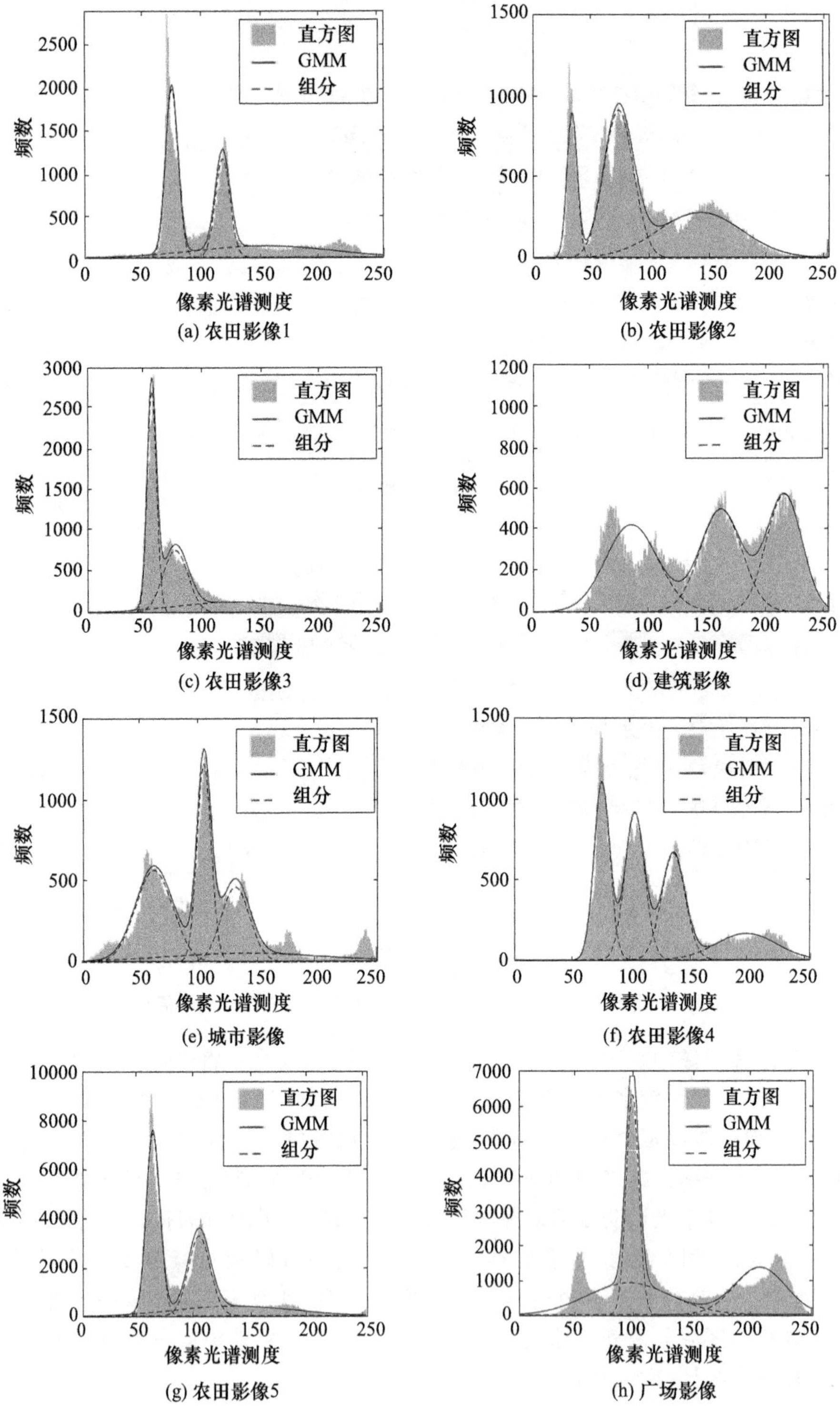

图 5.14　GMM 算法拟合高分辨率全色遥感影像灰度直方图的结果

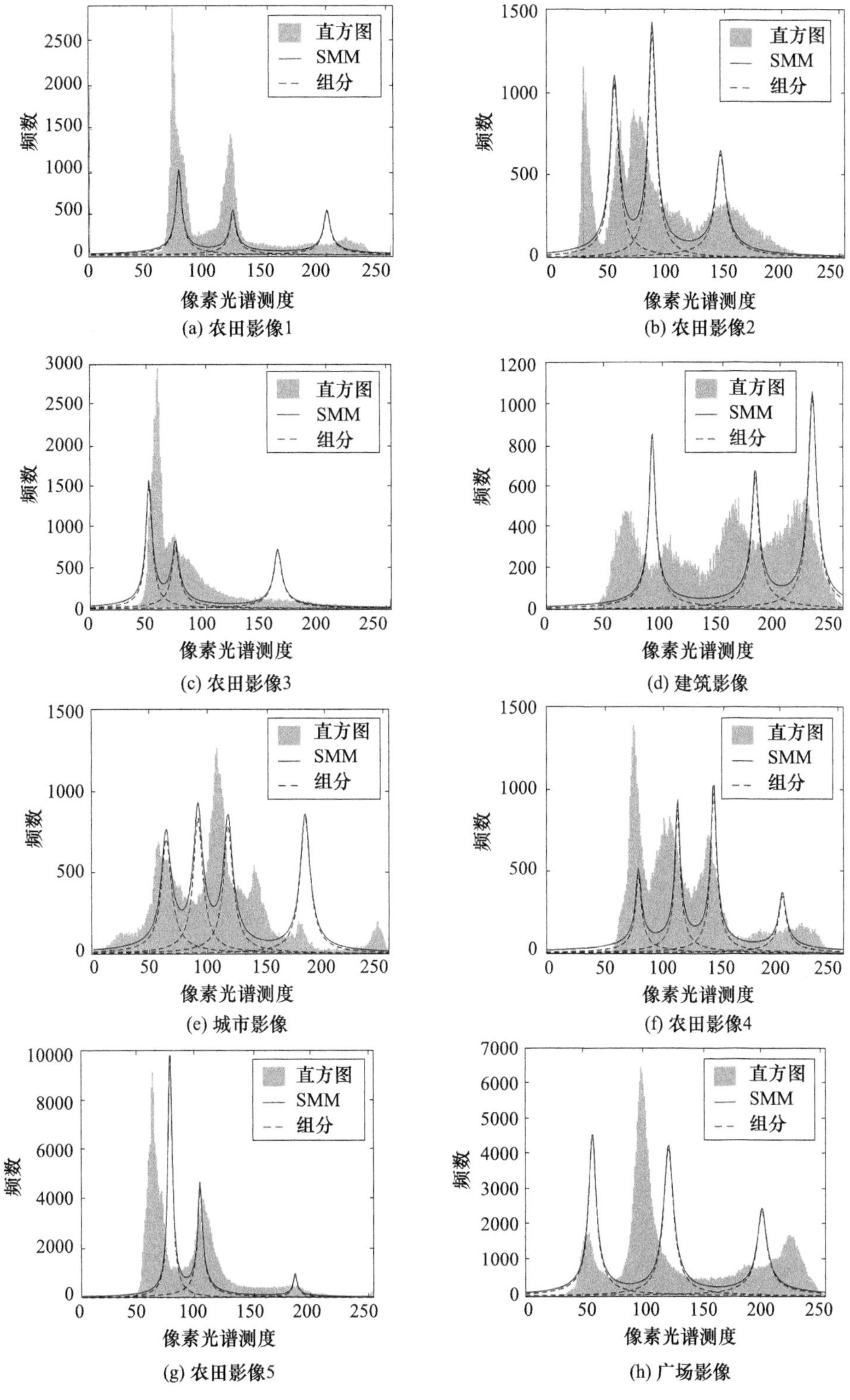

图 5.15　SMM 算法拟合高分辨率全色遥感影像灰度直方图的结果

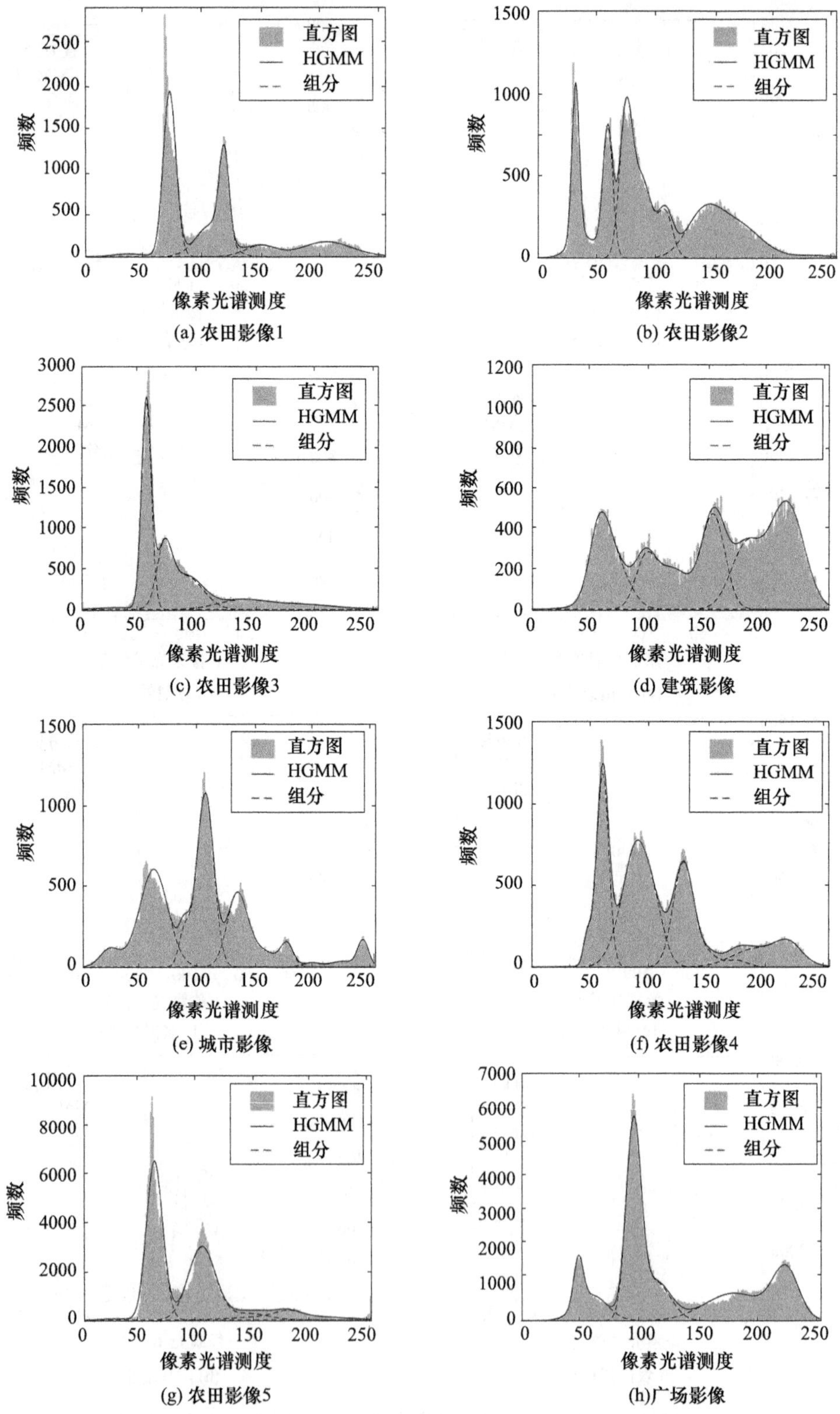

图 5.16　HGMM 算法拟合高分辨率全色遥感影像灰度直方图的结果

表 5.7 和图 5.17 为 GMM 算法、SMM 算法和 HGMM 算法拟合高分辨率全色遥感影像灰度直方图的拟合误差表及柱状图，以定量评价 HGMM 算法建模高分辨率全色遥感影像统计模型的准确性。其中 GMM-HGMM 表示 HGMM 算法与 GMM 算法拟合误差之间的差值，同理 SMM-HGMM 表示 HGMM 算法与 SMM 算法拟合误差之间的差值，数值为正表示 HGMM 算法拟合准确，数值越大相对其他算法拟合越准确。从表 5.7 可知，GMM 算法和 SMM 算法的拟合误差分别在 1.50%到 3.83%之间和 4.37%到 15.50%之间，而 HGMM 算法的拟合误差在 0.69%到 3.33%之间。从图 5.17 可直观看出，SMM 算法的拟合误差最大，这是由于学生 t 分布的尖峰和重尾特性使得 SMM 难以准确拟合高分辨率全色遥感影像的灰度直方图。GMM 算法拟合误差低于 SMM 算法，而 HGMM 算法可以准确拟合复杂的灰度直方图，其拟合误差最低。比较各误差的差值可知均为正值，进一步说明 HGMM 算法拟合灰度直方图更准确，误差的差值分别在 0.30%到 1.86%和 2.53%到 13.44%。综上，HGMM 算法具有准确拟合高分辨率遥感影像统计分布的能力，且拟合精度优于对比算法。

表 5.7　高分辨率全色遥感影像灰度直方图的拟合误差

算法	拟合误差/%							
	农田 1	农田 2	农田 3	建筑	城市	农田 4	农田 5	广场
GMM	3.83	1.98	2.33	1.77	1.90	1.50	2.64	2.36
SMM	8.14	6.84	4.37	8.12	6.39	9.04	9.68	15.50
HGMM	3.33	1.17	1.84	0.69	1.05	0.72	0.78	2.06
GMM-HGMM	0.50	0.81	0.49	1.08	0.85	0.78	1.86	0.30
SMM-HGMM	4.81	5.67	2.53	7.43	5.34	8.32	8.90	13.44

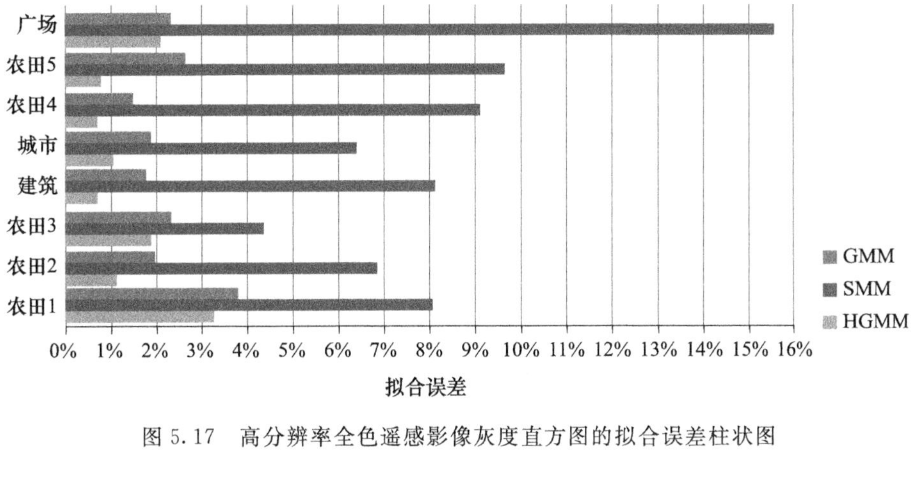

图 5.17　高分辨率全色遥感影像灰度直方图的拟合误差柱状图

表 5.8 和图 5.18 为 GMM 算法、SMM 算法和 HGMM 算法分割高分辨率全色遥感影像的分割时间表及其柱状图，以评价 HGMM 算法的分割效率。由于编程能力和计算机硬件配置情况的不同，分割时间会存在较小误差，但对评价各算法的分割效率影响不大。从表 5.8 数据可知，GMM 算法、SMM 算法和 HGMM 算法的分割时间分别在 13 s 到 39 s 之间、41 s 到 129 s 之间和 22 s 到 58 s 之间。从图 5.18 可直观看出，SMM 算法的分割时间最多，这是由于 SMM 算法采用 GD 方法优化模型参数，需要较多次迭代以优化模型参数，导致其分割效率比

较低。GMM 算法所用的时间最少，这是由于 GMM 算法采用 EM 方法可获得各参数表达式，因此其分割效率比较高。虽然 HGMM 算法的分割时间高于 GMM 算法，但 HGMM 算法设计 EM/M-H 方法可有效避免 EM 方法难以求解组分权重的闭合解和 M-H 方法效率低等问题。另外，从柱状图中可知，随着影像内目标区域数的增加各算法的分割时间随之增加，且随着影像尺寸的增加各算法的分割时间随之增加。综上分析，HGMM 算法具有较高的分割效率。

表 5.8　高分辨率全色遥感影像的分割时间

算法	分割时间/s							
	农田 1	农田 2	农田 3	建筑	城市	农田 4	农田 5	广场
GMM	13.78	13.93	14.44	16.85	16.06	15.22	38.89	36.63
SMM	46.85	44.19	43.65	41.44	41.89	48.89	128.91	124.55
HGMM	24.13	27.15	28.11	22.20	25.91	26.08	57.78	57.42

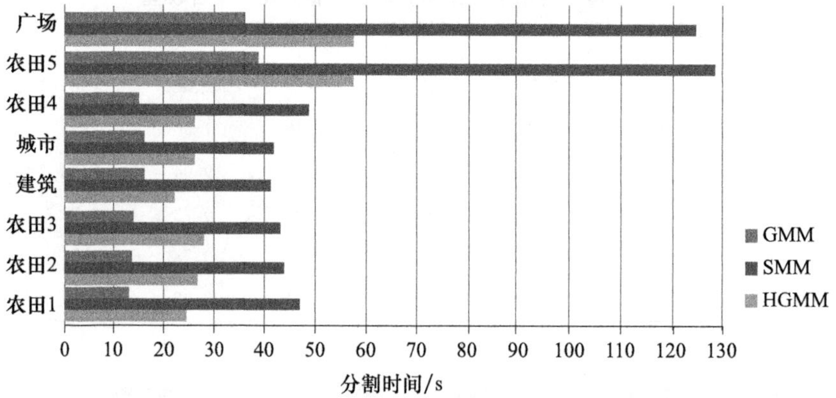

图 5.18　高分辨率全色遥感影像分割时间柱状图

为了验证 HGMM 算法对大尺度全色遥感影像的分割性能，针对图 5.19(a)开展大尺度全色遥感影像及其分割。图 5.19(a)为 540×260 像素大小、2.5 m 分辨率的 Cartosat1 卫星遥感影像。根据目视判读绘制该遥感影像的标准分割影像，见图 5.19(b)，其中标号 1～4 索引不同目标区域。采用 GMM 算法、SMM 算法和 HGMM 算法分割该遥感影像，其分割结果见图 5.19(c)～(e)。从 GMM 算法分割结果可知，由于两种耕地区域光谱相似性比较大，导致 GMM 算法难以将两个区域分割开。SMM 算法分割结果中，耕地区域内存在较多误分割像素，如图 5.19(d)下侧和右上角区域，在建筑区域存在明显的纹理。HGMM 算法可将各地物分割开，虽然存在少量误分割像素，但在视觉上分割结果明显优于 GMM 算法和 SMM 算法。为了更加直观地评价 HGMM 算法的分割结果，提取图 5.19(e)分割结果的轮廓线叠加在原遥感影像上，叠加结果见图 5.19(f)，从图中可以更加直观地看出 HGMM 算法可将各目标区域分割开，且分割结果的轮廓线与原遥感影像中各地物目标之间的边界线较好地重合在一起。因此，HGMM 算法可获得最优的高分辨率全色遥感影像分割结果。

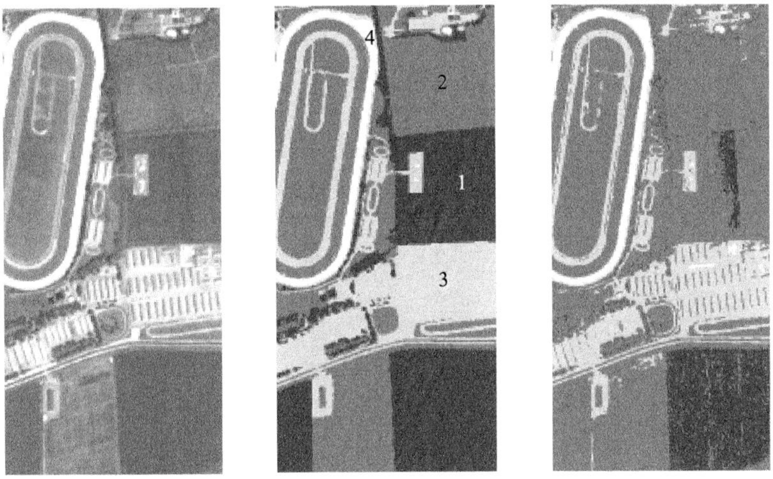

(a) 高分辨率影像　　(b) 标准分割影像　　(c) GMM算法分割结果

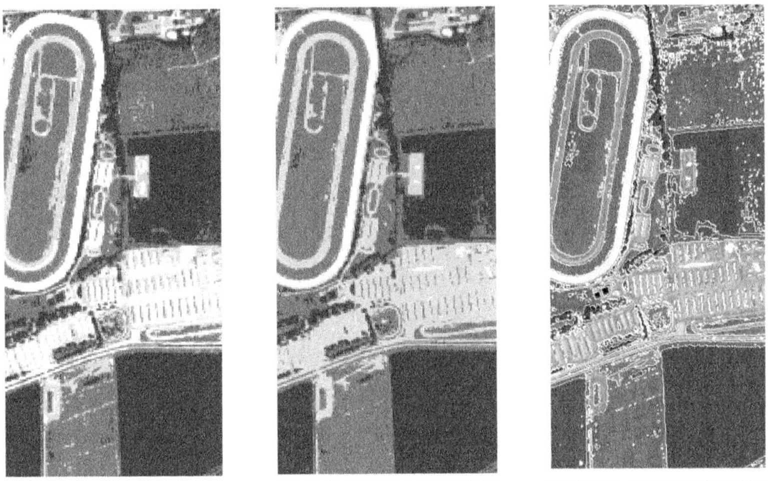

(d) SMM算法分割结果　　(e) HGMM算法分割结果　　(f) HGMM算法轮廓线结果

图 5.19　大尺度全色遥感影像及其分割结果

为了定量评价大尺度全色遥感影像分割结果，利用标准分割影像和各算法分割结果计算目标区域的产品精度和用户精度，以及整幅分割结果的总精度和 kappa 值，见表 5.9。由 GMM 算法的分割精度可知，目标区域最低产品精度和用户精度分别为 66.46% 和 42.82%，总精度和 kappa 值分别 77.95% 和 0.69，这说明 GMM 算法分割结果中存在较多误分割像素，尤其是区域 1 和 2 存在大面积错误分割像素。由 SMM 算法的分割精度可知，目标区域最低产品精度和用户精度为分别为 60.11% 和 23.55%，总精度和 kappa 值分别为 81.49% 和 0.74，这说明 SMM 算法分割结果中同样存在较多误分割像素，尤其是区域 3 和 4，主要是由于区域 3 内大量像素被错误分割给区域 4，但其分割精度仍优于 GMM 算法。由 HGMM 算法的分割精度可知，目标区域最低产品精度和用户精度分别为 93.00% 和 92.57%，总精度和 kappa 值分别为 93.70% 和 0.90，这说明 HGMM 算法可以获得高精度的大尺度全色遥感影像分割结果，且分割精度明显高于 GMM 算法和 SMM 算法。综上分析，HGMM 算法可以获得高精度全色遥感影像分割结果。

表 5.9 大尺度全色遥感影像分割结果的精度

算法	精度	区域 1	区域 2	区域 3	区域 4
GMM 算法	产品精度/%	98.75	66.46	96.53	96.07
	用户精度/%	42.82	98.57	84.25	90.41
	总精度/%	77.95			
	kappa 值	0.69			
SMM 算法	产品精度/%	95.22	82.88	60.11	100
	用户精度/%	90.16	94.50	78.14	23.55
	总精度/%	81.49			
	kappa 值	0.74			
HGMM 算法	产品精度/%	93.99	93.00	94.38	94.98
	用户精度/%	93.39	92.57	95.30	100
	总精度/%	93.70			
	kappa 值	0.90			

为了验证 HGMM 算法对大尺度全色遥感影像的统计建模能力，采用 GMM 算法、SMM 算法和 HGMM 算法拟合大尺度全色遥感影像灰度直方图，拟合结果见图 5.20，其中横坐标和纵坐标分别为像素光谱测度及其频数，灰色区域为影像灰度直方图，实线分别为 GMM 算法、SMM 算法和 HGMM 算法的拟合曲线，虚线分别为 GMM 算法、SMM 算法和 HGMM 算法组分的拟合曲线。从该全色遥感影像的灰度直方图可看出，其像素光谱测度统计分布具有双峰、非对称、重尾等特性。从 GMM 算法拟合结果可知，其组分为单峰且对称高斯分布，难以拟合灰度直方图的各复杂峰值，如区域 1 对应的双峰特性峰值。从 SMM 算法拟合结果可知，其组分同样为单峰且对称分布，难以拟合该复杂灰度直方图。从 HGMM 算法拟合结果可以，其以两组高斯分布加权作为组分可准确拟合该灰度直方图，如区域 1 对应第一个双峰特性峰值，以及区域 2 对应第二个尖峰且重尾的峰。综上分析，HGMM 算法具有准确拟合大尺度全色遥感影像灰度直方图的建模能力。

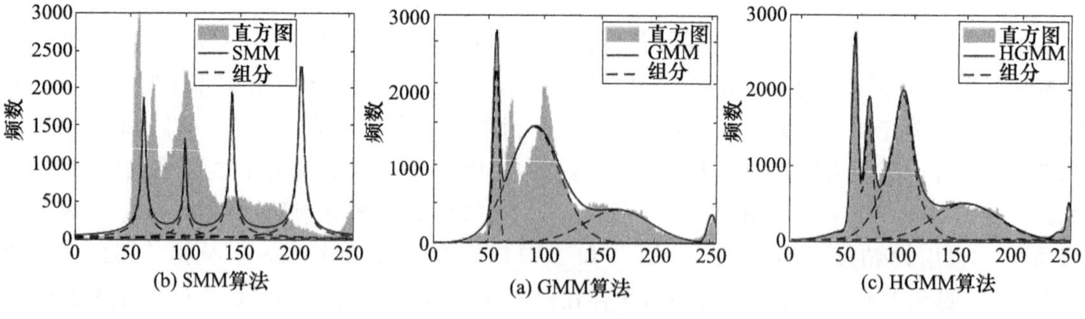

图 5.20 大尺度全色遥感影像灰度直方图的拟合结果

5.2 基于 HmGMM 的遥感影像分割

本节主要介绍基于 HmGMM 的多光谱遥感影像分割的算法描述和分割实验，其中算法描述采用 HmGMM 构建多光谱影像的统计模型，采用 MRF 空间可变模型构建组分权重先验分布，根据贝叶斯定理构建影像分割模型以及分割模型求解，并总结该算法的具体流程；分割实验采用 HmGMM 算法对合成彩色影像和高分辨率多光谱遥感影像进行分割，包括分割结果的定性分析、分割精度的定量分析，并采用传统混合模型分割算法进行对比分割实验，以验证 HmGMM 算法的有效性。

5.2.1 基于 HmGMM 的多光谱遥感影像分割算法描述

给定待分割的遥感影像表示为 $\boldsymbol{x}=\{\boldsymbol{x}_i;i=1,2,\cdots,n\}$，其中 $\boldsymbol{x}_i=(x_{id};d=1,2,\cdots,D)$ 为像素 i 的光谱测度矢量，d 为波段索引，D 为总波段数。采用多元高斯分布定义层次化混合模型的分量，利用式(4.23)的 HmGMM 建模像素光谱测度矢量 $\boldsymbol{x}_i$ 的条件概率分布，假设 $\boldsymbol{x}_i$ 的条件概率分布相互独立，则通过对各像素光谱测度矢量条件概率分布连乘可得到其联合条件概率分布，表示为

$$\begin{aligned} p(\boldsymbol{x} \mid \boldsymbol{\Psi}) &= \prod_{i=1}^{n} p(\boldsymbol{x}_i \mid \boldsymbol{\Psi}_i) \\ &= \prod_{i=1}^{n}\left[\sum_{l=1}^{k}\pi_{li}\sum_{j=1}^{m}w_{lij}\ (2\pi)^{-D/2}\ |\boldsymbol{\Sigma}_{lj}|^{-1/2}\exp\left(-\frac{1}{2}(\boldsymbol{x}_i-\boldsymbol{\mu}_{lj})\boldsymbol{\Sigma}_{lj}^{-1}\ (\boldsymbol{x}_i-\boldsymbol{\mu}_{lj})^{\mathrm{T}}\right)\right] \end{aligned} \tag{5.16}$$

式中，模型参数集表示为 $\boldsymbol{\Psi}=\{\boldsymbol{\pi},\boldsymbol{w},\boldsymbol{\mu},\boldsymbol{\Sigma}\}$；$\boldsymbol{\pi}=\{\pi_{li};l=1,2,\cdots,k,i=1,2,\cdots,n\}$ 为组分权重集合；$\boldsymbol{w}=\{w_{lij};l=1,2,\cdots,k,i=1,2,\cdots,n,j=1,2,\cdots,m\}$ 为分量权重集合；$\boldsymbol{\mu}=\{\boldsymbol{\mu}_{lj};l=1,2,\cdots,k,j=1,2,\cdots,m\}$ 为均值向量集合；$\boldsymbol{\Sigma}=\{\boldsymbol{\Sigma}_{lj};l=1,2,\cdots,k,j=1,2,\cdots,m\}$ 为协方差集合。称式(5.16)为基于 HmGMM 的多光谱遥感影像统计模型。

为了将像素空间位置关系引入分割模型，采用 MRF 建模组分权重，利用式(2.21)的空间可变先验分布定义组分权重的先验分布，以降低影像噪声对分割结果的影响。

根据贝叶斯定理，结合式(5.16)基于 HmGMM 的影像统计模型和式(2.21)组分权重先验分布可构建模型参数后验分布，作为基于 HmGMM 的影像分割模型，表示为

$$\begin{aligned} p(\boldsymbol{w},\boldsymbol{\mu},\boldsymbol{\Sigma} \mid \boldsymbol{\pi},\boldsymbol{x}) &\propto p(\boldsymbol{\pi},\boldsymbol{w},\boldsymbol{\mu},\boldsymbol{\Sigma} \mid \boldsymbol{x})p(\pi) \\ &= \prod_{i=1}^{n}\left[\sum_{l=1}^{k}\pi_{li}\sum_{j=1}^{m}w_{lij}\ (2\pi)^{-\frac{D}{2}}\ |\boldsymbol{\Sigma}_{lj}|^{-\frac{1}{2}}\exp\left(-\frac{1}{2}(\boldsymbol{x}_i-\boldsymbol{\mu}_{lj})\ \boldsymbol{\Sigma}_{lj}^{-1}\ (\boldsymbol{x}_i-\boldsymbol{\mu}_{lj})^{\mathrm{T}}\right)\right]\times \\ &\quad \frac{1}{A}\exp\left[-\eta\sum_{i=1}^{n}\sum_{l=1}^{k}\sum_{i'\in \boldsymbol{N}_i}(\pi_{li}-\pi_{li'})^2\right] \end{aligned} \tag{5.17}$$

对式(5.17)取负对数得到的负对数似然函数称为损失函数，通过最小化损失函数可求解模型参数。设 $A=1$，则损失函数表示为

$$\begin{aligned} J(\boldsymbol{\Psi}) &= -\ln p(\boldsymbol{w},\boldsymbol{\mu},\boldsymbol{\Sigma} \mid \boldsymbol{\pi},\boldsymbol{x}) \\ &= -\sum_{i=1}^{n}\ln\left[\sum_{l=1}^{k}\pi_{li}\sum_{j=1}^{m}w_{lij}\ (2\pi)^{-\frac{D}{2}}\ |\boldsymbol{\Sigma}_{lj}|^{-\frac{1}{2}}\exp\left(-\frac{1}{2}(\boldsymbol{x}_i-\boldsymbol{\mu}_{lj})\ \boldsymbol{\Sigma}_{lj}^{-1}\ (\boldsymbol{x}_i-\boldsymbol{\mu}_{lj})^{\mathrm{T}}\right)\right]+ \\ &\quad \eta\sum_{i=1}^{n}\sum_{l=1}^{k}\sum_{i'\in \boldsymbol{N}_i}(\pi_{li}-\pi_{li'})^2 \end{aligned} \tag{5.18}$$

在求解 HmGMM 模型参数时，为了简化模型参数求解过程，将均值矢量和协方差定义为关于上一次迭代中的组分权重和分量权重的函数，具体如下：将均值矢量定义为属于目标区域类别 l 中子区域 j 的像素光谱测度矢量的均值，将协方差矩阵定义为属于目标区域 l 中子区域 j 的像素光谱测度矢量的协方差，给定第 t 次迭代的组分权重 $\pi^{(t)}$ 和分量权重 $w^{(t)}$，则新的均值和协方差分别表示为

$$\boldsymbol{\mu}_{lj}{}^{(t+1)}=\frac{\sum_{i=1}^{n}\pi_{li}{}^{(t)}w_{lij}{}^{(t)}\ \boldsymbol{x}_i}{\sum_{i=1}^{n}\pi_{li}{}^{(t)}w_{lij}{}^{(t)}} \tag{5.19}$$

$$\boldsymbol{\Sigma}_{lj}{}^{(t+1)}=\frac{\sum_{i=1}^{n}\pi_{li}{}^{(t)}w_{lij}{}^{(t)}\ (\boldsymbol{x}_i-\boldsymbol{\mu}_{lj}{}^{(t+1)})^{\mathrm{T}}(\boldsymbol{x}_i-\boldsymbol{\mu}_{lj}{}^{(t+1)})}{\sum_{i=1}^{n}\pi_{li}{}^{(t)}w_{lij}{}^{(t)}} \tag{5.20}$$

在进行模型参数求解时，只需要对组分权重和分量权重进行求解。由于 HmGMM 影像分割模型中存在邻域像素组分权重，导致其结构比较复杂，因此采用非线性 CG 求解模型参数，通过构建共轭方向以优化组分权重和分量权重，进而得到最优解。令待求参数集合为 $\boldsymbol{\Psi}'=\{\boldsymbol{\pi},\boldsymbol{w},\boldsymbol{\eta}\}$，则新的参数集合表示为

$$\boldsymbol{\Psi}'^{(t+1)}=\boldsymbol{\Psi}'^{(t)}+\lambda\,\boldsymbol{d}_{\boldsymbol{\Psi}'}{}^{(t)} \tag{5.21}$$

式中，λ为步长；$\boldsymbol{d}_{\boldsymbol{\Psi}'}=\{d_{\boldsymbol{\pi}},d_{\boldsymbol{w}},d_{\boldsymbol{\eta}}\}$为参数集的搜索方向。梯度为对数似然函数的最快上升方向，因此将初始搜索方向定义为初始梯度，即 $\boldsymbol{d}_{\boldsymbol{\Psi}'}{}^{(0)}$，为了避免收敛慢及局部最优问题，构建搜索方向之间的共轭关系，根据第 $t-1$ 次搜索方向和第 t 次梯度构建第 t 次共轭方向，表示为

$$\boldsymbol{d}_{\boldsymbol{\Psi}'}{}^{(t)}=-\boldsymbol{g}_{\boldsymbol{\Psi}'}{}^{(t)}+\chi^{(t)}\boldsymbol{d}_{\boldsymbol{\Psi}'}{}^{(t-1)} \tag{5.22}$$

式中，χ 为共轭系数，采用 PR 方法将其定义为

$$\chi^{(t)}=\frac{(\boldsymbol{g}_{\boldsymbol{\Psi}'}{}^{(t)})^{\mathrm{T}}(\boldsymbol{g}_{\boldsymbol{\Psi}'}{}^{(t)}-\boldsymbol{g}_{\boldsymbol{\Psi}'}{}^{(t-1)})}{\|\boldsymbol{g}_{\boldsymbol{\Psi}'}{}^{(t-1)}\|^2} \tag{5.23}$$

式中，$\boldsymbol{g}_{\boldsymbol{\Psi}'}=\{g_{\boldsymbol{\pi}},g_{\boldsymbol{w}},g_{\boldsymbol{\eta}}\}$。其中组分权重梯度表示为 $g_{\boldsymbol{\pi}}=\{\partial J/\partial\pi_{li};l=1,2,\cdots,k,i=1,2,\cdots,n\}$。利用式(5.18)对组分权重 π_{li} 求偏导得

$$\frac{\partial J}{\partial\pi_{li}}=-\frac{\sum_{j=1}^{m}w_{lij}\ (2\pi)^{-\frac{D}{2}}\ |\boldsymbol{\Sigma}_{lj}|^{-\frac{1}{2}}\exp\left(-\frac{1}{2}(\boldsymbol{x}_i-\boldsymbol{\mu}_{lj})\boldsymbol{\Sigma}_{lj}{}^{-1}(\boldsymbol{x}_i-\boldsymbol{\mu}_{lj})^{\mathrm{T}}\right)}{\sum_{l'=1}^{k}\pi_{l'i}\sum_{j=1}^{m}w_{l'ij}\ (2\pi)^{-\frac{D}{2}}\ |\boldsymbol{\Sigma}_{l'j}|^{-\frac{1}{2}}\exp\left(-\frac{1}{2}(\boldsymbol{x}_i-\boldsymbol{\mu}_{l'j})\boldsymbol{\Sigma}_{l'j}{}^{-1}(\boldsymbol{x}_i-\boldsymbol{\mu}_{l'j})^{\mathrm{T}}\right)}+\frac{2\eta}{\#\boldsymbol{N}_i}\sum_{i'\in\boldsymbol{N}_i}(\pi_{li}-\pi_{li'}) \tag{5.24}$$

分量权重梯度表示为 $g_{\boldsymbol{w}}=\{\partial J/\partial w_{lij};l=1,2,\cdots,k,i=1,2,\cdots,n,j=1,2,\cdots,m\}$。利用式(5.18)对分量权重 w_{lij} 求偏导得

$$\frac{\partial J}{\partial w_{lij}}=-\frac{\pi_{li}\ (2\pi)^{-\frac{D}{2}}\ |\boldsymbol{\Sigma}_{lj}|^{-\frac{1}{2}}\exp\left(-\frac{1}{2}(\boldsymbol{x}_i-\boldsymbol{\mu}_{lj})\boldsymbol{\Sigma}_{lj}{}^{-1}(\boldsymbol{x}_i-\boldsymbol{\mu}_{lj})^{\mathrm{T}}\right)}{\sum_{j'=1}^{m}w_{lij'}\ (2\pi)^{-\frac{D}{2}}\ |\boldsymbol{\Sigma}_{lj'}|^{-\frac{1}{2}}\exp\left(-\frac{1}{2}(\boldsymbol{x}_i-\boldsymbol{\mu}_{lj'})\boldsymbol{\Sigma}_{lj'}{}^{-1}(\boldsymbol{x}_i-\boldsymbol{\mu}_{lj'})^{\mathrm{T}}\right)} \tag{5.25}$$

利用式(5.18)对平滑系数求偏导得

$$\frac{\partial J}{\partial\eta}=-\sum_{i=1}^{n}\sum_{l=1}^{k}\sum_{i'\in\boldsymbol{N}_i}(\pi_{li}-\pi_{li'})^2 \tag{5.26}$$

通过最大化后验概率可得到各像素的目标区域标号，表示为

$$z_i=\underset{l\in\{1,2,\cdots,k\}}{\operatorname{argmax}}\ \{u_{li}\} \tag{5.27}$$

综上，总结基于 HmGMM 的多光谱遥感影像分割算法的具体实现过程，如图 5.21 所示。

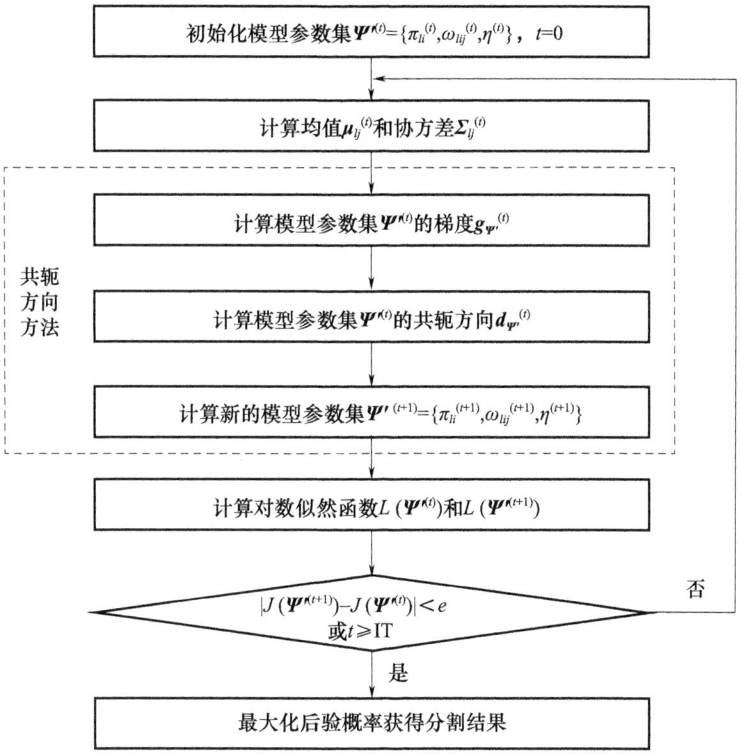

图 5.21　基于 HmGMM 的多光谱遥感影像分割流程图

输入：组分数 k，分量数 m，迭代次数 IT，收敛误差 e，步长 λ。

输出：像素类属性标号。

步骤 1：初始化模型参数集 $\boldsymbol{\Psi}'^{(t)}$：组分权重 $\pi_{li}{}^{(t)}$、分量权重 $w_{lij}{}^{(t)}$、平滑系数 $\eta^{(t)}$，令迭代索引 $t=0$；

步骤 2：利用式(5.17)和式(5.21)计算均值 $\boldsymbol{\mu}_{lj}{}^{(t)}$ 和协方差 $\boldsymbol{\Sigma}_{lj}{}^{(t)}$；

步骤 3：利用式(5.24)～式(5.26)分别计算组分权重、分量权重和平滑系数的梯度 $\boldsymbol{g}_{\Psi'}{}^{(t)}$；

步骤 4：利用式(5.22)和式(5.23)计算模型参数的共轭方向 $\boldsymbol{d}_{\Psi'}{}^{(t)}$；

步骤 5：利用式(5.21)计算新的模型参数集 $\boldsymbol{\Psi}'^{(t+1)}$：组分权重 $\pi_{li}{}^{(t+1)}$、分量权重 $w_{lij}{}^{(t+1)}$ 和平滑系数 $\eta^{(t+1)}$；

步骤 6：根据式(5.18)利用模型参数集合 $\boldsymbol{\Psi}'^{(t)}$ 和 $\boldsymbol{\Psi}'^{(t+1)}$ 分别计算损失函数 $J(\boldsymbol{\Psi}'^{(t)})$ 和 $J(\boldsymbol{\Psi}'^{(t+1)})$；

步骤 7：若损失函数收敛，即 $|L(\boldsymbol{\Psi}'^{(t+1)})-L(\boldsymbol{\Psi}'^{(t)})|<e$，或达到最大迭代次数，即 $t\geqslant \text{IT}$，则停止迭代，否则返回步骤 2，令 $t=t+1$；

步骤 8：利用式(5.27)获得像素标号，即分割结果。

5.2.2　基于 HmGMM 的多光谱遥感影像分割实例

在高分辨率多光谱遥感影像分割实验中，采用 HmGMM 算法对合成多光谱影像和高分辨率多光谱遥感影像进行分割实验，并定性和定量地分析实验结果。HmGMM 算法的参数设置如下：分量数为 3，迭代数为 1000，收敛误差为 0.0001，步长为 10^{-4}。采用 GMM 算法和 SMM 算法进行对比分割实验，其中 GMM 算法(Nguyen et al.，2013b)采用多元高斯分布作为混合模型组分，建模影像内像素光谱测度的统计分布，进而构建模型参数的似然函数作为影像统计模型，利用基于平滑因子的 Gibbs 分布建模组分权重先验分布以考虑像素空间位置关系，根据贝叶斯理论构建模型参数后验分布作为影像分割模型，并采用 EM 方法求解影像分割模型，以推导出模型参数表达式；SMM 算法（Nguyen et al. ，2012）采用 SMM 建模影像内像素光谱测度的统计分布，进而构建出影像统计模型，采用 MRF 构建组分权重先验分布，根据贝叶斯定理构建出影像分割模型，并采用 GD 方法优化模型参数。

5.2.2.1 合成多光谱影像分割

图 5.22(a)为包含 4 个同质区域的模板影像，其中标号 1～4 索引不同的同质区域，以其为模板截取高分辨率多光谱遥感影像的不同地物区域得到合成多光谱影像，见图 5.22(b)，对应标号 1～4 合成影像各区域分别为海洋、森林、耕地和裸地，其中森林和耕地的颜色比较相近，即光谱测度相似性比较大，另外森林区域内存在光谱异质性，可有效验证分割算法的性能。

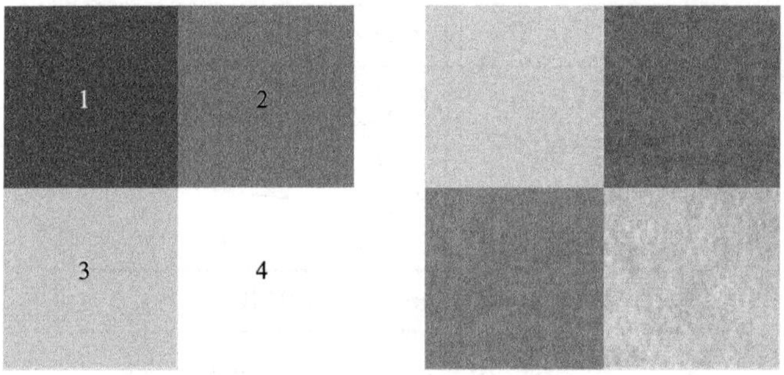

(a) 模板影像　　(b) 合成多光谱影像

图 5.22　模板影像和合成多光谱色影像

图 5.23 为采用 GMM 算法、SMM 算法和 HmGMM 算法分割合成多光谱影像的实验结果。从 GMM 算法分割结果可看出，GMM 算法难以分割开区域 1 和 4，将其中一个区域错误划分给了另一个区域，而区域 2 内存在少量的误分割像素。从 SMM 算法分割结果可看出，SMM 算法可将各个区域分隔开，但在区域 2 和 3 分割结果内存在较多误分割像素，而其他两个区域内几乎不存在误分割像素。从 HmGMM 算法分割结果可看出，HmGMM 算法可将各同质区域分割开，分割结果中仅在区域 3 存在较少的误分割像素，这是由于该区域像素光谱强度差异较大，同时耕地与森林的像素光谱强度较为接近，导致部分像素被误分割给森林区域，而其他区域分割结果中几乎不存在误分割像素。为了更直观地评价上述分割结果，提取分割结果的轮廓线叠加在合成多光谱影像上，结果见图 5.23(d)～(f)。从该结果可直观看出，GMM 算法的分割结果中区域 3 存在较多误分割像素，SMM 算法的分割结果中区域 2 和 3 均存在较多误分割像素，而 HmGMM 算法的结果中仅在区域 3 内存在少量白色误分割像素。综上分析，HmGMM 算法可得到最优的分割结果。

为了定量评价合成多光谱影像的分割结果，利用模板影像和分割结果计算对应的混淆矩阵，并进一步计算各同质区域的用户精度和产品精度，以及总精度和 kappa 值。各算法的分割精度见表 5.10。从表 5.10 可看出，GMM 算法将区域 2 误分割给其他区域，导致该区域的产品精度和用户精度均为 0，总精度和 kappa 值均比较低；SMM 算法的分割精度均在 94%以上，由于区域 2 和 3 内存在误分割像素使得对应的产品精度和用户精度比较低；HmGMM 算法的分割精度均在 98%以上，总精度达到了 99.96%，比 GMM 算法和 SMM 算法分别高 37.14%

和 4.44%。因此，HmGMM 算法可得到高精度的分割结果。

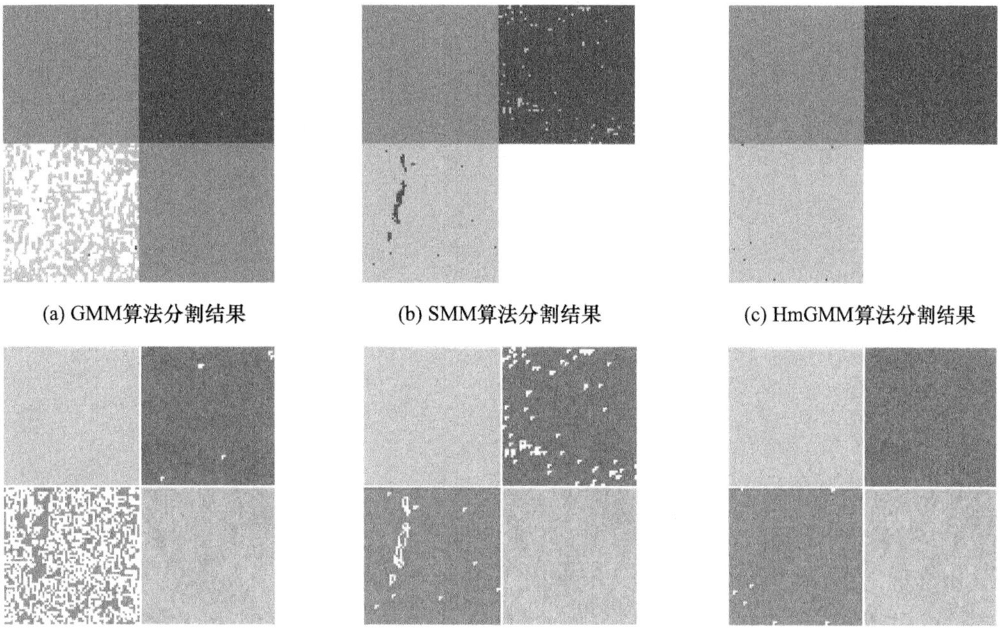

(a) GMM算法分割结果　(b) SMM算法分割结果　(c) HmGMM算法分割结果

(d) GMM算法叠加结果　(e) SMM算法叠加结果　(f) HmGMM算法叠加结果

图 5.23　合成多光谱影像的实验结果

表 5.10　合成多光谱影像分割结果精度

算法	精度	区域 1	区域 2	区域 3	区域 4
GMM 算法	产品精度/%	100	0	99.88	49.96
	用户精度/%	51.42	0	99.85	100
	总精度/%	62.82			
	kappa 值	0.56			
SMM 算法	产品精度/%	95.96	96.73	98.19	100
	用户精度/%	100	94.19	95.93	100
	总精度/%	95.52			
	kappa 值	0.97			
HmGMM 算法	产品精度/%	100	100	99.83	100
	用户精度/%	100	98.83	100	100
	总精度/%	99.96			
	kappa 值	0.99			

5.2.2.2　多光谱遥感影像分割

图 5.24 为 256×256 像素大小的高分辨率多光谱遥感影像，其中图 5.24(a)来源于 0.5 m 空间分辨率的 Pleiades1 卫星遥感影像，图中包括海洋、林地和裸地；图 5.24(b)来源于 0.5 m 空间分辨率的 Worldview2 卫星遥感影像，图中包含林地、耕地和裸地；图 5.24(c)来源于 0.5 m 空间分辨率的 IKONOS 卫星遥感影像，图中均包括耕地、林地和沙地；图 5.24(d)～(f)均来源

于 0.5 m 空间分辨率的 Worldview3 卫星遥感影像，图中主要包括耕地、建筑、裸地、绿化区和道路等；图 5.24 的(g)和(h)均来源于 0.8 m 空间分辨率的 IKONOS 卫星遥感影像，图中主要包括沙地、裸地和不同的建筑等。

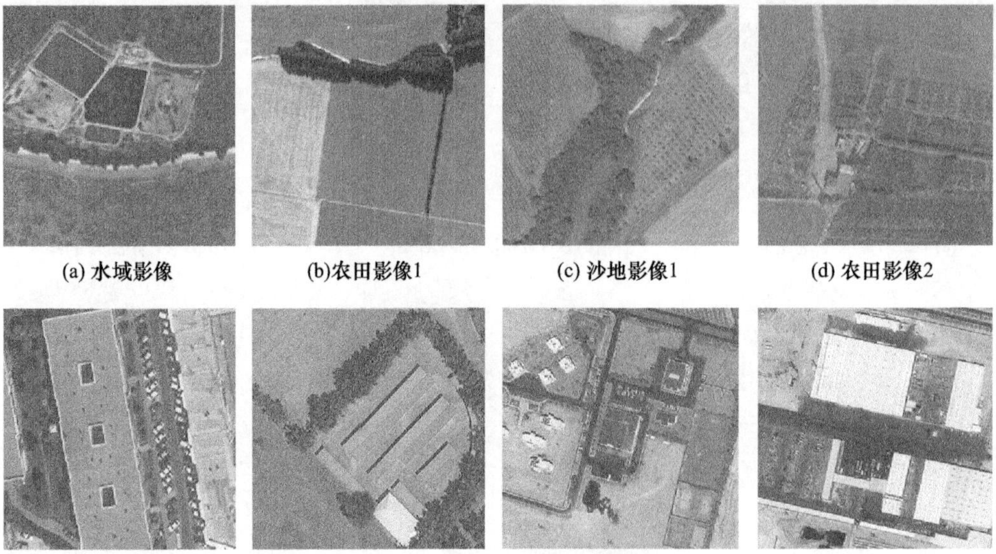

(a) 水域影像　(b)农田影像1　(c) 沙地影像1　(d) 农田影像2

(e) 建筑影像1　(f)建筑影像2　(g) 沙地影像2　(h) 建筑影像3

图 5.24　高分辨率多光谱遥感影像

通过目视解译绘制各多光谱影像对应的同质区域影像作为标准分割结果，见图 5.25(a)～(h)，用于定量评价分割结果，图中标号 1～4 索引不同的目标区域。

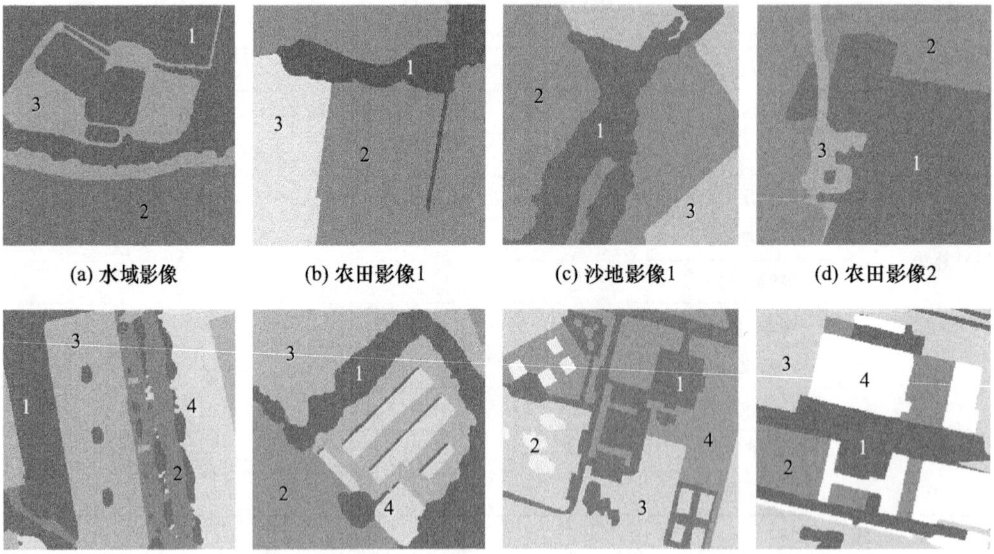

(a) 水域影像　(b) 农田影像1　(c) 沙地影像1　(d) 农田影像2

(e) 建筑影像1　(f) 建筑影像2　(g) 沙地影像2　(h) 建筑影像3

图 5.25　高分辨率多光谱遥感影像的标准分割影像

图 5.26、图 5.27 和图 5.28 分别为采用 GMM 算法、SMM 算法和 HmGMM 算法分割高分辨率多光谱遥感影像的分割结果，以验证 HmGMM 算法的可行性和有效性。其中，GMM

算法采用多元高斯分布作为混合模型组分，SMM 算法采用多元学生 t 分布作为混合模型组分，HmGMM 算法采用多元高斯分布作为其分量，以建模高分辨率多光谱遥感影像中像素光谱测度矢量的统计分布。根据目视解译将各高分辨率多光谱遥感影像中目标区域数分别设为 3、3、3、3、4、4、4 和 4。从 GMM 算法分割结果可知，对于像素光谱测度差异性较大的目标区域，如林地和耕地区域，GMM 算法分割结果中存在较多误分割像素，见图 5.26(b)～(d)；对于地物类型比较复杂和多样的高分辨率多光谱遥感影像，其分割结果中存在较多误分割区域，见图 5.26(g)。因此，GMM 算法难以获得较好的高分辨率多光谱遥感影像分割结果。从 SMM 算法分割结果可知，对于各目标区域内像素光谱测度同质性较强的影像，SMM 算法可获得较好的分割结果，见图 5.27(b)；对各目标区域内像素异质性比较强度的影像，SMM 算法所获得的分割结果中存在较多误分割像素，见图 5.27(c)和(d)中耕地区域以及(a)、(e)和(f)中林地区域；对于地物目标比较复杂和多样的影像，SMM 算法难以获得最优分割结果，见图 5.27(g)和(h)。因此，SMM 算法难以准确分割高分辨率多光谱遥感影像。从 HmGMM 算法分割结果可知，HmGMM 算法可将高分辨率多光谱遥感影像中各目标区域分割开，不受高分辨率遥感影像中地物目标复杂性和多样性以及各目标区域内像素较强异质性的影响。对于同一目标区域内像素异质性较强的影像，HmGMM 算法在有效利用像素光谱和位置信息的情况下可获得较好的分割结果，见图 5.28(a)、(e)和(f)内林地区域以及(c)和(d)内耕地区域。对于地物目标比较复杂和多样的区域，HmGMM 算法同样可以较好地将各目标区域分割开，见图 5.28(g)和(h)。综上分析，HmGMM 算法可获得最优的高分辨率多光谱遥感影像分割结果。为了更加直观地评价 HmGMM 算法的分割结果，提取分割结果中各区域之间的轮廓线叠加在高分辨率多光谱遥感影像上，叠加结果见图 5.29。从轮廓线叠加结果可看出，各分割结果的白色轮廓线与高分辨率多光谱遥感影像中各目标区域之间的边界可以较好地重合在一起，这说明 HmGMM 算法可准确将各目标区域分割开，并且 HmGMM 算法可以较好地将影像内地物细节信息保存下来。因此，HmGMM 算法可获得最优的高分辨率多光谱遥感影像分割结果。

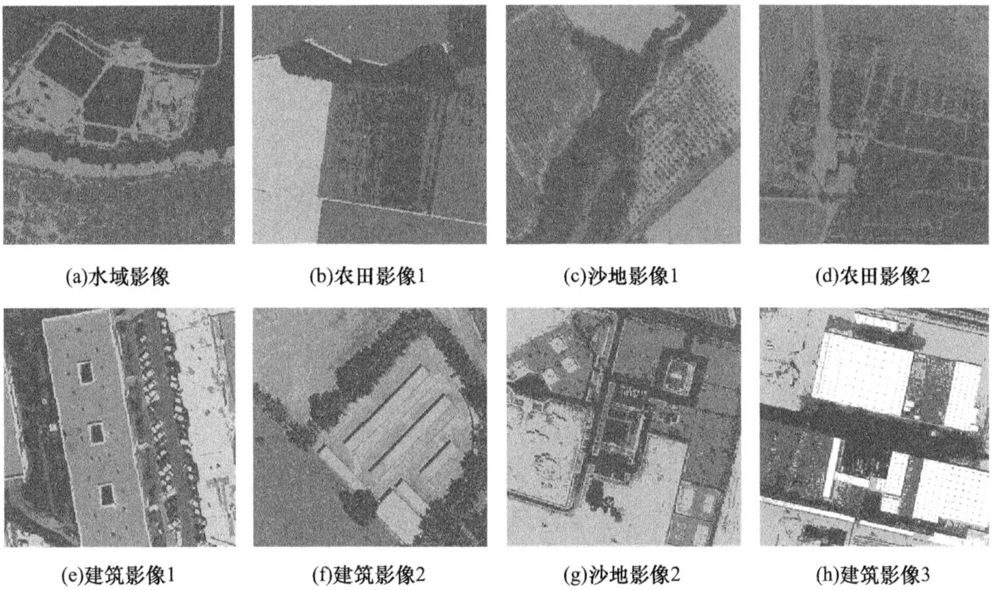

图 5.26　GMM 算法分割高分辨率多光谱遥感影像的结果

图 5.27 SMM 算法分割高分辨率多光谱遥感影像的结果

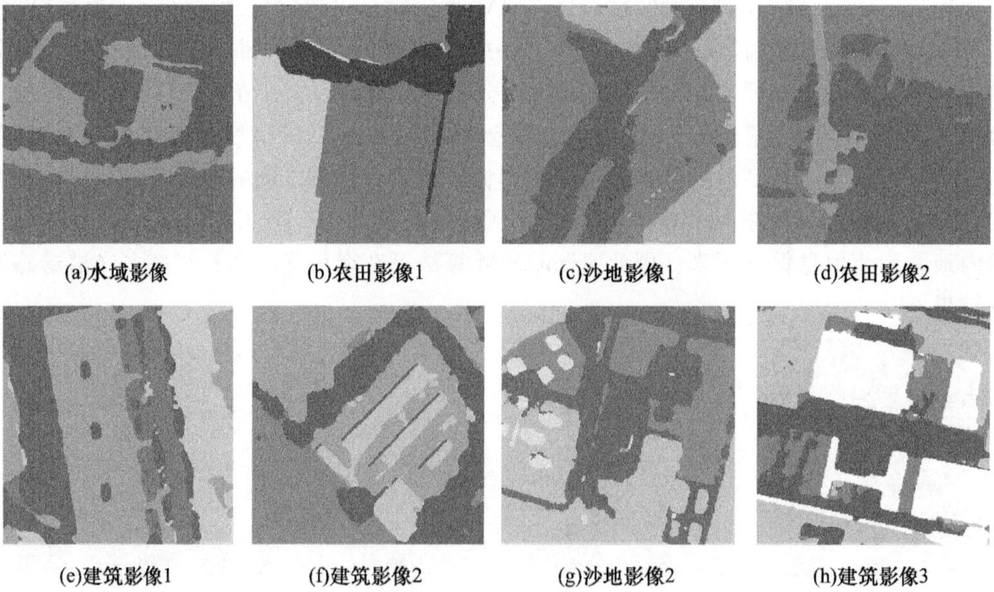

图 5.28 HmGMM 算法分割高分辨率多光谱遥感影像的结果

为了定量评价高分辨率多光谱遥感影像的分割结果，利用标准分割影像和分割结果计算各目标区域的产品精度和用户精度，以及整幅分割结果的总精度和 kappa 值。表 5.11～表 5.13 分别列出了 GMM 算法、SMM 算法和 HmGMM 算法分割结果的精度。由于 GMM 算法和 SMM 算法的分割结果中存在较多误分割像素或错分区域，导致分割结果内各目标区域的产品精度和用户精度比较低，进而导致分割结果的总分割精度较低。而 HmGMM 算法可获得最优的分割结果，因此 HmGMM 算法的分割精度优于对比算法。从 GMM 算法分割精度可看出，其分割结果各目标区域的最低精度分别为 72.63%、46.14%、63.04%、38.65%、

57.99%、58.06%、2.43%和 54.63%，各分割结果的总分割精度在 69%到 84%之间，kappa 值在 0.61 到 0.76 之间，这说明 GMM 算法难以将高分辨率多光谱遥感影像准确分割开。从 SMM 算法分割精度可知，其分割结果各目标区域的最低精度分别为 38.50%、87.40%、49.45%、63.21%、5.09%、64.39%、2.58%和 59.09%，各分割结果的总分割精度在 72%到 97%之间，kappa 值在 0.63 到 0.94 之间，SMM 算法的总精度比 GMM 算法高，但仍难以获得高精度的高分辨率多光谱遥感影像分割结果。从 HmGMM 算法分割精度可知，其分割结果中各目标区域的产品精度和用户精度在 66%到 100%之间，这表明 HmGMM 算法可将多光谱遥感影像各目标区域准确地分割开；HmGMM 算法各分割结果的总精度在 90%到 100%之间，比 GMM 算法总精度高 11.7%到 24.24%，比 SMM 算法高 1.99%到 24.23%；kappa 值在 0.88 到 0.98 之间，比 GMM 算法高 0.15 到 0.3，比 SMM 算法高 0.01 到 0.32。图 5.30 绘制出各算法的总精度和 kappa 值的柱状图，从图中可直观看出，HmGMM 算法分割精度优于对比算法。因此，HmGMM 算法可获得高精度的高分辨率多光谱遥感影像分割结果。

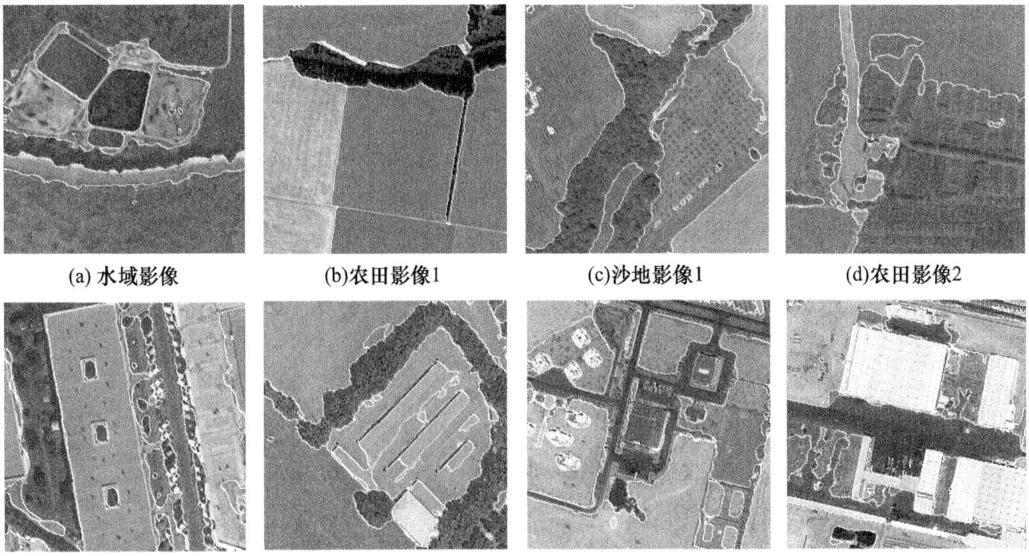

(a) 水域影像　(b)农田影像1　(c)沙地影像1　(d)农田影像2

(e)建筑影像1　(f)建筑影像2　(g)沙地影像2　(h)建筑影像3

图 5.29　HmGMM 算法高分辨率多光谱遥感影像分割结果的轮廓线叠加结果

表 5.11　GMM 算法分割高分辨率多光谱遥感影像的精度

影像	精度	区域 1	区域 2	区域 3	影像	精度	区域 1	区域 2	区域 3	区域 4
水域	产品精度/%	73.41	96.26	77.22	建筑 1	产品精度/%	85.31	57.99	84.44	70.95
	用户精度/%	85.76	88.56	72.63		用户精度/%	73.72	67.96	80.08	80.09
	总精度/%	83.75				总精度/%	76.28			
	kappa 值	0.76				kappa 值	0.70			
农田 1	产品精度/%	46.14	97.98	95.60	建筑 2	产品精度/%	93.33	65.30	89.16	58.06
	用户精度/%	92.79	72.78	99.09		用户精度/%	80.95	89.77	68.91	81.93
	总精度/%	81.67				总精度/%	78.14			
	kappa 值	0.71				kappa 值	0.71			

续表

影像	精度	区域 1	区域 2	区域 3	影像	精度	区域 1	区域 2	区域 3	区域 4
沙地 1	产品精度/%	72.54	91.69	65.99	沙地 2	产品精度/%	78.15	2.43	84.31	96.68
	用户精度/%	90.21	63.04	97.21		用户精度/%	66.09	12.19	85.23	60.49
	总精度/%	77.46				总精度/%	69.89			
	kappa 值	0.68				kappa 值	0.61			
农田 2	产品精度/%	91.63	73.42	38.65	建筑 3	产品精度/%	86.43	54.63	75.32	98.96
	用户精度/%	75.16	73.42	85.20		用户精度/%	77.69	73.20	81.75	81.26
	总精度/%	75.22				总精度/%	79.15			
	kappa 值	0.63				kappa 值	0.73			

表 5.12　SMM 算法分割高分辨率多光谱遥感影像的精度

影像	精度	区域 1	区域 2	区域 3	影像	精度	区域 1	区域 2	区域 3	区域 4
水域	产品精度/%	99.97	66.69	86.76	建筑 1	产品精度/%	86.22	57.09	78.54	73.60
	用户精度/%	74.35	98.74	38.50		用户精度/%	70.55	61.69	5.09	75.54
	总精度/%	76.38				总精度/%	75.25			
	kappa 值	0.66				kappa 值	0.68			
农田 1	产品精度/%	99.25	97.45	94.17	建筑 2	产品精度/%	95.76	64.39	82.21	65.00
	用户精度/%	87.40	98.31	99.45		用户精度/%	70.28	85.55	83.10	67.09
	总精度/%	96.92				总精度/%	78.03			
	kappa 值	0.94				kappa 值	0.71			
沙地 1	产品精度/%	89.15	87.77	49.45	沙地 2	产品精度/%	88.88	2.58	80.99	89.46
	用户精度/%	83.95	57.12	97.92		用户精度/%	58.85	8.84	90.18	84.53
	总精度/%	72.78				总精度/%	75.25			
	kappa 值	0.63				kappa 值	0.67			
农田 2	产品精度/%	94.63	72.86	63.21	建筑 3	产品精度/%	82.99	59.09	83.49	97.46
	用户精度/%	73.68	89.56	79.44		用户精度/%	83.10	65.47	83.71	91.35
	总精度/%	80.64				总精度/%	82.84			
	kappa 值	0.70				kappa 值	0.78			

表 5.13　HmGMM 算法分割高分辨率多光谱遥感影像的精度

影像	精度	区域 1	区域 2	区域 3	影像	精度	区域 1	区域 2	区域 3	区域 4
水域	产品精度/%	100	97.29	96.32	建筑 1	产品精度/%	99.81	98.84	99.26	—
	用户精度/%	98.76	98.74	95.17		用户精度/%	97.98	97.09	99.79	—
	总精度/%	97.86				总精度/%	99.26			
	kappa 值	0.96				kappa 值	0.98			
农田 1	产品精度/%	97.41	93.72	99.44	建筑 2	产品精度/%	94.23	95.97	98.25	—
	用户精度(%)	99.71	92.54	99.31		用户精度/%	99.86	93.58	94.55	—
	总精度/%	98.91				总精度/%	96.07			
	kappa 值	0.95				kappa 值	0.94			

续表

影像	精度	区域 1	区域 2	区域 3	影像	精度	区域 1	区域 2	区域 3	区域 4
沙地 1	产品精度/%	97.25	97.03	96.61	沙地 2	产品精度/%	87.73	88.21	98.04	99.69
	用户精度/%	97.07	97.43	95.83		用户精度/%	98.16	93.09	95.84	86.39
	总精度/%	97.01				总精度/%	94.13			
	kappa 值	0.95				kappa 值	0.91			
农田 2	产品精度/%	96.63	93.21	98.68	建筑 3	产品精度/%	80.80	87.03	96.85	97.24
	用户精度/%	94.80	96.54	92.35		用户精度/%	95.83	66.69	92.21	98.61
	总精度/%	95.33				总精度/%	90.85			
	kappa 值	0.91				kappa 值	0.88			

表 5.14 和图 5.31 为 GMM 算法、SMM 算法和 HmGMM 算法分割高分辨率多光谱遥感影像的分割时间表及柱状图，以评价 HmGMM 算法分割高分辨率多光谱遥感影像的分割效率。从表 5.14 可知，GMM 算法、SMM 算法和 HmGMM 算法的分割时间分别在 39 s 到 48 s 之间、128 s 到 136 s 之间和 50 s 到 64 s 之间，通过比较可知 HmGMM 算法分割分割效率优于 SMM 算法，但比 GMM 算法所使用的分割时间多约 10 s。随着影像内目标区域数增加，各分割算法的分割时间随之增加。综上，HmGMM 算法具有较高分割效率。

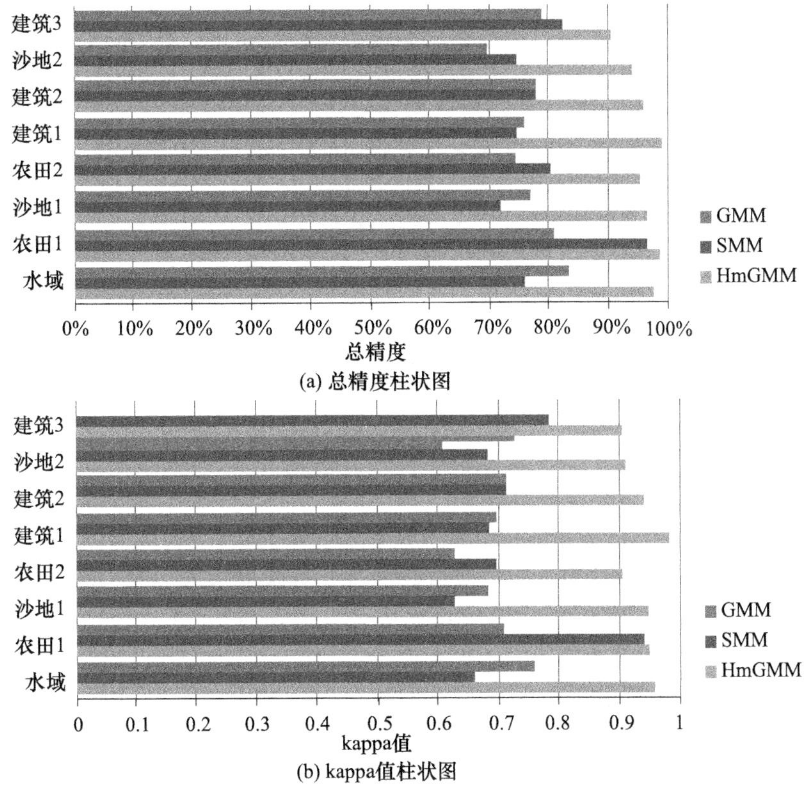

图 5.30　多光谱遥感影像分割结果的总精度和 kappa 值的柱状图

表 5.14 高分辨率多光谱遥感影像的分割时间

算法	分割时间/s							
	水域	农田 1	沙地 1	农田 2	建筑 1	建筑 2	沙地 2	建筑 3
GMM	39.63	39.55	42.05	42.54	45.85	46.81	47.98	46.79
SMM	128.46	129.35	128.52	128.10	135.03	135.15	129.81	132.13
HmGMM	52.04	52.61	50.47	50.73	50.92	55.52	61.77	63.15

图 5.32 为大尺度多光谱遥感影像及其分割结果。其中，图 5.32(a)为 1000×500 像素大小、0.5 m 分辨率的 Wordview2 卫星遥感影像，图中包含两种森林、农田和裸地共 4 类地物目标区域。根据目视判读绘制该遥感影像的标准分割影像，见图 5.32(b)，图中标号 1～4 索引不同目标区域。采用 GMM 算法、SMM 算法和 HmGMM 算法分割该遥感影像，其分割结果见图 5.32(c)～(e)。从分割结果可知，GMM 算法和 SMM 算法虽然考虑到像素空间位置关系，但仍难以准确分割像素光谱测度差异性较大的目标区域，导致其分割结果中存在较多的误分割像素，如图 5.32(c)和(d)中森林区域。而 HmGMM 算法可以充分有效地利用像素的光谱和位置信息，进而准确地分割开各目标区域，并获得最优的分割结果，见图 5.32(e)。为了更加直观地评价 HmGMM 算法的分割结果，提取图 5.32(e)分割结果的轮廓线叠加在原遥感影像上，叠加结果见图 5.32(f)，可以更加直观地看出 HmGMM 算法可将各目标区域分割开，且分割结果的轮廓线与原遥感影像中各地物目标之间的边界线较好地重合在一起。因此，HmGMM 算法可获得最优的高分辨率多光谱遥感影像分割结果。

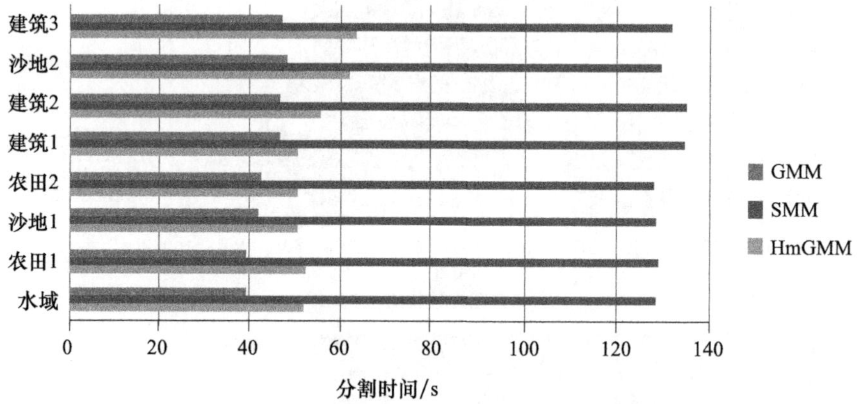

图 5.31 高分辨率多光谱遥感影像的分割时间柱状图

为了定量评价图 5.32 中分割结果，利用标准分割影像和分割结果计算各目标区域的产品精度和用户精度，以及整幅分割结果的总精度和 kappa 值，见表 5.15。从表 5.15 可知，GMM 算法、SMM 算法和 HmGMM 算法各目标区域的最低分割精度分别为 14.52%、12.10%和 89.36%。GMM 算法和 SMM 算法分割结果中区域 2 的分割精度均比较低，这是由于该区域内较多像素被错误分割给其他区域，而 HmGMM 算法可将各目标区域分割开，因此各区域的产品精度和用户精度均在 89%以上。HmGMM 算法的总精度为 97.10%，比 GMM 算法和 SMM 算法分别高 26.88%和 24.60%；HmGMM 算法的 kappa 值为 0.95，比 GMM 算法和 SMM 算法分别高 0.34 和 0.32。综上分析，HmGMM 算法可以获得高精度分割结果。

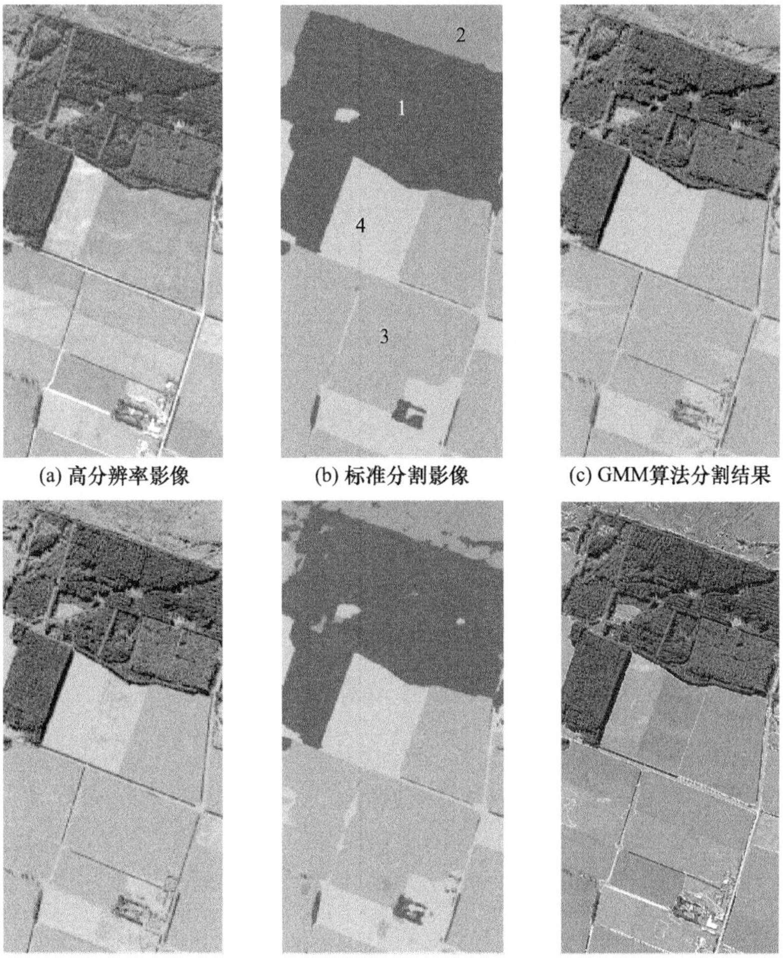

(a) 高分辨率影像　(b) 标准分割影像　(c) GMM算法分割结果

(d) SMM算法分割结果　(e) HmGMM算法分割结果　(f) HmGMM算法轮廓线结果

图 5.32　大尺度多光谱遥感影像及其分割结果

对于图 5.32 影像，GMM 算法、SMM 算法和 HmGMM 算法的分割时间分别为 468.23、963.53 和 489.06 s，SMM 算法的分割时间最多，GMM 算法分割时间最少，而 HmGMM 算法比 GMM 算法的时间多 20.83 s，比 SMM 算法的时间少 474.47 s。随着影像尺寸的增大，各分割算法的分割时间也随之增加。

表 5.15　大尺度多光谱遥感影像分割结果的分割精度

算法	精度	区域 1	区域 2	区域 3	区域 4
GMM 算法	产品精度/%	92.58	14.52	88.52	72.90
	用户精度/%	47.50	38.69	88.67	88.36
	总精度/%	70.22			
	kappa 值	0.61			
SMM 算法	产品精度/%	91.86	12.10	78.24	84.44
	用户精度/%	55.86	22.54	94.18	80.10
	总精度/%	72.50			
	kappa 值	0.63			

续表

算法	精度	区域 1	区域 2	区域 3	区域 4
HmGMM 算法	产品精度/%	97.19	90.61	99.27	95.60
	用户精度/%	98.46	89.36	97.32	98.22
	总精度/%	97.10			
	kappa 值	0.95			

5.3 基于 HmSMM 的遥感影像分割

本节主要介绍基于 HmSMM 的多光谱遥感影像分割的算法描述和分割实验，其中算法描述采用 HmSMM 构建多光谱影像的统计模型，根据 MRF 利用邻域类属性概率分布定义组分权重，进而构建出结合了光谱和空间信息的似然函数，通过梯度优化方法求解模型参数以实现似然函数最大化，最后总结该算法的具体流程。分割实验采用 HmSMM 算法对添加噪声的合成彩色影像和高分辨率多光谱遥感影像进行分割，包括分割结果的定性分析、分割精度的定量分析，并采用传统混合模型分割算法进行对比分割实验，以验证 HmSMM 算法的有效性。

5.3.1 基于 HmSMM 的遥感影像分割算法描述

给定待分割的遥感影像表示为 $\boldsymbol{x}=\{\boldsymbol{x}_i;i=1,2,\cdots,n\}$，其中 $\boldsymbol{x}_i=(x_{id};d=1,2,\cdots,D)$ 为像素 i 的光谱测度矢量，d 为波段索引，D 为总波段数。采用多元学生 t 分布定义层次化混合模型的分量，采用式(4.24)的 HmSMM 建模像素光谱测度矢量 $\boldsymbol{x}_i$ 的条件概率分布，假设 $\boldsymbol{x}_i$ 的条件概率分布之间相互独立，并通过对式(4.24)各像素光谱测度矢量的条件概率分布连乘可得到其联合条件概率分布，表示为

$$p(\boldsymbol{x} \mid \boldsymbol{\Psi}) = \prod_{i=1}^{n} p(\boldsymbol{x}_i \mid \boldsymbol{\Psi}_i)$$
$$= \prod_{i=1}^{n}\left[\sum_{l=1}^{k}\pi_{li}\sum_{j=1}^{m}w_{lij}\frac{\Gamma\left(\frac{\upsilon_{lj}^2+D}{2}\right)(\pi\upsilon_{lj}^2)^{-\frac{D}{2}}\ |\boldsymbol{\Sigma}_{lj}|^{-\frac{1}{2}}}{\Gamma\left(\frac{\upsilon_{lj}^2}{2}\right)}\left(1+\frac{\Delta}{\upsilon_{lj}^2}\right)^{-\frac{\upsilon_{lj}^2+D}{2}}\right] \tag{5.28}$$

式中，模型参数集表示为 $\boldsymbol{\Psi}=\{\boldsymbol{\pi},\boldsymbol{w},\boldsymbol{\mu},\boldsymbol{\Sigma},\boldsymbol{\upsilon}\}$；$\boldsymbol{\pi}=\{\pi_{li};l=1,2,\cdots,k,i=1,2,\cdots,n\}$ 为组分权重集合；$\boldsymbol{w}=\{w_{lij};l=1,2,\cdots,k,i=1,2,\cdots,n,j=1,2,\cdots,m\}$ 为分量权重集合；$\boldsymbol{\mu}=\{\boldsymbol{\mu}_{lj};l=1,2,\cdots,k,j=1,2,\cdots,m\}$ 为均值向量集合；$\boldsymbol{\Sigma}=\{\boldsymbol{\Sigma}_{lj};l=1,2,\cdots,k,j=1,2,\cdots,m\}$ 为协方差集合；$\boldsymbol{\upsilon}=\{\upsilon_{lj};l=1,2,\cdots,k,j=1,2,\cdots,m\}$ 为自由度参数集合。称式(5.28)为基于 HmSMM 的多光谱遥感影像统计模型。

考虑到局部像素的类属性具有较大的相似性，采用 MRF 建模组分权重以将像素局部空间位置关系引入混合模型。利用局部像素的类属性后验概率均值定义组分权重。为了满足组分权重的约束条件，对该均值取指数函数并进行归一化操作，则组分权重表示为

$$\pi_{li}^{(t+1)} = \frac{\exp\left(\eta\sum_{i'\in \boldsymbol{N}_i}u_{li'}^{(t)}\right)}{\sum_{l'=1}^{k}\exp\left(\eta\sum_{i'\in \boldsymbol{N}_i}u_{l'i'}^{(t)}\right)} \tag{5.29}$$

式中，η 为控制噪声平滑强度的系数；i' 为邻域像素索引；$\boldsymbol{N}_i$ 为邻域像素索引集，选取 3×3 像素大小窗口构建 8 邻域系统；u_{li} 为像素 i 隶属于目标区域 l 的后验概率；给定当前模型参数集 $\{\boldsymbol{\pi}^{(t)},\boldsymbol{w}^{(t)},\boldsymbol{\mu}^{(t)},\boldsymbol{\Sigma}^{(t)},\boldsymbol{\upsilon}^{(t)}\}$；$t$ 为迭代索引。根据贝叶斯定理，构建目标区域后验概率，表示为

$$
\begin{aligned}
u_{li}{}^{(t)} &= \frac{\pi_{li}{}^{(t)} p_l(\boldsymbol{x}_i \mid \boldsymbol{\Omega}_l{}^{(t)})}{\sum_{l'=1}^{k} \pi_{l'i}{}^{(t)} p_l(\boldsymbol{x}_i \mid \boldsymbol{\Omega}_{l'}{}^{(t)})} \\
&= \frac{\pi_{li}{}^{(t)} \sum_{j=1}^{m} w_{lij}{}^{(t)} \dfrac{\Gamma\left(\dfrac{\upsilon_{lj}^2 + D}{2}\right)(\pi\upsilon_{lj}^2)^{-\frac{D}{2}} \ |\boldsymbol{\Sigma}_{lj}|^{-\frac{1}{2}}}{\Gamma\left(\dfrac{\upsilon_{lj}^2}{2}\right)} \left(1 + \dfrac{\Delta}{\upsilon_{lj}^2}\right)^{-\frac{\upsilon_{lj}^2+D}{2}}}{\sum_{l'=1}^{k} \pi_{l'i}{}^{(t)} \sum_{j=1}^{m} w_{l'ij}{}^{(t)} \dfrac{\Gamma\left(\dfrac{\upsilon_{l'j}^2 + D}{2}\right)(\pi\upsilon_{l'j}^2)^{-\frac{D}{2}} \ |\boldsymbol{\Sigma}_{l'j}|^{-\frac{1}{2}}}{\Gamma\left(\dfrac{\upsilon_{l'j}^2}{2}\right)} \left(1 + \dfrac{\Delta}{\upsilon_{l'j}^2}\right)^{-\frac{\upsilon_{l'j}^2+D}{2}}}
\end{aligned}
\tag{5.30}
$$

对式(5.28)取对数得到对数似然函数，作为基于 HmSMM 的影像分割模型，表示为

$$
\begin{aligned}
L(\boldsymbol{\Psi}) &= \ln p(\boldsymbol{x} \mid \boldsymbol{\Psi}) \\
&= \sum_{i=1}^{n} \ln \left[\sum_{l=1}^{k} \pi_{li}{}^{(t+1)} \sum_{j=1}^{m} w_{lij} \frac{\Gamma\left(\dfrac{\upsilon_{lj}^2 + D}{2}\right)(\pi\upsilon_{lj}^2)^{-\frac{D}{2}} \ |\boldsymbol{\Sigma}_{lj}|^{-\frac{1}{2}}}{\Gamma\left(\dfrac{\upsilon_{lj}^2}{2}\right)} \left(1 + \frac{\Delta}{\upsilon_{lj}^2}\right)^{-\frac{\upsilon_{lj}^2+D}{2}} \right]
\end{aligned}
\tag{5.31}
$$

采用梯度优化方法实现最大化对数似然函数，以求解模型参数集。由于式(5.31)中参数结构比较复杂，导致参数求导过程计算量比较大，为此，将 Jensen 不等式应用于对数似然函数，得到关于对数似然函数的不等式，表示为

$$
L(\boldsymbol{\Psi}) \geqslant \sum_{i=1}^{n} \sum_{l=1}^{k} u_{li}^{(t)} \left\{ \ln \pi_{li}{}^{(t+1)} + \sum_{j=1}^{m} v_{lij}^{(t)} \ln \left[w_{lij} \frac{\Gamma\left(\dfrac{\upsilon_{lj}^2 + D}{2}\right)(\pi\upsilon_{lj}^2)^{-\frac{D}{2}} \ |\boldsymbol{\Sigma}_{lj}|^{-\frac{1}{2}}}{\Gamma\left(\dfrac{\upsilon_{lj}^2}{2}\right)} \left(1 + \frac{\Delta}{\upsilon_{lj}^2}\right)^{-\frac{\upsilon_{lj}^2+D}{2}} \right] \right\}
\tag{5.32}
$$

不等式右侧项为对数似然函数下界函数，通过最大化该下界函数可实现最大化对数似然函数，将其记为

$$
\begin{aligned}
Q(\boldsymbol{\Psi}) = \sum_{i=1}^{n} \sum_{l=1}^{k} u_{li}^{(t)} \Bigg\{ & \ln \pi_{li}{}^{(t+1)} + \sum_{j=1}^{m} v_{lij}^{(t)} \Bigg[\ln w_{lij} + \ln \Gamma\left(\frac{\upsilon_{lj}^2 + D}{2}\right) - \\
& \frac{D}{2} \ln(\pi\upsilon_{lj}^2) - \frac{1}{2} \ln|\boldsymbol{\Sigma}_{lj}| - \ln\Gamma\left(\frac{\upsilon_{lj}^2}{2}\right) - \frac{\upsilon_{lj}^2 + D}{2} \ln\left(1 + \frac{\Delta}{\upsilon_{lj}^2}\right) \Bigg] \Bigg\}
\end{aligned}
\tag{5.33}
$$

式中，v_{lij} 为像素 i 隶属于目标区域 l 中子区域 j 的后验概率，根据贝叶斯定理将其表示为

$$
\begin{aligned}
v_{lij}{}^{(t)} &= \frac{w_{lij}^{(t)} p_{lj}(\boldsymbol{x}_n \mid \boldsymbol{\mu}_{lj}^{(t)}, \boldsymbol{\Sigma}_{lj}^{(t)}, \upsilon_{lj}^{(t)})}{\sum_{j'=1}^{m} w_{lij'}^{(t)} p_{lj'}(\boldsymbol{x}_n \mid \boldsymbol{\mu}_{lj'}^{(t)}, \boldsymbol{\Sigma}_{lj'}^{(t)}, \upsilon_{lj'}^{(t)})} \\
&= \frac{w_{lij}^{(t)} \Gamma\left(\dfrac{\upsilon_{lj}^2 + D}{2}\right)(\pi\upsilon_{lj}^2)^{-\frac{D}{2}} |\boldsymbol{\Sigma}_{lj}|^{-\frac{1}{2}} \Gamma\left(\dfrac{\upsilon_{lj}^2}{2}\right)^{-1} \left(1 + \dfrac{\Delta}{\upsilon_{lj}^2}\right)^{-\frac{\upsilon_{lj}^2+D}{2}}}{\sum_{j'=1}^{m} w_{lij'}^{(t)} \Gamma\left(\dfrac{\upsilon_{lj'}^2 + D}{2}\right)(\pi\upsilon_{lj'}^2)^{-\frac{D}{2}} |\boldsymbol{\Sigma}_{lj'}|^{-\frac{1}{2}} \Gamma\left(\dfrac{\upsilon_{lj'}^2}{2}\right)^{-1} \left(1 + \dfrac{\Delta}{\upsilon_{lj'}^2}\right)^{-\frac{\upsilon_{lj'}^2+D}{2}}}
\end{aligned}
\tag{5.34}
$$

在进行 HmSMM 分割模型求解时，由于组分权重在分割模型中结构比较复杂，为了实现

快速且准确的参数求解，采用梯度优化方法求解模型参数集。令当前待求解参数集为 $\boldsymbol{\Psi}^{(t)}=\{\boldsymbol{w}^{(t)},\boldsymbol{\mu}^{(t)},\boldsymbol{\Sigma}^{(t)},\boldsymbol{v}^{(t)},\boldsymbol{\eta}^{(t)}\}$，通过构建搜索方向来更新模型参数集 $\boldsymbol{\Psi}$ 进而得到最优解，新的参数集表示为

$$\boldsymbol{\Psi}^{(t+1)}=\boldsymbol{\Psi}^{(t)}+\lambda \boldsymbol{d}_{\boldsymbol{\Psi}}{}^{(t)} \tag{5.35}$$

式中，λ为步长；$\boldsymbol{d}_{\boldsymbol{\Psi}}=\{d_{\boldsymbol{w}},d_{\boldsymbol{\mu}},d_{\boldsymbol{\Sigma}},d_{\boldsymbol{v}},d_{\boldsymbol{\eta}}\}$为参数集的搜索方向。负梯度为损失函数的最快上升方向，将搜索方向定义为负梯度，即 $\boldsymbol{d}_{\boldsymbol{\Psi}'}=-\boldsymbol{g}_{\boldsymbol{\Psi}'}$，模型参数集梯度表示为 $\boldsymbol{g}_{\boldsymbol{\Psi}}=\{g_{\boldsymbol{w}},g_{\boldsymbol{\mu}},g_{\boldsymbol{\Sigma}},g_{\boldsymbol{v}},g_{\boldsymbol{\eta}}\}$，其中分量权重梯度表示为 $g_{\boldsymbol{w}}=\{\partial Q/\partial w_{lij};l=1,2,\cdots,k,i=1,2,\cdots,n,j=1,2,\cdots,m\}$，利用式(5.33)目标函数对分量权重 w_{lij} 求偏导，表示为

$$\frac{\partial Q(\boldsymbol{\Psi})}{\partial w_{lij}}=\frac{\pi_{li}\Gamma\left(\frac{v_{lj}^2+D}{2}\right)(\pi v_{lj}^2)^{-\frac{D}{2}}\,|\boldsymbol{\Sigma}_{lj}|^{-\frac{1}{2}}\Gamma\left(\frac{v_{lj}^2}{2}\right)^{-1}\left(1+\frac{\Delta}{v_{lj}^2}\right)^{-\frac{v_{lj}^2+D}{2}}}{\sum_{l'=1}^{k}\pi_{l'i}\sum_{j'=1}^{m}w_{l'ij'}\Gamma\left(\frac{v_{l'j'}^2+D}{2}\right)(\pi v_{l'j'}^2)^{-\frac{D}{2}}\,|\boldsymbol{\Sigma}_{l'j'}|^{-\frac{1}{2}}\Gamma\left(\frac{v_{l'j'}^2}{2}\right)^{-1}\left(1+\frac{\Delta}{v_{l'j'}^2}\right)^{-\frac{v_{l'j'}^2+D}{2}}} \tag{5.36}$$

均值梯度表示为 $g_{\boldsymbol{\mu}}=\{\partial J/\partial \boldsymbol{\mu}_{lj};l=1,2,\cdots,k,j=1,2,\cdots,m\}$，利用式(5.33)目标函数对均值 $\boldsymbol{\mu}_{lj}$ 求偏导，表示为

$$\frac{\partial Q(\boldsymbol{\Psi})}{\partial \boldsymbol{\mu}_{lj}}=\sum_{i=1}^{n}u_{li}^{(t)}v_{lij}^{(t)}\left[\frac{v_{lj}^2+D}{v_{lj}^2}\left(1+\frac{\Delta}{v_{lj}^2}\right)^{-1}\boldsymbol{\Sigma}_{lj}^{-1}(\boldsymbol{x}_i-\boldsymbol{\mu}_{lj})^{\mathrm{T}}\right] \tag{5.37}$$

协方差梯度表示为 $g_{\boldsymbol{\Sigma}}=\{\partial Q/\partial \boldsymbol{\Sigma}_{lj}{}^{-1};l=1,2,\cdots,k,j=1,2,\cdots,m\}$，利用式(5.33)目标函数对协方差 $\boldsymbol{\Sigma}_{lj}{}^{-1}$求偏导，表示为

$$\frac{\partial Q(\boldsymbol{\Psi})}{\partial \boldsymbol{\Sigma}_{lj}^{-1}}=\sum_{i=1}^{n}u_{li}^{(t)}v_{lij}^{(t)}\left[\frac{1}{2}\boldsymbol{\Sigma}_{lj}-\frac{v_{lj}^2+D}{2v_{lj}^2}\left(1+\frac{\Delta}{v_{lj}^2}\right)^{-1}(\boldsymbol{x}_i-\boldsymbol{\mu}_{lj})^{\mathrm{T}}(\boldsymbol{x}_i-\boldsymbol{\mu}_{lj})\right] \tag{5.38}$$

自由度参数梯度表示为 $g_{\boldsymbol{v}}=\{\partial Q/\partial v_{lj};l=1,2,\cdots,k,j=1,2,\cdots,m\}$，利用式(5.33)目标函数对自由度参数 v_{lj} 求偏导，表示为

$$\frac{\partial Q(\boldsymbol{\Psi})}{\partial v_{lj}}=\sum_{i=1}^{n}u_{li}^{(t)}v_{lij}^{(t)}\left[v_{lj}\varphi\left(\frac{v_{lj}^2+D}{2}\right)-\frac{D}{v_{lj}^2}-v_{lj}^2\varphi\left(\frac{v_{lj}^2}{2}\right)-v_{lj}^2\ln\left(1+\frac{\Delta}{v_{lj}^2}\right)+\frac{(v_{lj}^2+D)\Delta}{v_{lj}^3}\left(1+\frac{\Delta}{v_{lj}^2}\right)^{-1}\right] \tag{5.39}$$

式中，$\varphi(a)=\Gamma'(a)/\Gamma(a)$。另外，$g_{\eta}=\partial Q/\partial \eta$ 为式(5.33)目标函数关于平滑系数的梯度，计算公式如下：

$$\frac{\partial Q(\boldsymbol{\Psi})}{\partial \eta}=\sum_{i=1}^{n}\sum_{l=1}^{k}u_{li}^{(t)}\left\{\frac{1}{\#\boldsymbol{N}_i}\sum_{i'\in \boldsymbol{N}_i}u_{li'}^{(t)}-\frac{\sum_{l=1}^{k}\left[\left(\frac{1}{\#\boldsymbol{N}_i}\sum_{i'\in \boldsymbol{N}_i}u_{li'}^{(t)}\right)\exp\left(\frac{\eta}{\#\boldsymbol{N}_i}\sum_{i'\in \boldsymbol{N}_i}u_{li'}^{(t)}\right)\right]}{\sum_{l=1}^{k}\left[\exp\left(\frac{\beta}{\#\boldsymbol{N}_i}\sum_{i'\in \boldsymbol{N}_i}u_{li'}^{(t)}\right)\right]}\right\} \tag{5.40}$$

通过最大化后验概率可得到各像素的目标区域标号，表示为

$$z_i=\underset{l\in\{1,2,\cdots,k\}}{\operatorname{argmax}}\{u_{li}\} \tag{5.41}$$

综上，总结基于 HmSMM 的遥感影像分割算法的具体实现过程，如图 5.33 所示。

输入：组分数 k，分量数 m，迭代次数 IT，收敛误差 e，步长 λ。

输出：像素类属性标号。

步骤 1：初始化模型参数集 $\boldsymbol{\Psi}^{(t)}$：组分权重 $\pi_{li}{}^{(t)}$、分量权重 $w_{lij}{}^{(t)}$、均值 $\boldsymbol{\mu}_{lj}{}^{(t)}$、协方差$\boldsymbol{\Sigma}_{lj}{}^{(t)}$和平滑系数 $\eta^{(t)}$，令迭代索引 $t=0$；

步骤 2：利用式(5.30)和式(5.34)计算后验概率 $u_{li}{}^{(t)}$ 和 $v_{lij}{}^{(t)}$；

步骤 3：利用式(5.29)计算新的组分权重 $\pi_{li}{}^{(t+1)}$；

步骤 4：利用式(5.36)～式(5.40)分别计算分量权重、均值、协方差、平滑系数的梯度；

步骤 5：利用式(5.35)计算新的模型参数集 $\boldsymbol{\Psi}^{(t+1)}$：分量权重 $w_{lij}{}^{(t+1)}$、均值 $\boldsymbol{\mu}_{lj}{}^{(t+1)}$、协方差 $\boldsymbol{\Sigma}_{lj}{}^{(t+1)}$ 和平滑系数 $\eta^{(t+1)}$；

步骤 6：根据式(5.31)利用模型参数集合 $\boldsymbol{\Psi}^{(t)}$ 和 $\boldsymbol{\Psi}^{(t+1)}$ 分别计算似然函数 $L(\boldsymbol{\Psi}^{(t)})$ 和 $L(\boldsymbol{\Psi}^{(t+1)})$；

步骤 7：若对数似然函数收敛，即 $|L(\boldsymbol{\Psi}^{(t+1)})-L(\boldsymbol{\Psi}^{(t)})|<e$，或达到最大迭代次数，即 $t\geqslant$ IT，则停止迭代，否则返回步骤 2，令 $t=t+1$。

步骤 8：利用式(5.41)获得像素标号，即分割结果。

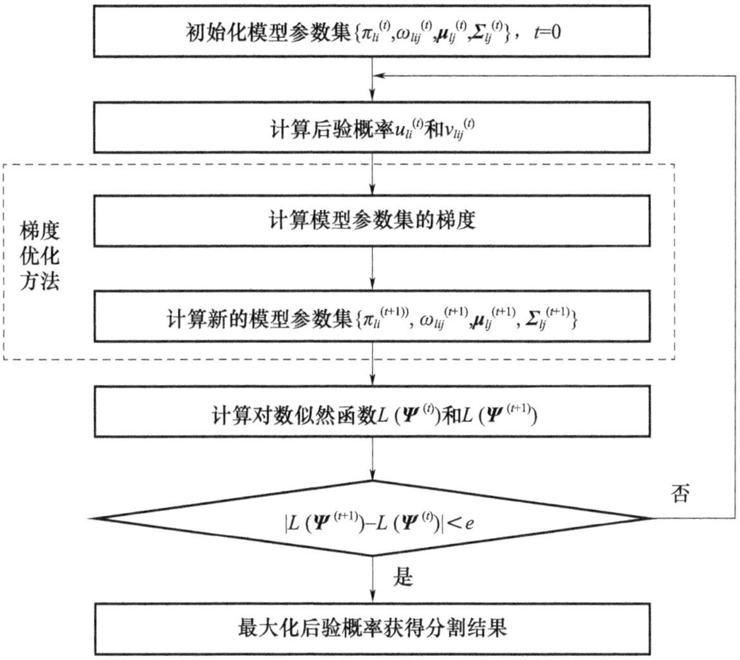

图 5.33　基于 HmSMM 的遥感影像分割流程图

5.3.2　基于 HmSMM 的多光谱遥感影像分割实例

在高分辨率多光谱遥感影像分割实例中，采用 GMM 算法、SMM 算法和 HmSMM 算法对添加噪声的合成多光谱影像和高分辨率多光谱遥感影像进行分割实验，并定性和定量地分析实验结果。将 HmSMM 算法的参数设置如下：分量数为 3，步长为 10^{-6}，收敛误差为 0.0001，迭代次数为 500。采用 GMM 算法和 SMM 算法进行对比分割实验，其中 GMM 算法(Nguyen et al.，2013b)采用多元高斯分布作为混合模型组分，建模影像内像素光谱测度的统计分布，进而构建模型参数的似然函数作为影像统计模型，利用基于平滑因子的 Gibbs 分布建模组分权重先验分布以考虑像素空间位置关系，根据贝叶斯理论构建模型参数后验分布作为影像分割模型，并采用 EM 方法求解影像分割模型，以推导出模型参数表达式；SMM 算法(Nguyen et al.，2012)采用 SMM 建模影像内像素光谱测度的统计分布，进而构建出影像统计模型，采用 MRF 构建组分权重先验分布，根据贝叶斯定理构建出影像分割模型，并采用 GD 方法优化模型参数。

5.3.2.1 合成多光谱噪声影像

图 5.34(a)为包含 4 个同质区域的模板影像,图中标号 1～4 索引不同的同质区域,以其为模板构造出合成多光谱影像,见图 5.34(b),图中各区域分别为从 0.5 m 分辨率的遥感影像上截取的海洋、森林、耕地和裸地区域。为了验证 HmSMM 算法的抗噪性和分割性能,对图 5.34(b)合成多光谱影像添加 2%的椒盐噪声得到噪声影像,见图 5.34(c),可以看出各区域内包含了比较密集的不同颜色的噪声点。

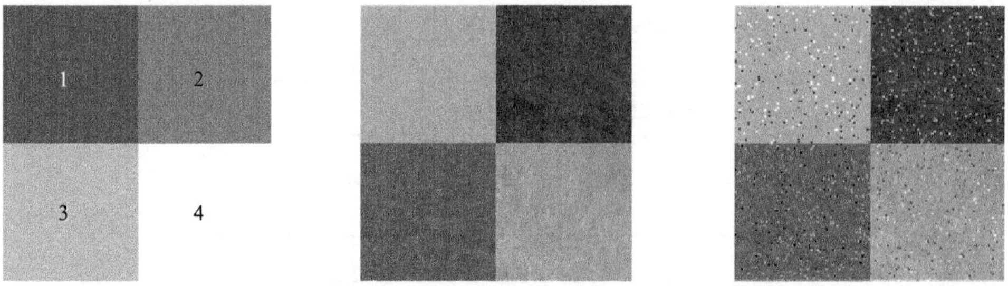

(a) 模板影像　　(b) 合成多光谱影像　　(c) 添加噪声的合成多光谱影像

图 5.34　模板影像、合成多光谱影像和添加噪声合成多光谱影像

图 5.35 为采用 GMM 算法、SMM 算法和 HmSMM 算法分割添加噪声的合成多光谱影像得到的实验结果。从 GMM 算法分割结果可以看出,GMM 算法难以将林地和草地分割开,这是由于这两个区域的光谱测度相似性比较大,虽然该算法考虑到了像素空间位置信息,但仍难以克服影像噪声的影响,其分割结果中仍然存在大量噪声像素。从 SMM 算法分割结果可以看出,SMM 算法可以将各区域分割开,但受到影像噪声影响其分割结果中存在大量误分割像素。从 HmSMM 算法分割结果可以看出,HmSMM 算法可有效克服影像噪声的影响,不受不同区域像素光谱相似性影响,将各区域准确分割开,且各区域内几乎不存在误分割像素。为了更直观地评价上述分割结果,提取分割结果各区域之间轮廓线叠加在合成多光谱影像上,结果见图 5.35(d)～(f),图中白色线为轮廓线。从该结果可直观看出,GMM 算法结果的区域 1～3内均在大量误分割像素,仅在区域 4 内存在少量误分割像素,SMM 算法结果各区域内均存在大量白色误分割像素,而 HmSMM 算法结果中白色轮廓线可以和合成多光谱影像各区域边界很好重合在一起,且各区域内几乎不存在误分割像素。综上所述,HmSMM 算法可获得最优的噪声影像分割结果。

为了定量评价 HmSMM 算法,以图 5.34(a)模板影像作为标准分割影像,统计各分割结果的混淆矩阵,进而计算各区域的用户精度和产品精度,以及分割结果的总精度和 kappa 值,见表 5.16。由于 GMM 算法分割结果中区域 2 和 3 未被分割开,导致区域 3 的用户精度为 0,而区域 2 的产品精度也比较低;SMM 算法分割结果中存在少量误分割像素,其各区域的用户精度和产品精度在 91%到 97%之间;HmSMM 算法可以将各区域准确分割开,其各区域的精度均为 100%。通过比较各算法的总精度和 kappa 值可知,HmSMM 算法总精度和 kappa 值明显高于对比算法,比 GMM 算法高 29.01%和 0.36,比 SMM 算法高 6.65%和 0.09。综上所述,HmSMM 算法可获得高精度的分割结果。

为了验证步长对 HmSMM 算法分割性能的影响,绘制不同步长设置下的对数似然函数变化曲线,见图 5.36。图中横轴和纵轴分别为迭代次数和似然函数值,不同类型曲线(实线、虚线、点线、圆形标记和方形标记)分别为步长设为 10^{-3}、10^{-4}、10^{-5}、10^{-6} 和 10^{-7} 时对数似然函数变化曲线。从图 5.36 可以看出，随着迭代次数的增加，各颜色曲线逐渐保持小范围变化或几乎不变，在 50 次迭代之后各颜色曲线几乎达到收敛。而由于步长设置不同，对数似然函数收敛的数值不同，根据最大似然准则，圆形标记曲线所对应的似然函数明显高于其他曲线的数值，因此在分割实验中将步长设为 10^{-6} 可获得最优参数估计值。

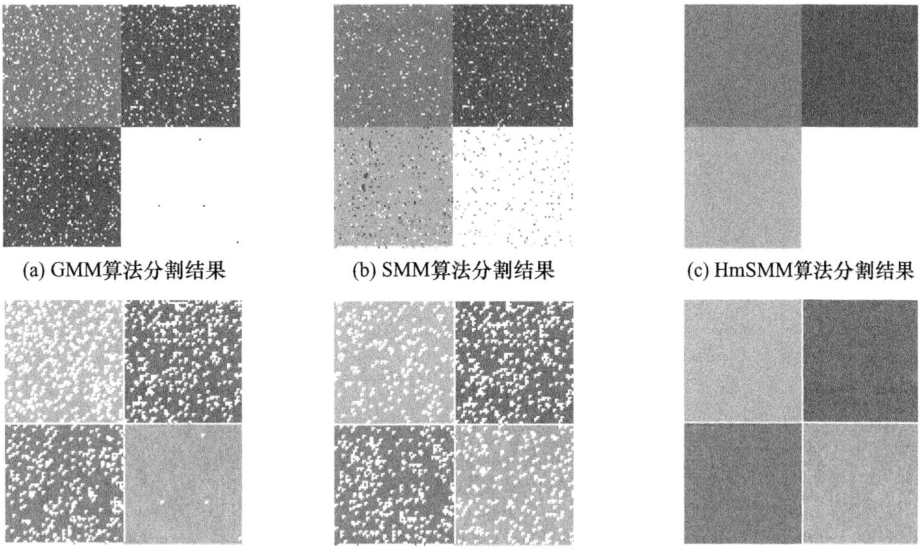

(a) GMM算法分割结果　(b) SMM算法分割结果　(c) HmSMM算法分割结果

(d) GMM算法轮廓线叠加结果　(e) SMM算法轮廓线叠加结果　(f) HmSMM算法轮廓线叠加结果

图 5.35　添加噪声合成多光谱影像的实验结果

表 5.16　添加噪声的合成多光谱影像分割结果的精度

算法	精度	区域			
		1	2	3	4
GMM 算法	用户精度/%	89.89	94.14	0	100
	产品精度/%	100	49.47	100	83.41
	总精度/%	70.99			
	kappa 值	0.64			
SMM 算法	用户精度/%	95.04	91.99	91.63	94.73
	产品精度/%	93.02	96.94	92.05	91.62
	总精度/%	93.35			
	kappa 值	0.91			
HmSMM 算法	用户精度/%	100	100	100	100
	产品精度/%	100	100	100	100
	总精度/%	100			
	kappa 值	1.00			

5.3.2.2　添加噪声多光谱遥感影像分割

为了验证 HmSMM 算法分割高分辨率多光谱遥感影像的有效性，选取 8 幅 256×256 像素的多光谱遥感影像，如图 5.37 所示。其中，图 5.37(a)为 0.5 m 分辨率 GeoEye1 卫星影像，图中包含运动场和观众席等地物；(b)和(f)为 0.8 m 分辨率的 IKONOS 卫星影像，图中包含耕地、裸地和建筑物等地物；(c)和(g)为 0.5 m 分辨率的 Worldview2 卫星影像，图中包含运动场、建筑物、树木、草地等地物；(d)、(e)和(h)为 0.4 m 分辨率的 Worldview3 卫星影像，图中包含建筑物、裸地、道路和绿化区等地物。上述高分辨率多光谱遥感影像内地物类型和结构均比较复杂，可有效验证 HmSMM 分割算法对复杂地物分割的适用性。

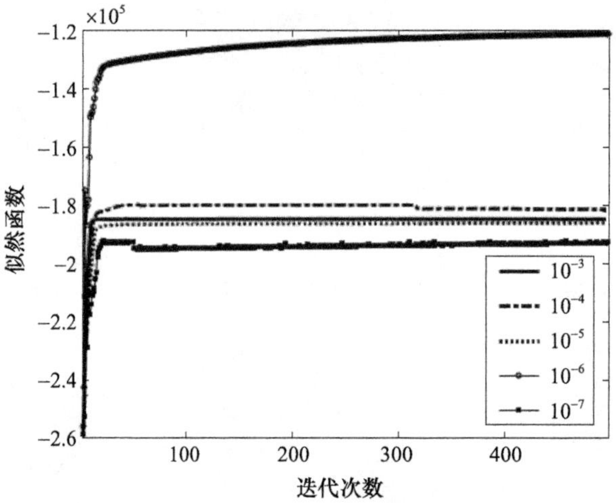

图 5.36　步长对似然函数影响结果

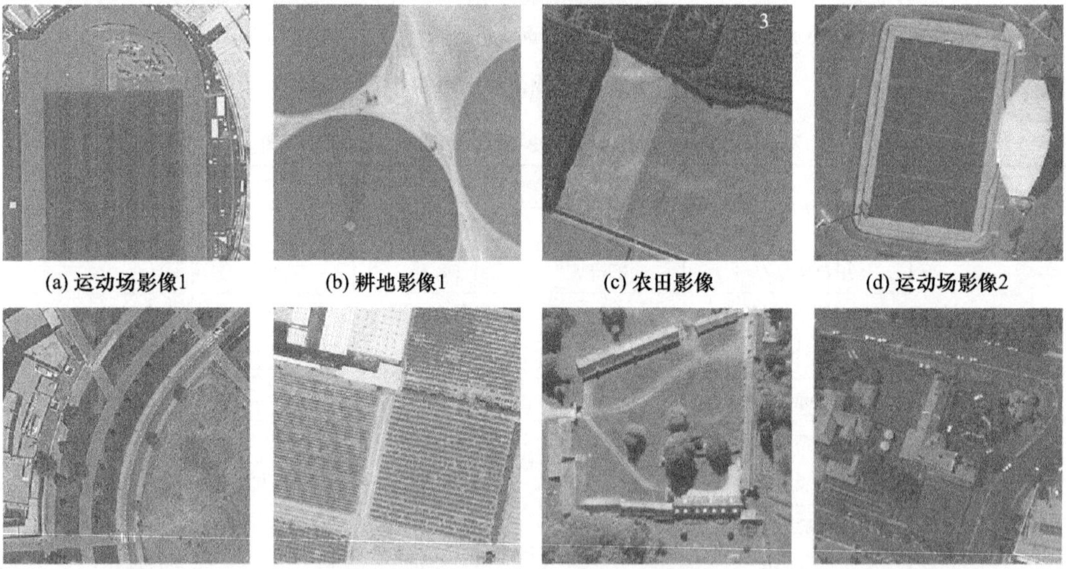

(a) 运动场影像1　(b) 耕地影像1　(c) 农田影像　(d) 运动场影像2

(e) 广场影像　(f) 耕地影像2　(g) 建筑影像1　(h) 建筑影像2

图 5.37　高分辨率多光谱遥感影像

为了验证 HmSMM 算法的抗噪性，对图 5.37 多光谱遥感影像添加 2％椒盐噪声得到噪声遥感影像，如图 5.38 所示。从图中可知各影像内均包含大量不同颜色的噪声像素，且随机分布在影像各地物区域内。由于遥感影像无标准分割影像，通过目视解译绘制各多光谱遥感影像的标准分割影像，见图 5.39，图中标号 1～4 表示同质区域索引，利用标准分割影像对分割结果进行定量评价。

采用 GMM 算法、SMM 算法和 HmSMM 算法分割添加噪声的遥感影像，分割结果见图 5.40～图 5.42。GMM 算法采用多元高斯分布作为混合模型组分；SMM 算法采用多元学生 t 分布作为混合模型组分；HmSMM 算法采用学生 t 分布作为其分量，以建模高分辨率多光谱遥感影像中像素光谱测度矢量的统计分布。根据目视解译将各影像的类别设为 3、3、4、4、4、4 和 4 进行分割实验。从 GMM 算法分割结果可知，虽然 GMM 算法考虑了局部像素空间位置信息，但该算法仍难以克服噪声的影响，分割结果中存在较多噪声像素，而由于不同区域像素光谱测度具有较强相似性，导致分割结果中存在误分割像素，见图 5.40(a)～(d)中存在较多噪声像素，(e)、(g)和(h)中道路、树木和建筑物等地物难以被分割开，(e)中森林和(f)中耕地区域内存在较明显纹理。从 SMM 算法分割结果可知，该算法虽然考虑了局部像素空间位置信息，但分割结果中仍存在误分割像素和噪声像素，且对于颜色相近或光谱测度比较相似区域难以分割，如图 5.41(a)中运动场(区域 2)和看台(区域 3)，(c)和(f)中森林和耕地区域内存在明显的纹理，(e)中裸地和道路难以被分割开，(g)中道路(区域 3)和建筑物(区域 4)难以被分割开。从 HmSMM 算法分割结果可知，HmSMM 算法结合 HmSMM 和 MRF 模型，可有效利用影像的像素光谱信息和空间信息，进而克服噪声像素影响，分割结果中仅存在极少噪声像素，如图 5.42(d)裸地区域内存在少量误分割像素；同时，HmSMM 算法可将颜色或光谱测度相近区域准确分割开，如(d)中道路和树木以及(e)中道路和裸地可被分割开；而对于高分辨率多光谱遥感影像内存在的明显纹理，HmSMM 算法同样可以有效避免其影响获得良好的分割结果，如(c)中森林区域和(f)中耕地区域；对于地物类型或结构比较复杂地物，其分割结果中存在少量误分割像素，如(h)中草地(区域 1)。上述 HmSMM 算法的分割结果在视觉上明显优于对比算法的分割结果。为了更直观地评价上述分割结果，提取分割结果各区域之间轮廓线叠加在高分辨率多光谱遥感影像上，结果见图 5.43，图中白色线为分割结果的轮廓线。从轮廓线叠加结果可直观看出，HmSMM 算法分割结果的区域轮廓线可以和多光谱遥感影像各区域边界线很好重合在一起，仅存在少量误分割像素，如图 5.43(d)和(h)中树木区域。综上所述，HmSMM 算法可有效克服噪声像素影响获得最优的分割结果。

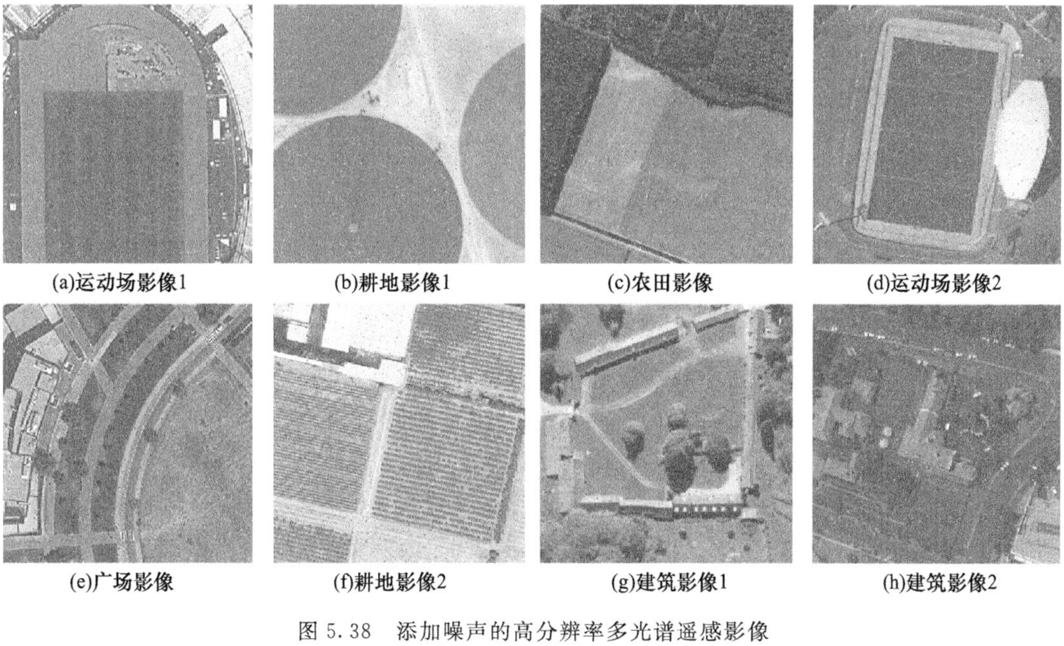

(a)运动场影像1　(b)耕地影像1　(c)农田影像　(d)运动场影像2

(e)广场影像　(f)耕地影像2　(g)建筑影像1　(h)建筑影像2

图 5.38　添加噪声的高分辨率多光谱遥感影像

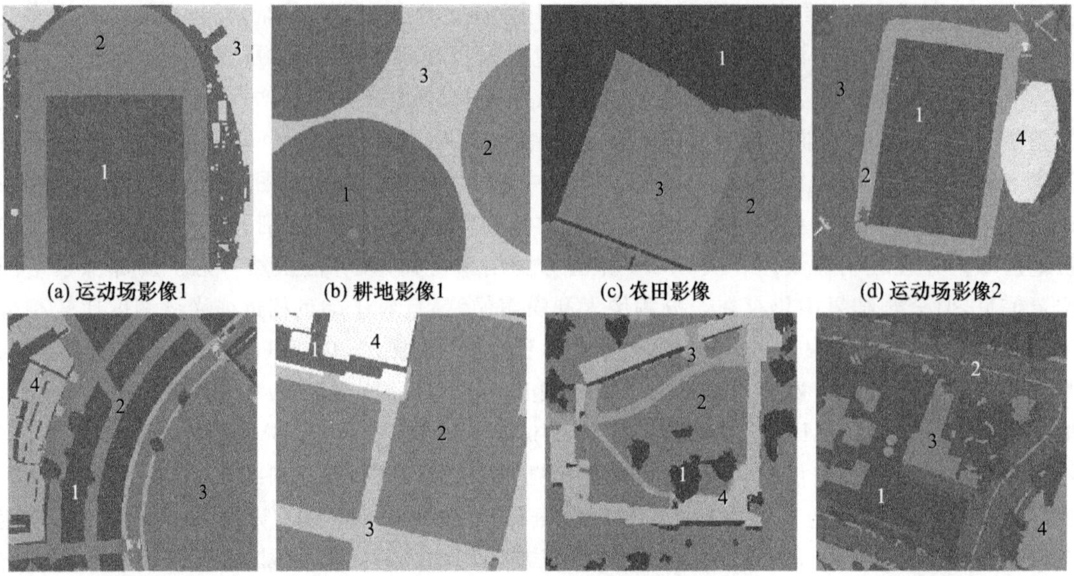

(a) 运动场影像1　(b) 耕地影像1　(c) 农田影像　(d) 运动场影像2

(e) 广场影像　(f) 耕地影像2　(g) 建筑影像1　(h) 建筑影像2

图 5.39　高分辨率多光谱遥感影像的标准分割影像

(a) 运动场影像1　(b) 耕地影像1　(c) 农田影像　(d) 运动场影像2

(e) 广场影像　(f) 耕地影像2　(g) 建筑影像1　(h) 建筑影像2

图 5.40　GMM 算法分割添加噪声高分辨率多光谱遥感影像的结果

为了定量评价添加噪声的高分辨率多光谱遥感影像的分割结果，利用标准分割影像和分割结果计算各目标区域的产品精度和用户精度，以及整幅分割结果的总精度和 kappa 值。表 5.17～表 5.19 分别列出了 GMM 算法、SMM 算法和 HmSMM 算法分割结果的精度。由于 GMM 算法和 SMM 算法的分割结果中存在较多噪声像素和误分割像素或区域，导致分割结果内各目标区域的产品精度或用户精度比较低，进而导致分割结果的总分割精度较低。而 HmSMM 算法结合 HmSMM 和 MRF 可有效利用像素光谱信息和空间信息，避免噪声像素的影响获得最优的分割结果，因此 HmSMM 算法的分割精度优于对比算法。从 GMM 算法分割精度可看出，其各分割结果目标区域的最低精度分别为 43.60％、58.23％、63.84％、32.90％、11.49％、8.55％、12.68％和 0.80％，这说明 GMM 算法易受噪声像素影响，难以将高分辨率多光谱遥感影像准确分割开；各分割结果的总分割精度在 46%到 89%之间，kappa 值在 0.35 到 0.81 之间，其中广场、耕地 2、建筑 1 和建筑 2 影像的总分割精度比较低，在 40%到 60%之间，而运动场 1、耕地 1、农田和运动场 2 的总分割精度比较高，在 80%到 90%之间，这说明 GMM 算法难以准确分割地物结构比较复杂、地物颜色比较相近的遥感影像。从 SMM 算法分割精度可知，其分割结果各目标区域的最低精度分别为 73.46%、87.82%、76.61%、0.70%、33.14%、36.55%、0.31%和 52.94%，这说明 SMM 算法难以将颜色或光谱值相近的两个区域分割开，如运动场 2 影像中看台和跑道边缘区域，建筑 1 影像中道路和建筑；各分割结果的正确分割精度在 64%到 96%之间，kappa 值在 0.51 到 0.92 之间，其中广场、耕地 2、建筑 1 和建筑 2 的 4 幅影像的正确分割精度比较低，在 64%到 72%之间，而运动场 1、耕地 1、农田和运动场 2 的正确分割精度比较高，在 81%到 96%之间，这说明 SMM 算法难以准确分割地物结构比较复杂、地物颜色或光谱值比较相近的遥感影像。综上所述，GMM 算法和 SMM 算法均难以克服噪声像素的影响，导致分割结果中存在不同程度的噪声像素或误分割像素，对包含复杂地物的遥感影像，难以将各地物区域分割开，进而导致分割精度比较低；另外，SMM 算法各分割结果的正确分割精度比 GMM 算法高，但仍难以获得高精度的高分辨率多光谱遥感影像分割结果。从 HmSMM 算法分割精度可知，其分割结果各目标区域的最低精度分别为 95.33%、92.03%、98.76%、92.98%、89.19%、90.99%、60.02%和 78.67%，这说明 HmSMM 算法可以较准确地将各影像的地物区域分割开，仅对比较复杂地物的分割精度比较低，如建筑 1 和建筑 2 影像内树木和建筑区域；各分割结果的总分割精度在 87%到 100%之间，kappa 值在 0.80 到 0.98 之间，其中建筑 1 和建筑 2 影像的总分割精度在 87%左右，而其他影像的分割精度在 90%以上，这说明 HmSMM 算法可以有效克服噪声像素的影响，获得较高精度的分割结果，仅对复杂结构地物的分割精度比较低，但仍然在 87%左右且高于对比算法的精度。图 5.44绘制出各算法的总精度和 kappa 值的柱状图，可直观看出，GMM 算法和 SMM 算法在广场、耕地 2、建筑 1 和建筑 2 的 4 幅影像的分割精度相对比较低，且 SMM 算法精度高于 GMM 算法；HmSMM 算法各影像的分割精度均比较高，且优于对比算法精度。因此，HmSMM 算法可获得高精度的添加噪声的高分辨率多光谱遥感影像分割结果。

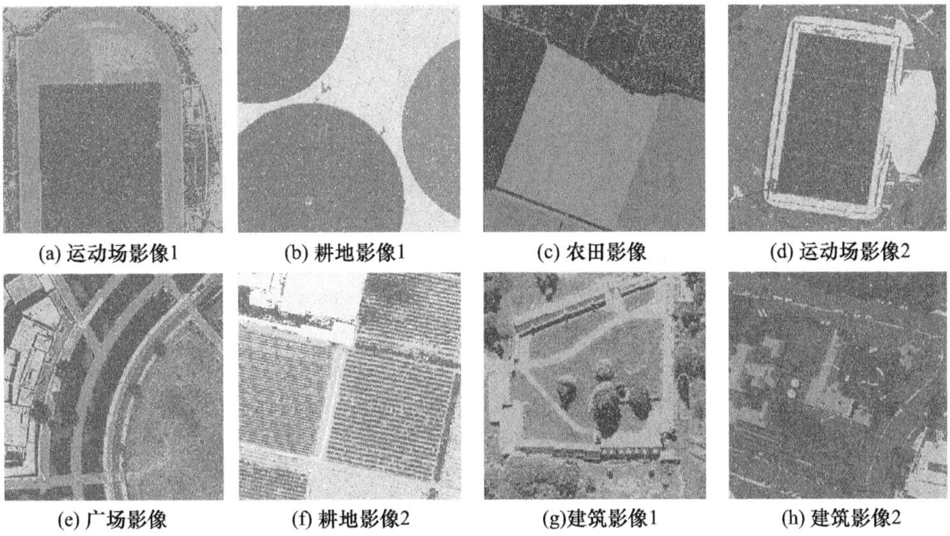

(a) 运动场影像1　(b) 耕地影像1　(c) 农田影像　(d) 运动场影像2

(e) 广场影像　(f) 耕地影像2　(g)建筑影像1　(h) 建筑影像2

图 5.41　SMM 算法分割添加噪声高分辨率多光谱遥感影像的结果

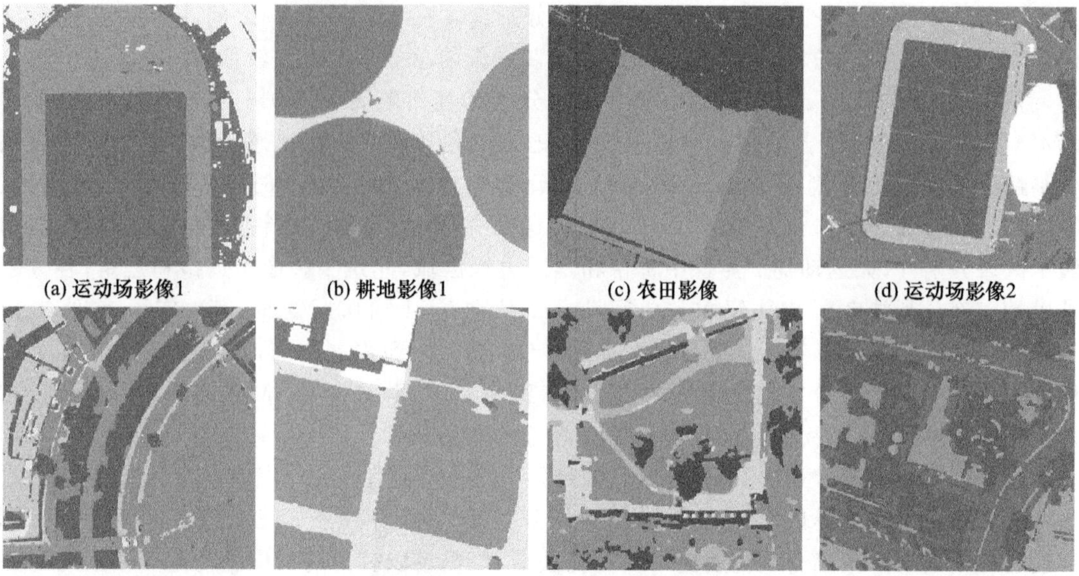

(a) 运动场影像1　(b) 耕地影像1　(c) 农田影像　(d) 运动场影像2

(e) 广场影像　(f) 耕地影像2　(g) 建筑影像1　(h) 建筑影像2

图 5.42　HmSMM 算法分割添加噪声高分辨率多光谱遥感影像的结果

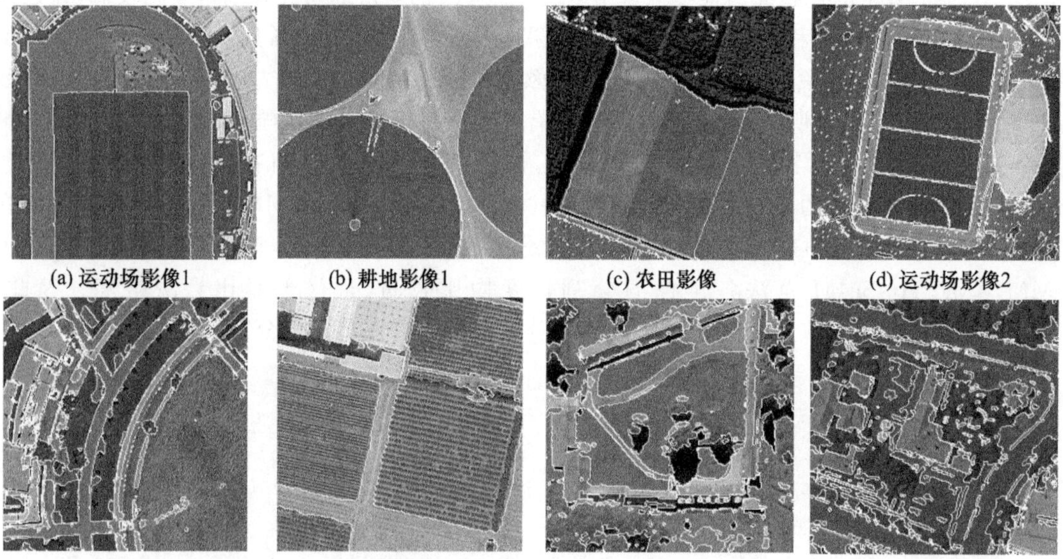

(a) 运动场影像1　(b) 耕地影像1　(c) 农田影像　(d) 运动场影像2

(e) 广场影像　(f) 耕地影像2　(g) 建筑影像1　(h) 建筑影像2

图 5.43　HmSMM 算法分割添加噪声高分辨率多光谱遥感影像的轮廓线叠加结果

表 5.17　GMM 算法分割添加噪声的高分辨率多光谱遥感影像的精度

影像	精度	区域 1	区域 2	区域 3	区域 4	影像	精度	区域 1	区域 2	区域 3	区域 4
运动场 1	产品精度/%	97.78	100.00	43.60	—	广场	产品精度/%	83.46	70.82	12.81	40.22
	用户精度/%	86.52	73.56	95.89	—		用户精度/%	79.39	58.80	11.49	65.68
	总精度/%	83.32					总精度/%	59.50			
	kappa 值	0.74					kappa 值	0.50			

续表

影像	精度	区域 1	区域 2	区域 3	区域 4	影像	精度	区域 1	区域 2	区域 3	区域 4
耕地 1	产品精度/%	100	58.23	99.93	—	耕地 2	产品精度/%	90.40	8.55	47.68	53.44
	用户精度/%	84.46	100	87.56	—		用户精度/%	29.19	53.22	75.84	99.84
	总精度/%	88.81					总精度/%	46.09			
	kappa 值	0.81					kappa 值	0.35			
农田	产品精度/%	99.70	63.84	98.42	—	建筑 1	产品精度/%	82.16	97.69	21.18	12.68
	用户精度/%	78.49	97.95	90.13	—		用户精度/%	77.66	53.32	95.76	15.40
	总精度/%	87.08					总精度/%	52.32			
	kappa 值	0.81					kappa 值	0.38			
运动场 2	产品精度/%	97.73	97.63	95.04	32.90	建筑 2	产品精度/%	96.37	77.10	33.76	0.80
	用户精度/%	85.86	76.01	81.73	99.80		用户精度/%	36.37	67.36	93.88	1.95
	总精度/%	82.06					总精度/%	48.82			
	kappa 值	0.75					kappa 值	0.39			

表 5.18　SMM 算法分割添加噪声的高分辨率多光谱遥感影像的精度

影像	精度	区域 1	区域 2	区域 3	区域 4	影像	精度	区域 1	区域 2	区域 3	区域 4
运动场 1	产品精度/%	91.88	90.46	89.79	—	广场	产品精度/%	87.61	75.58	33.14	73.06
	用户精度/%	96.88	88.79	73.46	—		用户精度/%	84.04	43.62	76.71	73.38
	总精度/%	91.19					总精度/%	65.01			
	kappa 值	0.85					kappa 值	0.57			
耕地 1	产品精度/%	99.40	87.82	92.47	—	耕地 2	产品精度/%	98.23	65.17	36.55	87.08
	用户精度/%	94.38	93.07	98.41	—		用户精度/%	50.57	79.65	93.29	96.69
	总精度/%	95.35					总精度/%	64.62			
	kappa 值	0.92					kappa 值	0.51			
农田	产品精度/%	99.10	76.61	97.76	—	建筑 1	产品精度/%	61.38	89.97	25.22	7.51
	用户精度/%	85.12	97.68	96.96	—		用户精度/%	92.55	84.66	80.06	0.31
	总精度/%	92.26					总精度/%	69.38			
	kappa 值	0.88					kappa 值	0.54			
运动产 2	产品精度/%	87.06	91.78	58.31	0.70	建筑 2	产品精度/%	91.96	56.76	77.16	78.16
	用户精度/%	96.40	85.00	81.26	0.80		用户精度/%	65.20	90.41	63.00	52.94
	总精度/%	81.58					总精度/%	71.78			
	kappa 值	0.74					kappa 值	0.62			

表 5.19 HmSMM 算法分割添加噪声的高分辨率多光谱遥感影像的精度

影像	精度	区域 1	区域 2	区域 3	区域 4	影像	精度	区域 1	区域 2	区域 3	区域 4
运动场 1	产品精度/%	98.18	99.52	97.35	—	广场	产品精度/%	97.45	90.67	99.47	90.17
	用户精度/%	99.29	98.52	95.33	—		用户精度/%	91.38	97.69	89.19	89.19
	总精度/%	98.53					总精度/%	91.59			
	kappa 值	0.97					kappa 值	0.90			
耕地 1	产品精度/%	99.99	92.03	99.46	—	耕地 2	产品精度/%	99.48	95.14	90.99	99.69
	用户精度/%	97.63	100	99.36	—		用户精度/%	97.31	94.12	98.04	99.66
	总精度/%	98.50					总精度/%	97.52			
	kappa 值	0.97					kappa 值	0.95			
农田	产品精度/%	99.40	99.12	99.36	—	建筑 1	产品精度/%	81.30	92.43	60.02	91.40
	用户精度/%	99.05	98.76	99.96			用户精度/%	94.64	92.03	83.32	69.15
	总精度/%	99.32					总精度/%	87.44			
	kappa 值	0.98					kappa 值	0.80			
运动场 2	产品精度/%	93.40	98.58	96.63	96.21	建筑 2	产品精度/%	96.11	78.67	97.88	89.76
	用户精度/%	100	92.98	95.32	100		用户精度/%	84.70	95.33	85.72	90.93
	总精度/%	96.24					总精度/%	88.85			
	kappa 值	0.94					kappa 值	0.84			

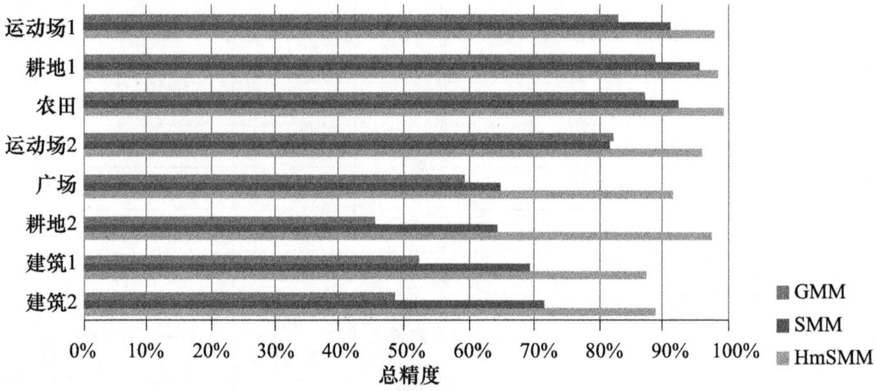

(a) 总精度柱状图

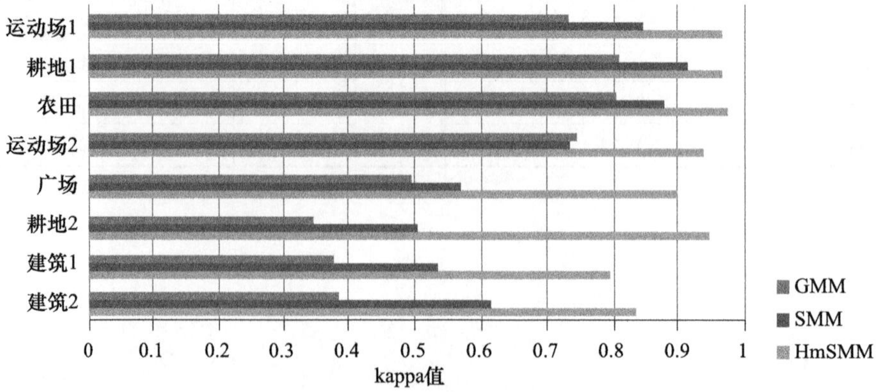

(b) kappa值柱状图

图 5.44 高分辨率多光谱遥感影像的总精度和 kappa 值柱状图

5.4　基于 HGaMM 的 SAR 影像分割

本节主要介绍基于 HGaMM 的 SAR 影像分割的算法描述和分割实验，其中算法描述采用 HGaMM 构建 SAR 影像的统计模型，采用高斯-MRF 建模组分权重先验分布，根据贝叶斯定理结合 HGaMM 影像统计模型和先验分布构建影像分割模型，通过 M-H 方法模拟分割模型以实现模型参数优化和影像分割，最后总结该算法的具体流程；分割实验部分采用 HGaMM 算法对模拟 SAR 影像和高分辨率 SAR 影像进行分割，包括分割结果和直方图拟合结果的定性分析、分割精度和拟合误差的定量分析，并采用传统混合模型分割算法进行对比分割实验，以验证 HGaMM 算法的有效性。

5.4.1　基于 HGaMM 的 SAR 影像分割算法描述

给定高分辨率 SAR 影像表示为 $\boldsymbol{x}=\{x_i;i=1,2,\cdots,n\}$，$x_i$ 为像素 i 的光谱测度。采用伽马分布定义层次化混合模型的分量，采用式(4.25)的 HGaMM 建模像素光谱测度 x_i 的条件概率分布，假设 x_i 的条件概率分布之间相互独立，则通过对各像素光谱测度条件概率分布连乘可得到其联合条件概率分布，表示为

$$p(\boldsymbol{x}\mid\boldsymbol{\Psi})=\prod_{i=1}^{n}p(x_i\mid\boldsymbol{\Psi}_i)=\prod_{i=1}^{n}\left[\sum_{l=1}^{k}\pi_{li}\sum_{j=1}^{m}w_{lij}\frac{{x_i}^{\alpha_{lj}-1}}{\Gamma(\alpha_{lj})\beta_{lj}{}^{\alpha_{lj}}}\exp\left(-\frac{x_i}{\beta_{lj}}\right)\right]\tag{5.42}$$

式中，模型参数集表示为 $\boldsymbol{\Psi}=\{\boldsymbol{\pi},\boldsymbol{w},\boldsymbol{\alpha},\boldsymbol{\beta}\}$；其中 $\boldsymbol{\pi}=\{\pi_{li};l=1,2,\cdots,k,i=1,2,\cdots,n\}$ 为组分权重集合；$\boldsymbol{w}=\{w_{lij};l=1,2,\cdots,k,i=1,2,\cdots,n,j=1,2,\cdots,m\}$ 为分量权重集合；$\boldsymbol{\alpha}=\{\alpha_{lj};l=1,2,\cdots,k,j=1,2,\cdots,m\}$ 为形状参数集合；$\boldsymbol{\beta}=\{\beta_{lj};l=1,2,\cdots,k,j=1,2,\cdots,m\}$ 为尺度参数集合。称式(5.42)为基于 HGaMM 的 SAR 影像统计模型。

为了将像素空间位置关系引入分割模型，采用式(2.27)的高斯-MRF 建模层次化混合模型组分权重的先验分布，以降低影像噪声对分割结果的影响。为了实现自适应平滑噪声，通过最大化组分权重概率分布可得到平滑系数的表达式，即

$$({\eta_l}^{(t+1)})^2=\frac{1}{n}\sum_{i=1}^{n}\left[\sum_{i'\in\boldsymbol{N}_i}({\pi_{li}}^{(t)}-{\pi_{li'}}^{(t)})\right]^2\tag{5.43}$$

式中，η_l 由上一次迭代中组分权重计算，可避免设定固定数值所产生的分割误差。

由于形状参数 α_{lj} 以其伽马函数形式存在于 HGaMM 分量概率分布中，导致难以推导出形状参数的表达式。为此，利用高斯分布构建形状参数的先验概率分布，并假设各组分内和组分之间的形状参数相互独立，则形状参数先验概率分布表示为

$$p(\boldsymbol{\alpha})=\prod_{l=1}^{k}\prod_{j=1}^{m}p(\alpha_{lj})=\prod_{l=1}^{k}\prod_{j=1}^{m}\frac{1}{\sqrt{2\pi\sigma_\alpha^2}}\exp\left(-\frac{(\alpha_{lj}-\mu_\alpha)^2}{2\sigma_\alpha^2}\right)\tag{5.44}$$

式中，μ_α 和 σ_α 为根据先验知识所设定常数。

根据贝叶斯定理，结合式(5.42)、式(2.27)和式(5.44)构建模型参数后验分布，作为基于 HGaMM 的影像分割模型，表示为

$$\begin{aligned}p(\boldsymbol{w},\boldsymbol{\beta}\mid\boldsymbol{\pi},\boldsymbol{\alpha},\boldsymbol{x})&\propto p(\boldsymbol{\pi},\boldsymbol{w},\boldsymbol{\theta}\mid\boldsymbol{x})p(\boldsymbol{\pi})p(\boldsymbol{\alpha})\\&=\prod_{i=1}^{n}\left[\sum_{l=1}^{k}\pi_{li}\sum_{j=1}^{m}w_{lij}\frac{{x_i}^{\alpha_{lj}-1}}{\Gamma(\alpha_{lj})\beta_{lj}{}^{\alpha_{lj}}}\exp\left(-\frac{x_i}{\beta_{lj}}\right)\right]\times\\&\quad\prod_{l=1}^{k}\eta_l^{-n}\exp\left\{-\frac{1}{2\eta_l^2}\sum_{i=1}^{n}\left(\sum_{i'\in\boldsymbol{N}_i}(\pi_{li}-\pi_{li'})\right)^2\right\}\times\end{aligned}$$

$$\prod_{l=1}^{k}\prod_{j=1}^{m}\frac{1}{\sqrt{2\pi\sigma_{\alpha}^{2}}}\exp\left[-\frac{(\alpha_{lj}-\mu_{\alpha})^{2}}{2\sigma_{\alpha}^{2}}\right] \tag{5.45}$$

在基于 HGaMM 的影像分割模型中，分量权重和尺度参数可显式表达，因此采用 EM 方法推导出各参数的表达式；而组分权重和形状参数难以显式表达，因此设计 M-H 方法模拟式(5.45)影像分割模型以优化各参数。

对式(5.45)取对数并忽略与分量权重和尺度参数无关项得到对数似然函数，表示为

$$L(\boldsymbol{w},\boldsymbol{\beta})=\ln p(\boldsymbol{\Psi}\mid\boldsymbol{x})=\sum_{i=1}^{n}\ln\left[\sum_{l=1}^{k}\pi_{li}\sum_{j=1}^{m}w_{lij}\frac{x_{i}^{\alpha_{lj}-1}}{\Gamma(\alpha_{lj})\beta_{lj}^{\alpha_{lj}}}\exp\left(-\frac{x_{i}}{\beta_{lj}}\right)\right] \tag{5.46}$$

在 EM 方法的 E 步中，给定第 t 次迭代的模型参数 $\boldsymbol{\Psi}^{(t)}=\{\boldsymbol{\pi}^{(t)},\boldsymbol{w}^{(t)},\boldsymbol{\alpha}^{(t)},\boldsymbol{\beta}^{(t)}\}$，根据贝叶斯定理可得到目标区域后验概率和子区域后验概率，分别表示为

$$u_{li}{}^{(t)}=\frac{\pi_{li}{}^{(t)}p_{l}(x_{i}\mid\boldsymbol{\Omega}_{l}{}^{(t)})}{\sum_{l'=1}^{k}\pi_{l'i}{}^{(t)}p_{l}(x_{i}\mid\boldsymbol{\Omega}_{l'}{}^{(t)})}=\frac{\pi_{li}{}^{(t)}\sum_{j=1}^{m}w_{lij}{}^{(t)}\frac{x_{i}^{\alpha_{lj}{}^{(t)}-1}}{(\beta_{lj}{}^{(t)})^{\alpha_{lj}{}^{(t)}}\Gamma(\alpha_{lj}{}^{(t)})}\exp\left(-\frac{x_{i}}{\beta_{lj}{}^{(t)}}\right)}{\sum_{l'=1}^{k}\pi_{l'i}{}^{(t)}\sum_{j=1}^{m}w_{l'ij}{}^{(t)}\frac{x_{i}^{\alpha_{l'j}{}^{(t)}-1}}{(\beta_{l'j}{}^{(t)})^{\alpha_{l'j}{}^{(t)}}\Gamma(\alpha_{l'j}{}^{(t)})}\exp\left(-\frac{x_{i}}{\beta_{l'j}{}^{(t)}}\right)} \tag{5.47}$$

$$v_{lij}{}^{(t)}=\frac{w_{lij}{}^{(t)}p_{lj}(x_{i}\mid\boldsymbol{\theta}_{lj}{}^{(t)})}{\sum_{j'=1}^{m}w_{lij'}{}^{(t)}p_{lj}(x_{i}\mid\boldsymbol{\theta}_{lj'}{}^{(t)})}=\frac{w_{lij}{}^{(t)}\frac{x_{i}^{\alpha_{lj}{}^{(t)}-1}}{(\beta_{lj}{}^{(t)})^{\alpha_{lj}{}^{(t)}}\Gamma(\alpha_{lj}{}^{(t)})}\exp\left(-\frac{x_{i}}{\beta_{lj}{}^{(t)}}\right)}{\sum_{j'=1}^{m}w_{lij'}{}^{(t)}\frac{x_{i}^{\alpha_{lj'}{}^{(t)}-1}}{(\beta_{lj'}{}^{(t)})^{\alpha_{lj'}{}^{(t)}}\Gamma(\alpha_{lj'}{}^{(t)})}\exp\left(-\frac{x_{i}}{\beta_{lj'}{}^{(t)}}\right)} \tag{5.48}$$

将 Jensen 不等式应用于对数似然函数，利用式(5.47)目标区域后验概率和式(5.48)子区域后验概率得到关于对数似然函数的不等式，表示为

$$L(\boldsymbol{w},\boldsymbol{\beta})\geqslant\sum_{i=1}^{n}\sum_{l=1}^{k}u_{li}{}^{(t)}\left\{\ln\pi_{li}+\sum_{j=1}^{m}v_{lij}{}^{(t)}\left[\ln w_{lij}+\ln(x_{i}^{\alpha_{lj}-1})-\ln\Gamma(\alpha_{lj})-\ln(\beta_{lj}^{\alpha_{lj}})-\frac{x_{i}}{\beta_{lj}}\right]\right\} \tag{5.49}$$

式中，不等式右侧项为对数似然函数的下界函数，且仅当待求参数为极值点时，等号成立。因此，将最大化对数似然函数转化为最大化下界函数，将下界函数作为新的目标函数，记为

$$Q(\boldsymbol{w},\boldsymbol{\beta})=\sum_{i=1}^{n}\sum_{l=1}^{k}u_{li}{}^{(t)}\left\{\ln\pi_{li}+\sum_{j=1}^{m}v_{lij}{}^{(t)}\left[\ln w_{lij}+\ln(x_{i}^{\alpha_{lj}-1})-\ln\Gamma(\alpha_{lj})-\ln(\beta_{lj}^{\alpha_{lj}})-\frac{x_{i}}{\beta_{lj}}\right]\right\} \tag{5.50}$$

在 EM 方法的 M 步中，通过最大化式(5.50)目标函数以估计分量权重和尺度参数。由于分量权重需满足约束条件 $\sum_{j=1}^{m}w_{lij}=1$，因此采用拉格朗日乘数法构建关于分量权重的带约束条件目标函数，表示为

$$Q_{w}(\boldsymbol{w})=Q(\boldsymbol{w},\boldsymbol{\beta})+\sum_{i=1}^{n}\sum_{l=1}^{k}\rho_{li}\left(\sum_{j=1}^{m}w_{lij}-1\right) \tag{5.51}$$

式中，ρ_{li} 为拉格朗日乘子。利用目标函数 $Q_{w}(\boldsymbol{w})$ 分别对 w_{lij} 和 ρ_{li} 求偏导，并令导数为 0，可得到分量权重表达式，写为

$$w_{lij}^{(t+1)}=\frac{v_{lij}{}^{(t)}}{\sum_{j=1}^{m}v_{lij}{}^{(t)}} \tag{5.52}$$

利用式(5.50)目标函数 $Q(\boldsymbol{w},\boldsymbol{\beta})$ 对尺度参数 β_{lj} 求偏导，并令导数为 0，可得到尺度参数表达式，写为

$$\beta_{lj}{}^{(t+1)}=\frac{\sum_{i=1}^{n}u_{li}{}^{(t)}v_{lij}{}^{(t)}x_i}{\sum_{i=1}^{n}u_{li}{}^{(t)}v_{lij}{}^{(t)}\alpha_{lj}{}^{(t)}} \tag{5.53}$$

在采用 EM 方法估计出第 $t+1$ 次迭代的 $w_{lij}{}^{(t+1)}$ 和 $\beta_{lj}{}^{(t+1)}$ 后，采用 M-H 方法模拟式(5.45)基于 HGaMM 的影像分割模型，设计更新组分权重操作和更新形状参数操作，选取候选组分权重和形状参数，并利用式(5.45)计算候选参数的接受率以优化参数，具体实现过程如下。

在更新组分权重操作中，令第 t 次迭代中组分权重集表示为 $\boldsymbol{\pi}^{(t)}=\{\boldsymbol{\pi}_1{}^{(t)},\cdots,\boldsymbol{\pi}_i{}^{(t)},\cdots,\boldsymbol{\pi}_n{}^{(t)}\}$，随机选取像素索引 $i\in\{1,2,\cdots,n\}$，在像素 i 组分权重集 $\boldsymbol{\pi}_i{}^{(t)}=\{\pi_{1i}{}^{(t)},\cdots,\pi_{li}{}^{(t)},\cdots,\pi_{ki}{}^{(t)}\}$ 中随机选取 $\pi_{li}{}^{(t)}$ 为待更新组分权重。将组分权重 $\pi_{li}{}^{(t)}$ 更新为 $\pi_{li}{}^{(t)}+\pi_v$，其中 $\pi_v\in[0,1]$ 为权重增量。为了满足组分权重的约束条件 $\sum_{l=1}^{k}\pi_{li}=1$，对像素 i 的候选组分权重集 $\{\pi_{1i}{}^{(t)},\cdots,(\pi_{li}{}^{(t)}+\pi_v),\cdots,\pi_{ki}{}^{(t)}\}$ 做归一化处理，表示为

$$\boldsymbol{\pi}_i^{*}=\{\pi_{1i}{}^{*},\cdots,\pi_{li}{}^{*},\cdots,\pi_{ki}{}^{*}\}=\left\{\frac{\pi_{1i}{}^{(t)}}{1+\pi_v},\cdots,\frac{\pi_{li}{}^{(t)}+\pi_v}{1+\pi_v},\cdots,\frac{\pi_{ki}{}^{(t)}}{1+\pi_v}\right\} \tag{5.54}$$

进而，候选组分权重集表示为 $\pi^{*}=\{\boldsymbol{\pi}_1,\cdots,\boldsymbol{\pi}_i{}^{*},\cdots,\boldsymbol{\pi}_n\}$，则候选组分权重的接受率表示为 $a(\boldsymbol{\pi}^{(t)},\boldsymbol{\pi}^{*})=\min\{1,R\}$，其中 R 表示为

$$\begin{aligned}R&=\frac{p(\boldsymbol{x}\mid\boldsymbol{\pi}^{*},\boldsymbol{w}^{(t+1)},\boldsymbol{\alpha}^{(t)},\boldsymbol{\beta}^{(t+1)})}{p(\boldsymbol{x}\mid\boldsymbol{\pi}^{(t)},\boldsymbol{w}^{(t+1)},\boldsymbol{\alpha}^{(t)},\boldsymbol{\beta}^{(t+1)})}\times\frac{p(\boldsymbol{\pi}^{*})}{p(\boldsymbol{\pi}^{(t)})}\\&=\frac{\prod_{i=1}^{n}\left[\sum_{l=1}^{k}\pi_{li}{}^{*}\sum_{j=1}^{m}w_{lij}{}^{(t+1)}\dfrac{x_i{}^{\alpha_{lj}{}^{(t)}-1}}{\Gamma(\alpha_{lj}{}^{(t)})\,(\beta_{lj}{}^{(t+1)})^{\alpha_{lj}{}^{(t)}}}\exp\left(-\dfrac{x_i}{\beta_{lj}{}^{(t+1)}}\right)\right]}{\prod_{i=1}^{n}\left[\sum_{l=1}^{k}\pi_{li}{}^{(t)}\sum_{j=1}^{m}w_{lij}{}^{(t+1)}\dfrac{x_i{}^{\alpha_{lj}{}^{(t)}-1}}{\Gamma(\alpha_{lj}{}^{(t)})\,(\beta_{lj}{}^{(t+1)})^{\alpha_{lj}}}\exp\left(-\dfrac{x_i}{\beta_{lj}{}^{(t+1)}}\right)\right]}\times\\&\quad\frac{\prod_{l=1}^{k}\exp\left\{-\dfrac{1}{2\,(\eta_l^{(t)})^2}\sum_{i=1}^{n}\left(\sum_{i'\in\boldsymbol{N}_i}(\pi_{li}{}^{*}-\pi_{li'}{}^{*})\right)^2\right\}}{\prod_{l=1}^{k}\exp\left\{-\dfrac{1}{2\,(\eta_l^{(t)})^2}\sum_{i=1}^{n}\left(\sum_{i'\in\boldsymbol{N}_i}(\pi_{li}{}^{(t)}-\pi_{li'}{}^{(t)})\right)^2\right\}}\end{aligned} \tag{5.55}$$

当候选组分权重接受率等于 1 时，则接受候选组分权重集，即 $\boldsymbol{\pi}^{(t+1)}=\boldsymbol{\pi}^{*}$；否则，保持当前组分权重不变，即 $\boldsymbol{\pi}^{(t+1)}=\boldsymbol{\pi}^{(t)}$。

在更新形状参数操作中，令第 t 次迭代的形状参数集为 $\boldsymbol{\alpha}^{(t)}=\{\boldsymbol{\alpha}_1{}^{(t)},\cdots,\boldsymbol{\alpha}_l{}^{(t)},\cdots,\boldsymbol{\alpha}_k{}^{(t)}\}$，在该形状参数集内随机选取组分 $l\in\{1,2,\cdots,k\}$ 所对应的形状参数集，表示为 $\boldsymbol{\alpha}_l{}^{(t)}=\{\alpha_{l1}{}^{(t)},\cdots,\alpha_{lj}{}^{(t)},\cdots,\alpha_{lm}{}^{(t)}\}$，在组分 l 形状参数集 $\alpha_l{}^{(t)}$ 内随机选取 $\alpha_{lj}{}^{(t)}$ 作为待更新的形状参数。在以 $\alpha_{lj}{}^{(t)}$ 为圆心给定半径 s_α(设为 0.5)的圆内随机选取 $\alpha_{lj}{}^{*}$ 作为候选形状参数，则组分 l 内候选形状参数集表示为 $\boldsymbol{\alpha}_l{}^{*}=\{\alpha_{l1}{}^{(t)},\cdots,\alpha_{lj}{}^{*},\cdots,\alpha_{lm}{}^{(t)}\}$，进而候选形状参数集表示为 $\boldsymbol{\alpha}^{*}=\{\boldsymbol{\alpha}_1{}^{(t)},\cdots,\boldsymbol{\alpha}_{l-1}{}^{(t)},\boldsymbol{\alpha}_l{}^{*},\boldsymbol{\alpha}_{l+1}{}^{(t)},\cdots,\boldsymbol{\alpha}_k{}^{(t)}\}$，则该候选形状参数集的接受率 $a(\boldsymbol{\alpha}^{(t)},\boldsymbol{\alpha}^{*})=\min\{1,R\}$，其中 R 表示为

$$\begin{aligned}R&=\frac{p(\boldsymbol{x}\mid\boldsymbol{\pi}^{(t+1)},\boldsymbol{w}^{(t+1)},\boldsymbol{\alpha}^{*},\boldsymbol{\beta}^{(t+1)})}{p(\boldsymbol{x}\mid\boldsymbol{\pi}^{(t+1)},\boldsymbol{w}^{(t+1)},\boldsymbol{\alpha}^{(t)},\boldsymbol{\beta}^{(t+1)})}\times\frac{p(\boldsymbol{\alpha}^{*})}{p(\boldsymbol{\alpha}^{(t)})}\\&=\frac{\prod_{i=1}^{n}\left(\sum_{l=1}^{k}\pi_{li}{}^{(t+1)}\sum_{j=1}^{m}w_{lij}{}^{(t+1)}\dfrac{x_i{}^{\alpha_{lj}{}^{*}-1}}{(\beta_{lj}{}^{(t+1)})^{\alpha_{lj}{}^{*}}\Gamma(\alpha_{lj}{}^{*})}\exp\left(-\dfrac{x_i}{\beta_{lj}{}^{(t+1)}}\right)\right)}{\prod_{i=1}^{n}\left(\sum_{l=1}^{k}\pi_{li}{}^{(t+1)}\sum_{j=1}^{m}w_{lij}{}^{(t+1)}\dfrac{x_i{}^{\alpha_{lj}{}^{(t)}-1}}{(\beta_{lj}{}^{(t+1)})^{\alpha_{lj}{}^{(t)}}\Gamma(\alpha_{lj}{}^{(t)})}\exp\left(-\dfrac{x_i}{\beta_{lj}{}^{(t+1)}}\right)\right)}\times\frac{\exp\left(-\dfrac{(\alpha_{lj}{}^{*}-\mu_\alpha)^2}{2\sigma_\alpha^2}\right)}{\exp\left(-\dfrac{(\alpha_{lj}{}^{(t)}-\mu_\alpha)^2}{2\sigma_\alpha^2}\right)}\end{aligned}$$

(5.56)

若候选形状参数接受率等于1，则接受候选形状参数集，即 $\boldsymbol{\alpha}^{(t+1)}=\boldsymbol{\alpha}^{*}$；否则，保持当前形状参数集不变，即 $\boldsymbol{\alpha}^{(t+1)}=\boldsymbol{\alpha}^{(t)}$。

通过上述模型参数求解后，可得到最优的模型参数。利用最优模型参数可求得目标区域后验概率 u_{li}，通过最大化后验概率可得到各像素的目标区域标号，表示为

$$z_i=\underset{l\in\{1,2,\cdots,k\}}{\operatorname{argmax}}\{u_{li}\} \tag{5.57}$$

综上，总结基于HGaMM的SAR影像分割算法的具体实现过程，如图5.45所示。

输入：组分数 k，分量数 m，迭代次数IT，收敛误差 e，先验参数 μ_α 和 σ_α，令迭代索引 $t=0$。

输出：像素类属性标号。

步骤1：初始化模型参数集：组分权重 $\pi_{li}{}^{(t)}$，分量权重 $w_{lij}{}^{(t)}$，形状参数 $\alpha_{lj}{}^{(t)}$，尺度参数 $\beta_{lj}{}^{(t)}$；

步骤2：利用式(5.47)和(5.48)计算后验概率 u_{lii} 和 $v_{lij}{}^{(t)}$；

步骤3：利用式(5.43)计算计算平滑系数 $\eta_l{}^{(t)}$；

步骤4：利用式(5.52)和(5.53)分别计算第 $t+1$ 次迭代中分量权重 $w_{lij}{}^{(t+1)}$ 和尺度参数 $\beta_{lj}{}^{(t+1)}$；

步骤5：执行更新组分权重操作，利用式(5.55)计算候选组分权重接受率，得到新的组分权重 $\pi_{li}{}^{(t+1)}$；

步骤6：执行更新形状参数操作，利用式(5.56)计算候选形状参数接受率，得到新的形状参数 $\alpha_{lj}{}^{(t+1)}$；

步骤7：根据式(5.46)分别计算第 t 次和 $t+1$ 次迭代中的对数似然函数 $L(\boldsymbol{\Psi}^{(t)})$ 和 $L(\boldsymbol{\Psi}^{(t+1)})$；

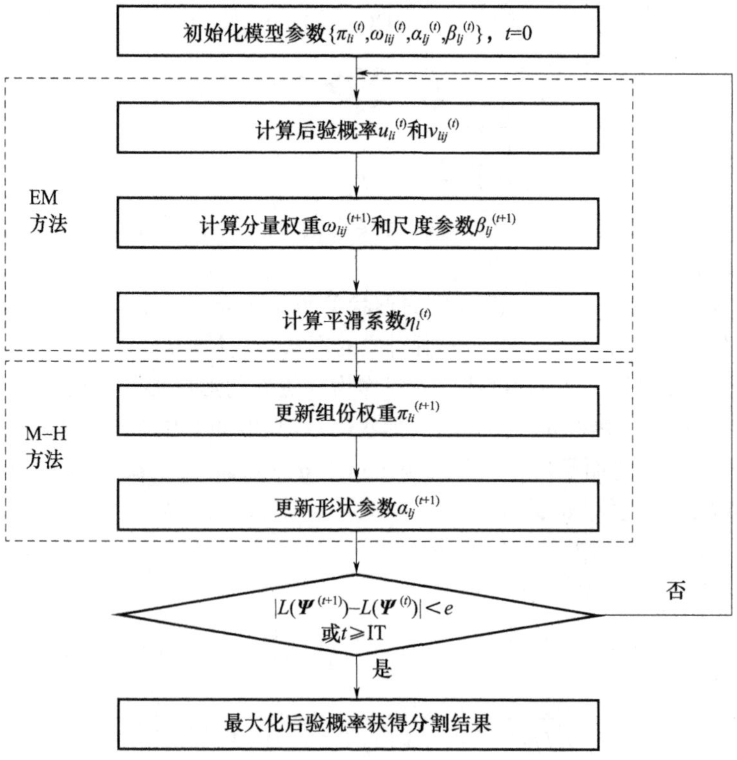

图5.45 基于HGaMM的影像分割模型求解流程图

步骤 8：若对数似然函数收敛，即 $|L(\boldsymbol{\Psi}^{(t+1)})-L(\boldsymbol{\Psi}^{(t)})|<e$，或达到最大迭代次数，即 $t\geqslant$ IT，则停止迭代，否则返回步骤 2，且 $t=t+1$；

步骤 9：利用式(5.57)获得像素标号，即分割结果。

5.4.2 基于 HGaMM 的 SAR 影像分割实例

在高分辨率 SAR 影像分割实例中，采用伽马分布算法、GaMM 算法和 HGaMM 算法对模拟 SAR 影像和高分辨率 SAR 影像进行分割实验，并定性和定量地分析实验结果。将 HGaMM 算法的参数设置如下，分量数为 3，迭代数为 1000，收敛误差为 0.0001，形状参数均值为 4，形状参数标准差为 8。伽马分布算法（王玉 等，2014）是采用同一独立的伽马分布建模 SAR 影像内像素光谱测度统计分布，进而构建影像统计模型，根据贝叶斯定理结合影像统计模型和参数先验分布构建影像分割模型，并设计 M-H 方法模拟影像分割模型，在迭代中优化参数和像素类属标号；GaMM 算法采用 GaMM 建模 SAR 影像内像素光谱测度统计分布，进而构建影像统计模型，利用 MRF 建模组分权重的先验分布以考虑像素空间位置关系，根据贝叶斯定理构建影像分割模型，并设计 M-H 方法模拟影像分割模型，在迭代中优化模型参数。

5.4.2.1 模拟 SAR 影像分割

为了验证 HGaMM 算法分割 SAR 影像的可行性和有效性，绘制包含 4 个同质区域的模板影像，见图 5.46(a)，图中标号 1～4 索引不同的同质区域。表 5.20 列出了生成模拟 SAR 影像的参数，其中包含 4 个组分，对应模板影像中 4 个同质区域，每个组分包含两组伽马分量参数，包括分量权重、形状和尺度参数。依据模板影像利用表 5.20 中参数生成模拟 SAR 影像，见图 5.46(b)。该模拟 SAR 影像中各目标区域内 40％的像素光谱测度由给定参数的伽马分量 1 生成，60％的像素光谱测度由给定参数的伽马分量 2 生成，且所生成的像素光谱测度随机分布于对应目标区域内。因此，模拟 SAR 影像中各目标区域内像素光谱测度具有明显的差异性，可模拟出高分辨率 SAR 影像的特点，且可有效地验证 HGaMM 算法的分割性能。

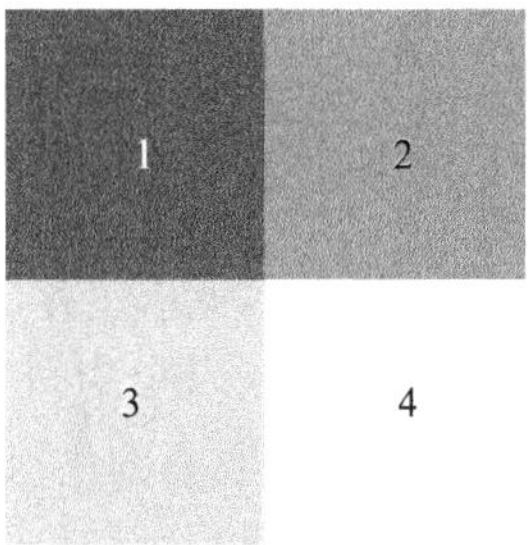

(a) 模板影像

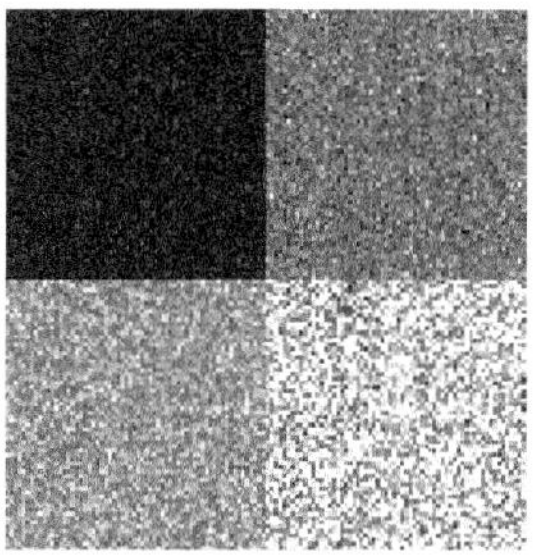
(b) 模拟SAR影像

图 5.46 模板影像和模拟 SAR 影像

表 5.20 生成模拟 SAR 影像的参数设置

参数	组分 1(l=1)		组分 2(l=2)		组分 3(l=3)		组分 4(l=4)	
	分量 1 (j=1)	分量 2 (j=2)	分量 1 (j=1)	分量 2 (j=2)	分量 1 (j=1)	分量 2 (j=2)	分量 1 (j=1)	分量 2 (j=2)
w_{lj}	0.4	0.6	0.4	0.6	0.4	0.6	0.4	0.6
α_{lj}	4	4	5	8	20	40	3	4
β_{lj}	2	3	15	10	5	4	60	50

为了验证模拟 SAR 影像各目标区域内像素光谱测度统计分布具有复杂统计特性，绘制模拟 SAR 影像各目标区域的灰度直方图，见图 5.47。图中横坐标和纵坐标分别为像素光谱测度及其频数，灰色区域为各目标区域对应的灰度直方图。从区域 1 灰度直方图可知，其具有尖峰特性，这是由于区域 1 内像素光谱测度具有较强相似性；从区域 2 灰度直方图可知，其具有右侧重尾特性；从区域 3 灰度直方图可知，其具有双峰特性，这是由于该区域内像素光谱测度的差异性大；从区域 4 灰度直方图可知，其具有平坦峰特性，该区域内像素光谱测度涵盖范围广且差异性更大。综上分析，该模拟 SAR 影像内像素光谱测度统计分布具有复杂特性，可有效验证 HGaMM 算法的建模能力。

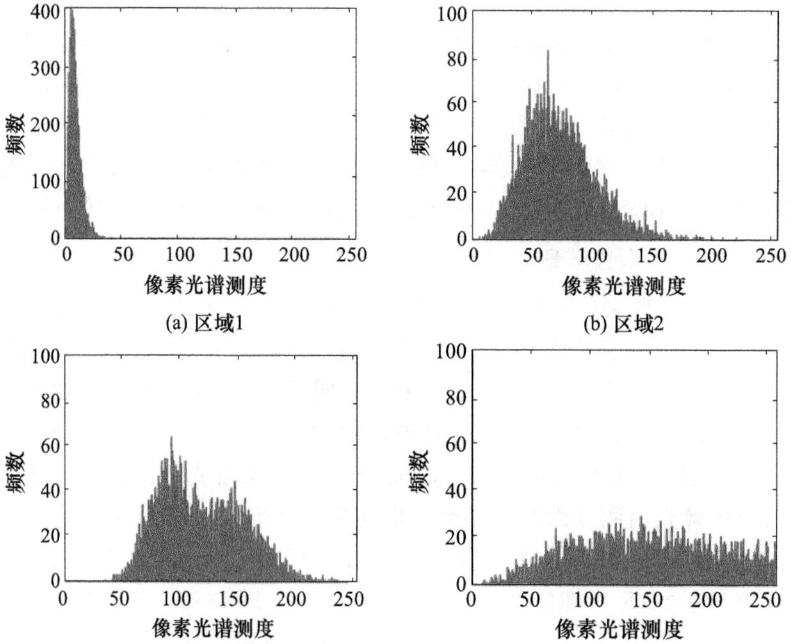

(a) 区域1　(b) 区域2　(c) 区域3　(d) 区域4

图 5.47　模拟 SAR 影像各区域的灰度直方图

图 5.48(a)～(c)为采用伽马分布算法、GaMM 算法和 HGaMM 算法分割模拟 SAR 影像的分割结果。从伽马分布算法的分割结果可知，除了区域 1(黑色)以外各区域内均存在较多误分割像素，如区域 2(浅黑色)和 4(白色)内大量像素被错误地分割给区域 3(灰色)，而区域 3 内大量像素被错误地分割给区域 4，且少量像素误分割给区域 2。从 GaMM 算法的分割结果可知，区域 3 内大量像素被错误地分割给区域 4，而区域 4 内较多像素被错误地分割给区域 3，少量像素被错误地分割给区域 2。综上分析，伽马分布算法和 GaMM 算法难以准确分割模拟 SAR 影像。从 HGaMM 算法的分割结果可知，HGaMM 算法可将模拟 SAR 影像各目标区域分割开，仅在区域 4 内存在极少量误分割像素，这是由于该区域内像素光谱测度涵盖范围较广，导致像素易被错误分割给其他区域。HGaMM 算法可获得最优的模拟 SAR 影像分割结果。为了更加直观地评价模拟 SAR 影像的分割结果，提取分割结果中各区域之间的轮廓线叠加在模拟 SAR 影像上，见图 5.48(d)～(f)。从对比算法的叠加结果可知，除了区域 1 以外各区域内均存在较多的白色误分割像素。而 HGaMM 算法分割结果的轮廓线与模拟 SAR 影像各目标区域的边界线可较好地重合在一起，仅在区域 4 内存在少量的白色误分割像素。综上

分析，HGaMM 算法可获得最优的模拟 SAR 影像分割结果。

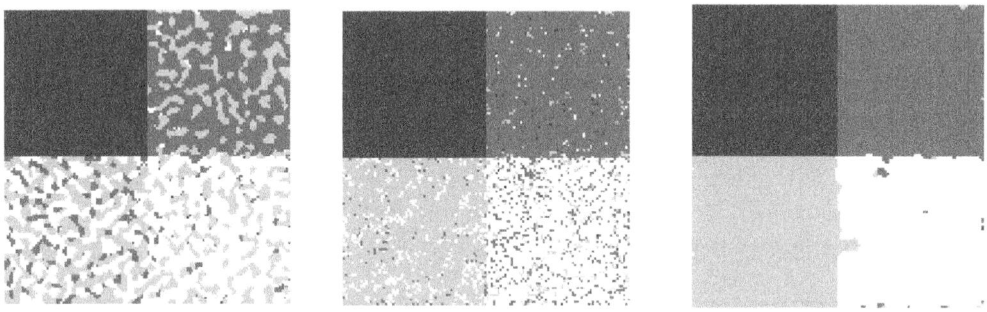

(a) 伽马分布算法分割结果　(b) GaMM算法分割结果　(c) HGaMM算法分割结果

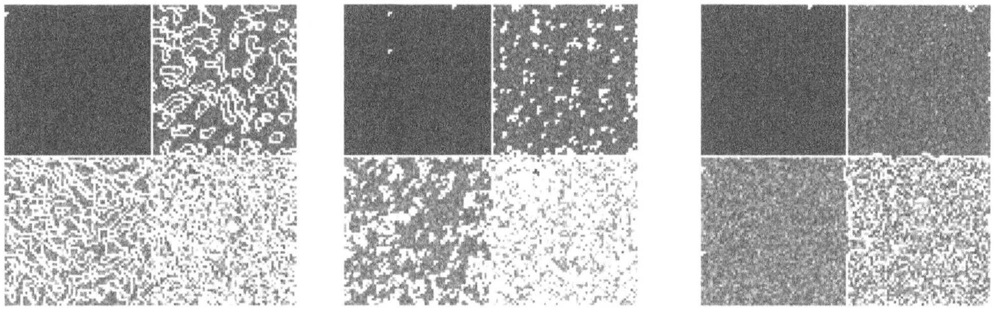

(d) 伽马分布算法叠加结果　(e) GaMM算法叠加结果　(f) HGaMM算法叠加结果

图 5.48　模拟 SAR 影像的实验结果

为了验证 HGaMM 算法建模复杂统计分布的能力，利用伽马分布算法、GaMM 算法和 HGaMM 算法拟合模拟 SAR 影像的灰度直方图，拟合结果见图 5.49～图 5.51。图中横坐标和纵坐标分别为像素光谱测度及其频数，灰色区域为模拟 SAR 影像各目标区域的灰度直方图，实线分别为伽马分布、GaMM 组分和 HGaMM 组分的拟合曲线，虚线为 HGaMM 分量拟合曲线。从图 5.49 伽马分布算法的拟合结果可知，伽马分布具有非对称且右侧重尾的统计特性，因此伽马分布算法可较准确地拟合区域 1 和 2 的灰度直方图，见图 5.49(a)和(b)；而由于区域 3 和 4 的灰度直方图分别具有双峰和平坦峰特性，伽马分布难以拟合其灰度直方图。从图 5.50 GaMM 算法的拟合结果可知，由于区域 1 的灰度直方图具有尖峰特性，其峰值比较高，区域 2 的灰度直方图具有右侧重尾特性，GaMM 组分难以准确拟合区域 1 和 2 的灰度直方图。而由于区域 3 灰度直方图具有双峰特性和区域 4 的灰度直方图具有平坦峰特性，GaMM 组分难以拟合区域 3 和 4 的灰度直方图。从图 5.51 HGaMM 算法的拟合结果可知，HGaMM 组分由两个伽马分量的加权和构成，具有建模复杂统计分布的能力，因此 HGaMM 组分可准确拟合具有尖峰、非对称、重尾、平坦峰和双峰特性的灰度直方图。综上分析，HGaMM 算法具有准确建模影像内像素光谱测度复杂统计分布的能力，进而得知 HGaMM 算法可准确分割模拟 SAR 影像。

为了定量评价 HGaMM 算法分割模拟 SAR 影像的分割精度，以模板影像作为标准分割影像，利用标准分割影像和分割结果分别计算各目标区域的产品精度和用户精度，以及分割结果的总精度和 kappa 值。表 5.21 列出了伽马分布算法、GaMM 算法和 HGaMM 算法分割模拟 SAR 影像的分割精度。从伽马分布算法的分割精度可知，各目标区域最低分割精度为区域 3 的产品精度和用户精度，这是由于区域 3 内大量像素被错误地分割给其他区域，而其他区域内像素同时被错误地分割给区域 3。由于其分割结果中存在较多误分割像素，导致其整体精度比较低，其总精度为 70.62%，kappa 值为 0.64。从 GaMM 算法的分割精度可知，各目标区域最低分割精度为区域 4 的用户精度，这是由于区域 4 内大量像素被错误地分割给其他区域。GaMM 算法总精度为 89.23%，kappa 值为 0.86，虽然高于伽马分布算法，但由于其分割结果中存在较多误分割像素导致整体分割精度较低。从 HGaMM 算法分割精度可知，各目标区域的产品精度和用户精度均在 96%以上，这是由于 HGaMM 算法可准确将各目标区域分割开。其总精度为 99.03%，kappa 值为 0.98，与对比算法相比较，HGaMM 算法的总精度和 kappa 值比伽马分布算法分别高 28.41%和 0.34，比 GaMM 算法分别高 9.80%和 0.12。综上分析，HGaMM 算法可获得高精度的模拟 SAR 影像分割结果。

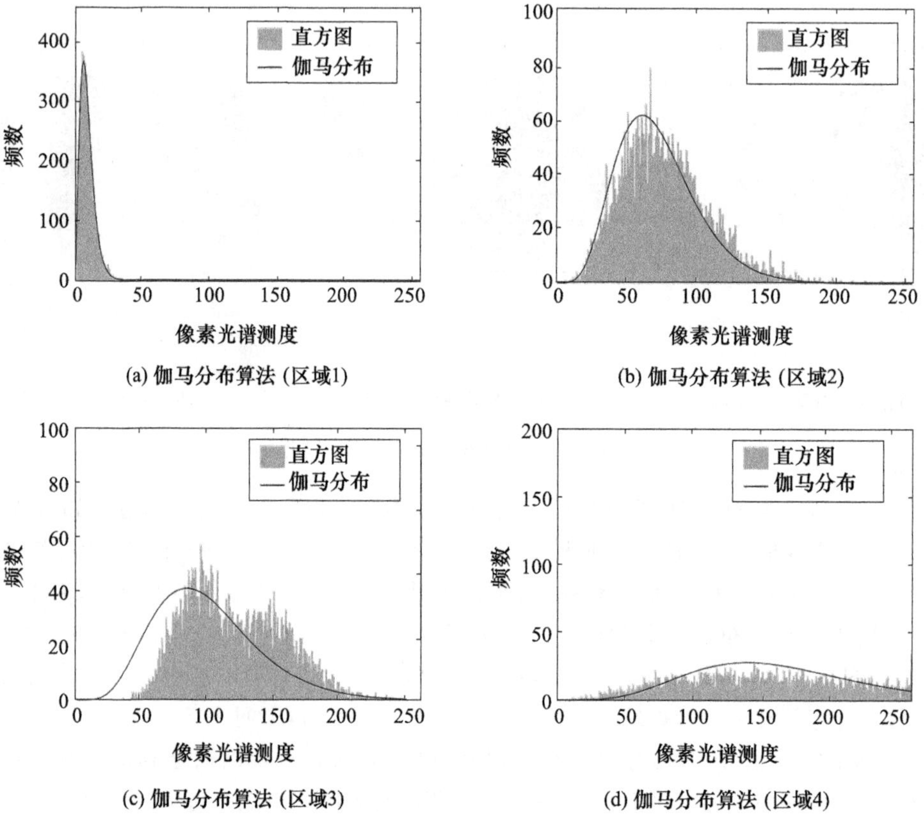

(a) 伽马分布算法 (区域1)　(b) 伽马分布算法 (区域2)

(c) 伽马分布算法 (区域3)　(d) 伽马分布算法 (区域4)

图 5.49　伽马分布算法拟合模拟 SAR 影像灰度直方图结果

为了定量评价 HGaMM 算法建模影像内像素光谱测度复杂统计分布的能力，计算伽马分布算法、GaMM 算法和 HGaMM 算法拟合模拟 SAR 影像灰度直方图的拟合误差表及其柱状图，见表 5.22和图 5.52。从表 5.22 可知，伽马分布算法、GaMM 算法和 HGaMM 算法拟合各目标区域灰度直方图的拟合误差分别在 1.33%到 4.09%、2.40%到 6.76%和 1.60%到 2.71%。通过比较可知，HGaMM 算法的拟合误差比较小，因此其拟合精度较高。其中，伽马分布算法中区域 3 的拟合误差较大，这是由于单峰的伽马分布难以建模具有双峰特性的灰度直方图；GaMM 算法中区域 1 的拟合误差较大，这是由于 GaMM 组分难以准确拟合具有尖峰特性的灰度直方图；HGaMM 算法对区域 1 拟合误差比较大，这是由于区域 1 灰度直方图具有比较明显的尖峰特性。从整幅影像灰度直方图拟合误差来看，伽马分布算法的拟合误差最大，为 9.83%；GaMM 算法的拟合精度优于伽马分布算法；HGaMM 算法拟合误差最小，为 4.52%，比伽马分布算法和 GaMM 算法分别小 5.31%和 1.08%。综上分析，HGaMM 算法可以准确地拟合模拟 SAR 影像的灰度直方图。

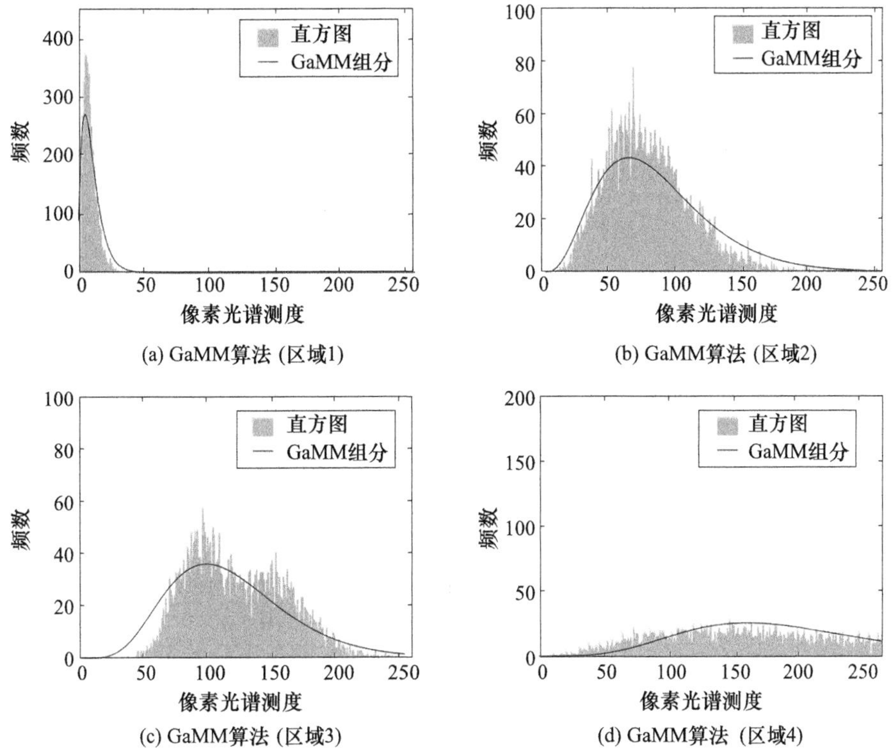

图 5.50　GaMM 算法拟合模拟 SAR 影像灰度直方图结果

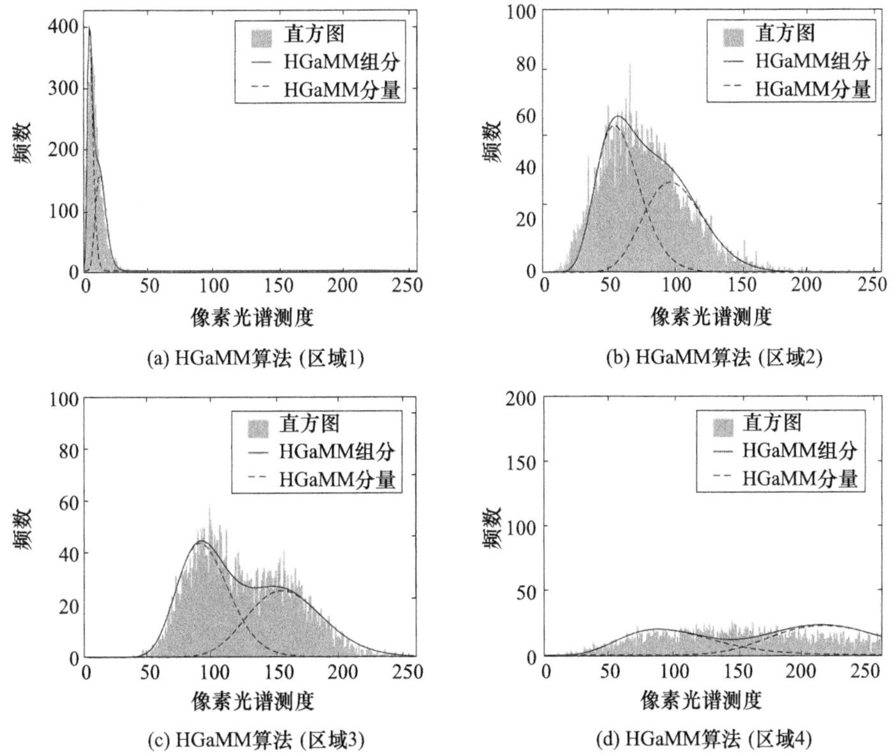

图 5.51　HGaMM 算法拟合模拟 SAR 影像灰度直方图结果

表 5.21 模拟 SAR 影像分割结果的精度

算法	精度	区域 1	区域 2	区域 3	区域 4
伽马分布算法	产品精度/%	99.42	78.52	44.32	62.57
	用户精度/%	99.98	70.27	46.44	65.82
	总精度/%	70.62			
	kappa 值	0.64			
GaMM 算法	产品精度/%	98.18	85.16	88.42	85.06
	用户精度/%	99.93	95.00	85.01	77.00
	总精度/%	89.23			
	kappa 值	0.86			
HGaMM 算法	产品精度/%	99.98	99.66	99.80	96.68
	用户精度/%	99.95	98.77	97.80	99.65
	总精度/%	99.03			
	kappa 值	0.98			

表 5.22 模拟 SAR 影像灰度直方图的拟合误差

算法	拟合误差/%				
	区域 1	区域 2	区域 3	区域 4	整幅影像
伽马分布算法	1.33	2.15	4.09	2.26	9.83
GaMM 算法	6.76	2.40	2.67	2.50	5.60
HGaMM 算法	1.60	1.57	1.71	2.71	4.52

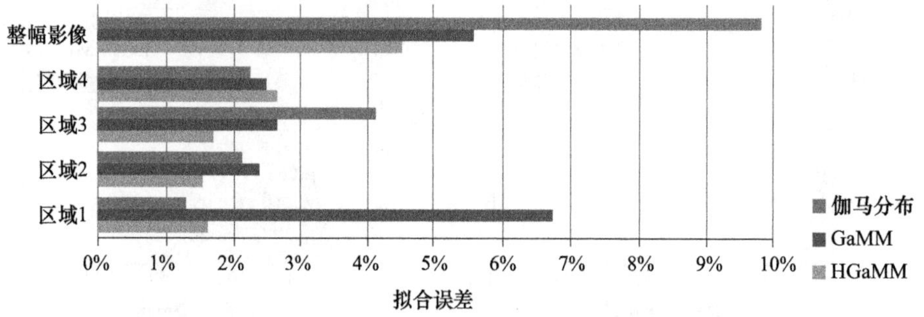

图 5.52 模拟 SAR 影像灰度直方图的拟合误差柱状图

5.4.2.2 高分辨率 SAR 影像分割

图 5.53 为 128×128 像素大小的高分辨率 SAR 影像。其中，图 5.53(a)、(b)、(g)和(h)来源于 25 m 空间分辨率 VV 极化成像的 Radarsat-1 卫星海冰影像；(c)、(d)和(f)来源于25 m 空间分辨率 HV 极化成像的 Radarsat-2 卫星河口影像和城市影像；(e)来源于 30 m 空间分辨率 VV 极化成像的 Sentinel-1 卫星海冰影像。从高分辨率 SAR 影像中可知，其各目标区域之间像素光谱测度具有明显的相似性，且影像内斑点噪声较多，可有效验证 HGaMM 分割算法对高分辨率 SAR 影像的适用性。根据地图显示和视觉判读绘制各影像对应的同质区域分割结果，作为标准分割影像，见图 5.54，图中标号 1～5 索引不同区域，用于定量评价高分辨率 SAR 影像的分割结果。

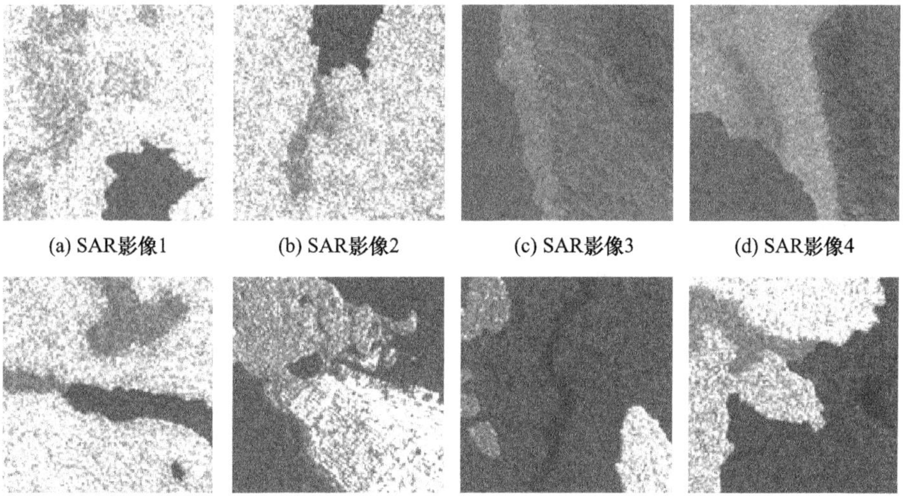

(a) SAR影像1　(b) SAR影像2　(c) SAR影像3　(d) SAR影像4

(e) SAR影像5　(f) SAR影像6　(g) SAR影像7　(h) SAR影像8

图 5.53　高分辨率 SAR 影像

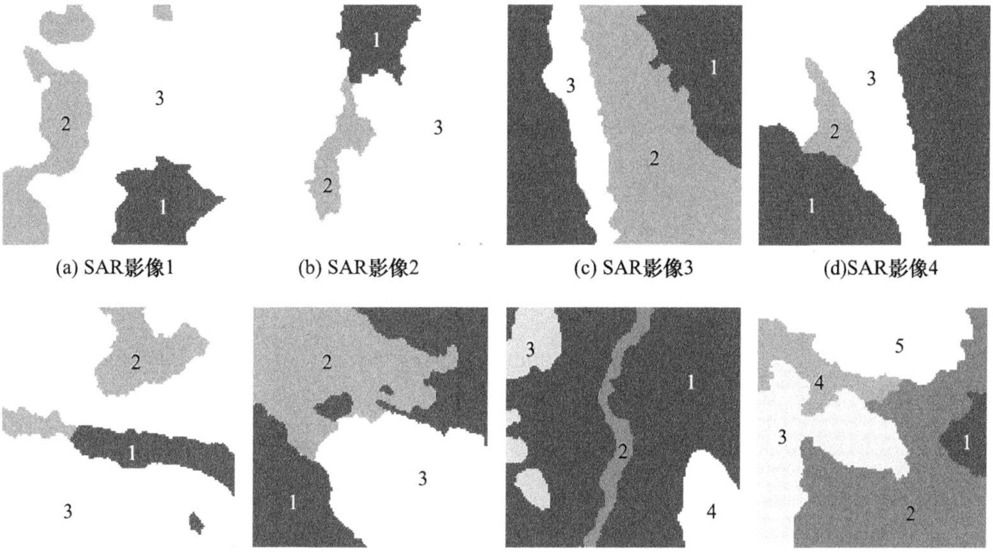

(a) SAR影像1　(b) SAR影像2　(c) SAR影像3　(d)SAR影像4

(e) SAR影像5　(f) SAR影像6　(g) SAR影像7　(h)SAR影像8

图 5.54　高分辨率 SAR 影像的标准分割影像

采用伽马分布算法、GaMM 算法和 HGaMM 算法分割高分辨率 SAR 影像，分割结果见图 5.55～图 5.57。根据目视解译将高分辨率 SAR 影像中目标区域数分别设为 3、3、3、3、3、3、4 和 5。从伽马分布算法分割结果可知，图中存在大量误分割像素，且不同目标区域之间的轮廓线模糊。由于不同目标区域内像素光谱测度具有相似性，导致部分目标区域难以被分割开，如图 5.55(b)和(e)中灰色区域和黑色区域，以及(g)中黑色和浅黑色区域。另外，由于 SAR 影像内固有斑点噪声导致伽马分布算法的分割结果中存在不同程度的误分割像素。从 GaMM 算法分割结果可知，其优于伽马分布算法的分割结果，但其中仍存在较多误分割像素，主要是由于高分辨率 SAR 影像内存在大量固有斑点噪声以及不同目标区域内像素光谱测度的相似性较大。如图 5.56(c)中间区域存在较多黑色误分割像素，(g)左上侧和右下侧区域难以被分割开；(h)中左下侧目标区域被错误分割为白色区域。综上分析，伽马分布算法和 GaMM 算法难以准确分割高分辨率 SAR 影像。从 HGaMM 算法的分割结果可知，HGaMM 算法结合 HGaMM 和 MRF 构建分割模型以有效地利用像素光谱和空间位置信息，将高分辨率 SAR 影像各目标区域分割开，仅部分区域存在少量误分割像素。其中，对于像素光谱相似性较大的不同目标区域，HGaMM 算法可以准确将各目标区域分割开，如图 5.57(a)～(c)灰色和白色区域；对于影像内像素异质性比较低的各目标区域，HGaMM 算法同样可将各目标区域准确分割开，见图 5.57(g)。因此，HGaMM 算法可获得最优的高分辨率 SAR 影像的分割结果。为了更加直观地评价 HGaMM 算法的分割结果，提取分割结果中各区域之间的轮廓线叠加在高分辨率 SAR 影像上，叠加结果见图 5.58。从叠加结果可看出，白色轮廓线与高分辨率 SAR 影像中各目标区域之间的边界线可以很好地重合在一起。综上所述，HGaMM 算法可准确地分割高分辨率 SAR 影像。

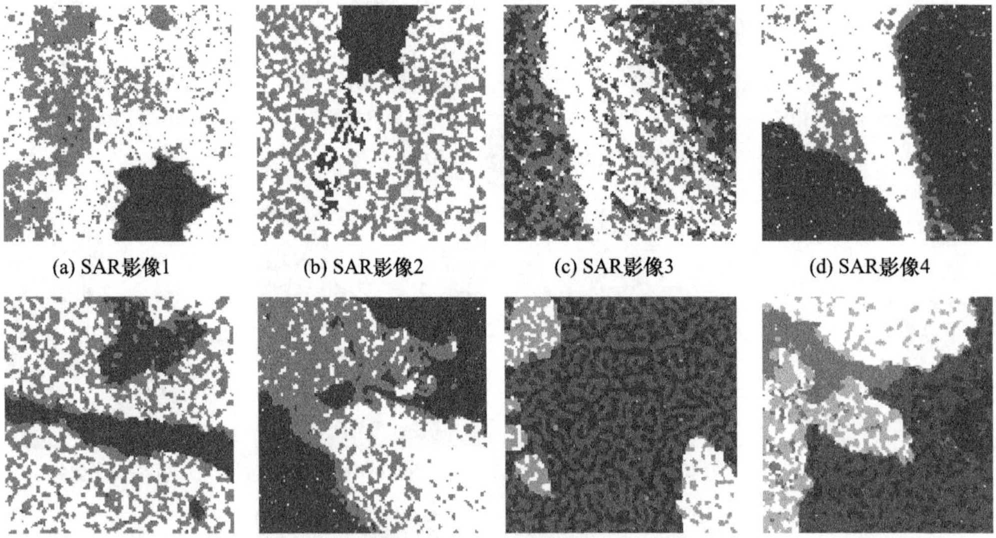

(a) SAR影像1　(b) SAR影像2　(c) SAR影像3　(d) SAR影像4

(e) SAR影像5　(f) SAR影像6　(g) SAR影像7　(h) SAR影像8

图 5.55　伽马算法分割高分辨率 SAR 影像的结果

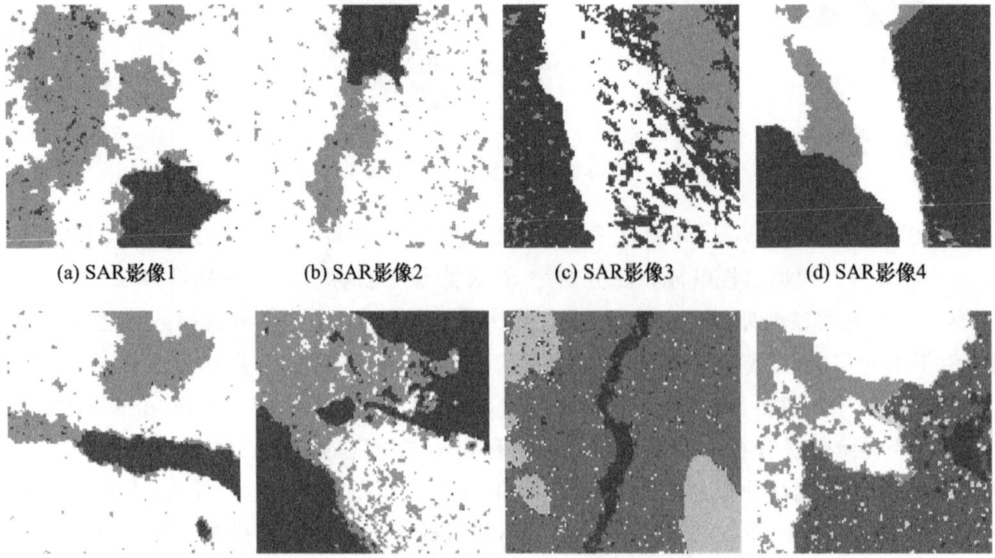

(a) SAR影像1　(b) SAR影像2　(c) SAR影像3　(d) SAR影像4

(e) SAR影像5　(f)SAR影像6　(g) SAR影像7　(h) SAR影像8

图 5.56　GaMM 算法分割高分辨率 SAR 影像的结果

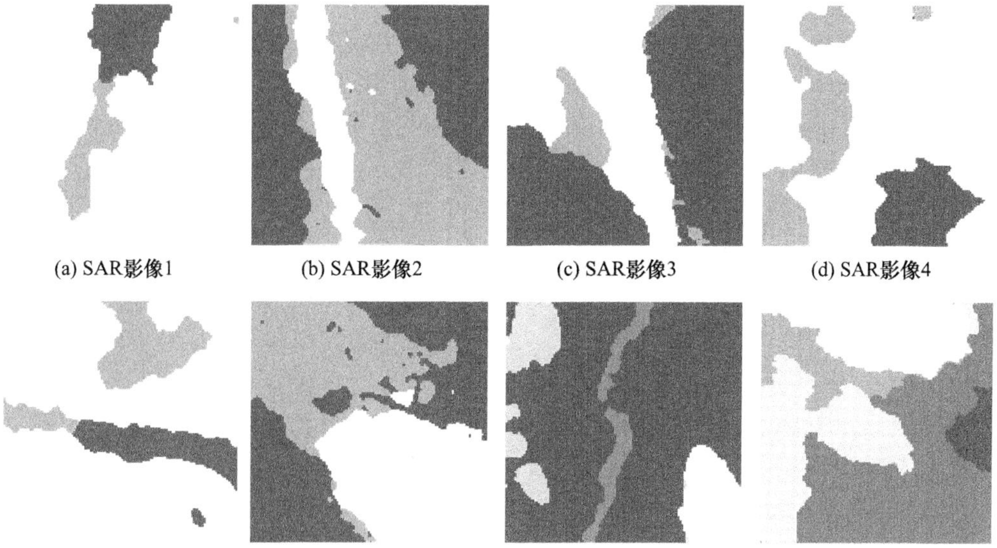

(a) SAR影像1　(b) SAR影像2　(c) SAR影像3　(d) SAR影像4

(e) SAR影像5　(f) SAR影像6　(g) SAR影像7　(h) SAR影像8

图 5.57　HGaMM 算法分割高分辨率 SAR 影像的结果

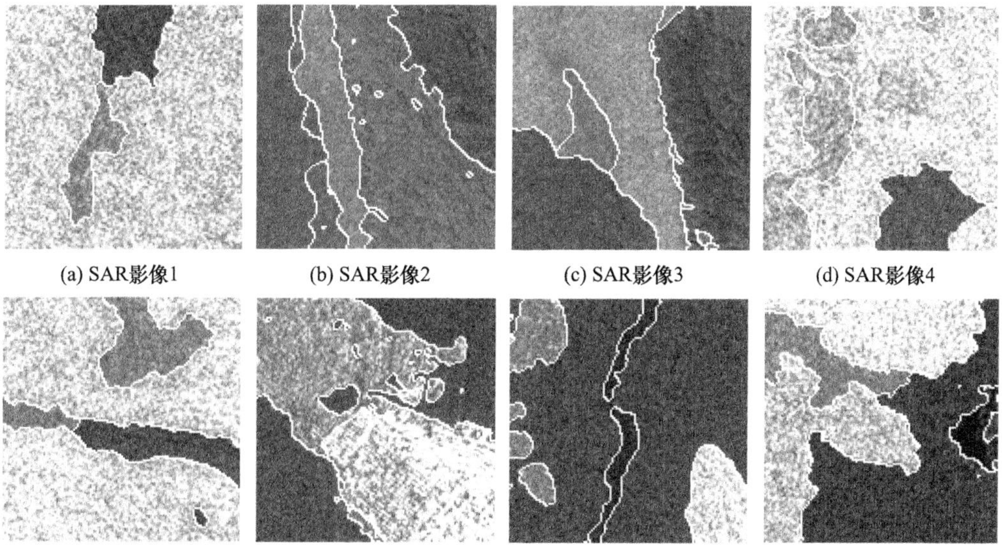

(a) SAR影像1　(b) SAR影像2　(c) SAR影像3　(d) SAR影像4

(e) SAR影像5　(f) SAR影像6　(g) SAR影像7　(h) SAR影像8

图 5.58　HGaMM 分割高分辨率 SAR 影像的轮廓线叠加结果

为了定量评价高分辨率 SAR 影像的分割结果，利用标准分割影像和高分辨率 SAR 影像分割结果计算各目标区域的产品精度和用户精度，以及整幅分割结果的总精度和 kappa 值。表 5.23～表 5.25 分别列出了伽马分布算法、GaMM 算法和 HGaMM 算法的分割精度。由于伽马分布算法和 GaMM 算法的分割结果中存在较多误分割像素，导致其分割精度比较低。而 HGaMM 算法可获得较优的分割结果，因此其分割精度高于对比算法。从伽马分布算法的分割精度可知，其分割结果各目标区域的最低精度分别为 47.46％、0.39％、36.73％、33.06％、0％、73.17％、7.55％和 23.58％。由于分割结果中错分割或漏分割导致部分区域的产品精度或用户精度较低，如 SAR 影像 5 区域 1 的产品精度和用户精度。伽马分布算法的总精度在

45%到90%之间，kappa值在0.24到0.82之间，因此，伽马分布算法难以准确分割高分辨率SAR影像。从GaMM算法分割精度可知，由于GaMM算法难以准确将高分辨率SAR影像各目标区域分割开，导致部分区域的分割精度非常低，如图5.56(c)区域2和(g)区域4的精度。另外，由于部分区域内存在较多误分割像素，导致其分割精度比较低。其分割结果各目标区域的最低精度分别为42.68%、40.14%、1.14%、49.15%、73.52%、77.31%、0.40%和0.18%，各分割结果的总精度在43%到95%之间，kappa值在0.33到0.89之间。因此，GaMM算法难以准确分割高分辨率SAR影像。从HGaMM算法分割精度可知，其分割结果各目标区域的产品精度和用户精度均在81%到100%之间，各分割结果的总精度在93%到100%之间，kappa值在0.90到0.99之间。与对比算法的总精度和kappa值相比较，HGaMM算法的总精度比伽马分布算法高8.83%到54.48%，比GaMM算法高4.48%到50.81%；HGaMM算法的kappa值比伽马分布算法高0.18到0.75，比GaMM算法高0.08到0.57。图5.59为各算法的总精度和kappa值的柱状图，可直观看出，HGaMM算法的分割精度比较高，而伽马分布算法的分割精度比较低。综上分析，HGaMM算法可准确分割高分辨率SAR影像，并获得高精度的分割结果。

表5.23　伽马分布算法分割高分辨率SAR影像的精度

影像	精度	区域1	区域2	区域3	影像	精度	区域1	区域2	区域3	区域4	区域5
SAR影像1	产品精度/%	92.89	47.46	94.86	SAR影像5	产品精度/%	0	51.76	94.38	—	—
	用户精度/%	96.21	81.96	76.75		用户精度/%	0	84.57	44.37	—	—
	总精度/%	79.94				总精度/%	45.48				
	kappa值	0.65				kappa值	0.24				
SAR影像2	产品精度/%	71.41	0.63	93.03	SAR影像6	产品精度/%	93.93	74.42	85.46	—	—
	用户精度/%	100	0.39	54.09		用户精度/%	98.32	81.94	73.17	—	—
	总精度/%	54.52				总精度/%	84.63				
	kappa值	0.24				kappa值	0.78				
SAR影像3	产品精度/%	83.89	48.74	36.73	SAR影像7	产品精度/%	92.48	7.55	71.30	73.24	—
	用户精度/%	59.52	38.77	94.38		用户精度/%	50.66	51.81	69.50	78.01	—
	总精度/%	55.65				总精度/%	54.68				
	kappa值	0.44				kappa值	0.34				
SAR影像4	产品精度/%	99.73	33.06	95.38	SAR影像8	产品精度/%	23.58	97.99	71.97	75.85	65.74
	用户精度/%	93.95	75.43	85.56		用户精度/%	88.45	67.80	93.19	52.96	80.66
	总精度/%	89.63				总精度/%	70.32				
	kappa值	0.82				kappa值	0.63				

表5.24　GaMM算法分割高分辨率SAR影像的精度

影像	精度	区1	区2	区3	影像	精度	区1	区2	区3	区4	区5
SAR影像1	产品精度/%	84.85	42.68	100	SAR影像5	产品精度/%	96.98	73.52	99.97	—	—
	用户精度/%	98.42	90.91	68.61		用户精度/%	95.33	97.68	94.43	—	—
	总精度/%	76.07				总精度/%	94.96				
	kappa值	0.61				kappa值	0.87				

续表

影像	精度	区1	区2	区3	影像	精度	区1	区2	区3	区4	区5
SAR 影像 2	产品精度/%	96.72	40.14	99.98	SAR 影像 6	产品精度/%	90.62	79.56	89.21	—	—
	用户精度/%	99.85	97.09	89.20		用户精度/%	99.86	81.99	77.31	—	—
	总精度/%	90.58				总精度/%	86.57				
	kappa 值	0.72				kappa 值	0.81				
SAR 影像 3	产品精度/%	64.56	3.11	34.42	SAR 影像 7	产品精度/%	99.17	62.01	45.82	0.40	—
	用户精度/%	65.01	1.14	99.96		用户精度/%	94.67	97.01	85.00	0.70	—
	总精度/%	43.18				总精度/%	85.85				
	kappa 值	0.33				kappa 值	0.67				
SAR 影像 4	产品精度/%	99.50	49.15	99.70	SAR 影像 8	产品精度/%	66.51	97.42	57.14	1.33	53.13
	用户精度/%	98.61	96.75	87.00		用户精度/%	77.03	88.75	99.25	0.18	95.88
	总精度/%	93.98				总精度/%	69.86				
	kappa 值	0.89				kappa 值	0.61				

表 5.25　HGaMM 算法分割高分辨率 SAR 影像的精度

影像	精度	区1	区2	区3	影像	精度	区1	区2	区3	区4	区5
SAR 影像 1	产品精度/%	99.84	100	99.86	SAR 影像 5	产品精度/%	100	99.73	99.99	—	—
	用户精度/%	100	99.35	100		用户精度/%	99.56	100	100	—	—
	总精度/%	99.88				总精度/%	99.96				
	kappa 值	0.99				kappa 值	0.99				
SAR 影像 2	产品精度/%	97.41	93.72	99.44	SAR 影像 6	产品精度/%	99.49	94.11	100	—	—
	用户精度/%	99.71	92.54	99.31		用户精度/%	99.91	99.69	93.49	—	—
	总精度/%	98.91				总精度/%	97.83				
	kappa 值	0.95				kappa 值	0.96				
SAR 影像 3	产品精度/%	99.13	88.13	98.94	SAR 影像 7	产品精度/%	99.69	99.48	98.70	99.42	—
	用户精度/%	87.59	98.87	100		用户精度/%	99.96	98.14	98.77	97.87	—
	总精度/%	93.99				总精度/%	99.57				
	kappa 值	0.90				kappa 值	0.98				
SAR 影像 4	产品精度/%	99.97	81.80	99.40	SAR 影像 8	产品精度/%	100	99.71	97.86	97.71	99.97
	用户精度/%	98.50	96.10	98.75		用户精度/%	100	100	100	99.95	95.61
	总精度/%	98.46				总精度/%	99.11				
	kappa 值	0.97				kappa 值	0.98				

为了验证 HGaMM 算法的建模能力，采用伽马分布算法、GaMM 算法和 HGaMM 算法拟合高分辨率 SAR 影像灰度直方图，拟合结果见图 5.60～图 5.62，图中横坐标和纵坐标分别为像素光谱测度及其频数，灰色区域为各影像灰度直方图，实线分别为伽马分布、GaMM 组分和 HGaMM 组分的拟合曲线，虚线为 HGaMM 分量的拟合曲线。从高分辨率 SAR 影像的灰度

直方图可看出，SAR 影像内像素光谱测度统计分布具有非对称、重尾、尖峰和平坦峰等特性，且各目标区域所对应灰度直方图的峰值并不明显。另外，灰度直方图具有明显的截断特性。从伽马分布算法的拟合结果可知，伽马分布具有右侧重尾特性，但其难以建模像素光谱测度的左侧重尾、尖峰和平坦峰等复杂统计分布。从 GaMM 算法的拟合结果可知，GaMM 组分同样为伽马分布，其难以拟合左侧重尾等复杂统计分布因此，GaMM 采用多个伽马分布加权和仍难以准确拟合高分辨率 SAR 影像的灰度直方图。综上分析，伽马分布算法和 GaMM 算法难以准确建模高分辨率 SAR 影像内像素光谱测度的复杂统计分布。从 HGaMM 算法的拟合结果可知，由于 HGaMM 组分由多个伽马分量加权和构成，其具有建模非对称、重尾和尖峰等复杂统计分布的能力，因此 HGaMM 可准确拟合高分辨率 SAR 影像灰度直方图。对于灰度直方图中各目标区域所对应的峰值比较明显的，HGaMM 和 HGaMM 组分可准确拟合灰度直方图及其各峰值，见图 5.62(e)中实线和虚线。对于各目标区域所对应的峰值不明显的灰度直方图，HGaMM 同样可准确拟合其灰度直方图，见图 5.62(c)。另外，HGaMM 可较准确地拟合图 5.62 的(a)、(b)和(e)中具有截断性的灰度直方图。综上所述，HGaMM 算法具有准确建模高分辨率 SAR 影像内像素光谱测度复杂统计分布的能力。

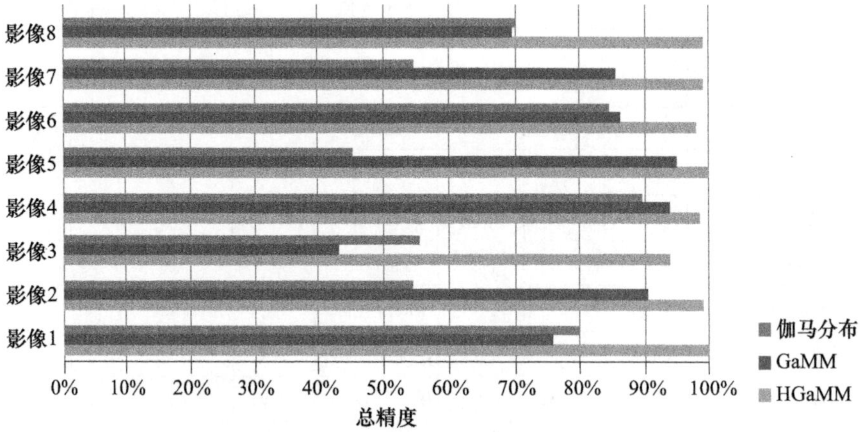

(a) 总精度柱状图

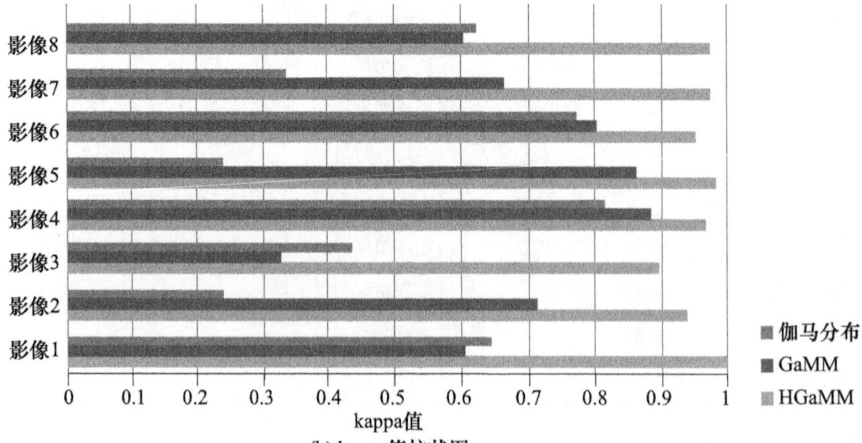

(b) kappa值柱状图

图 5.59　高分辨率 SAR 影像分割结果的总精度和 kappa 值柱状图

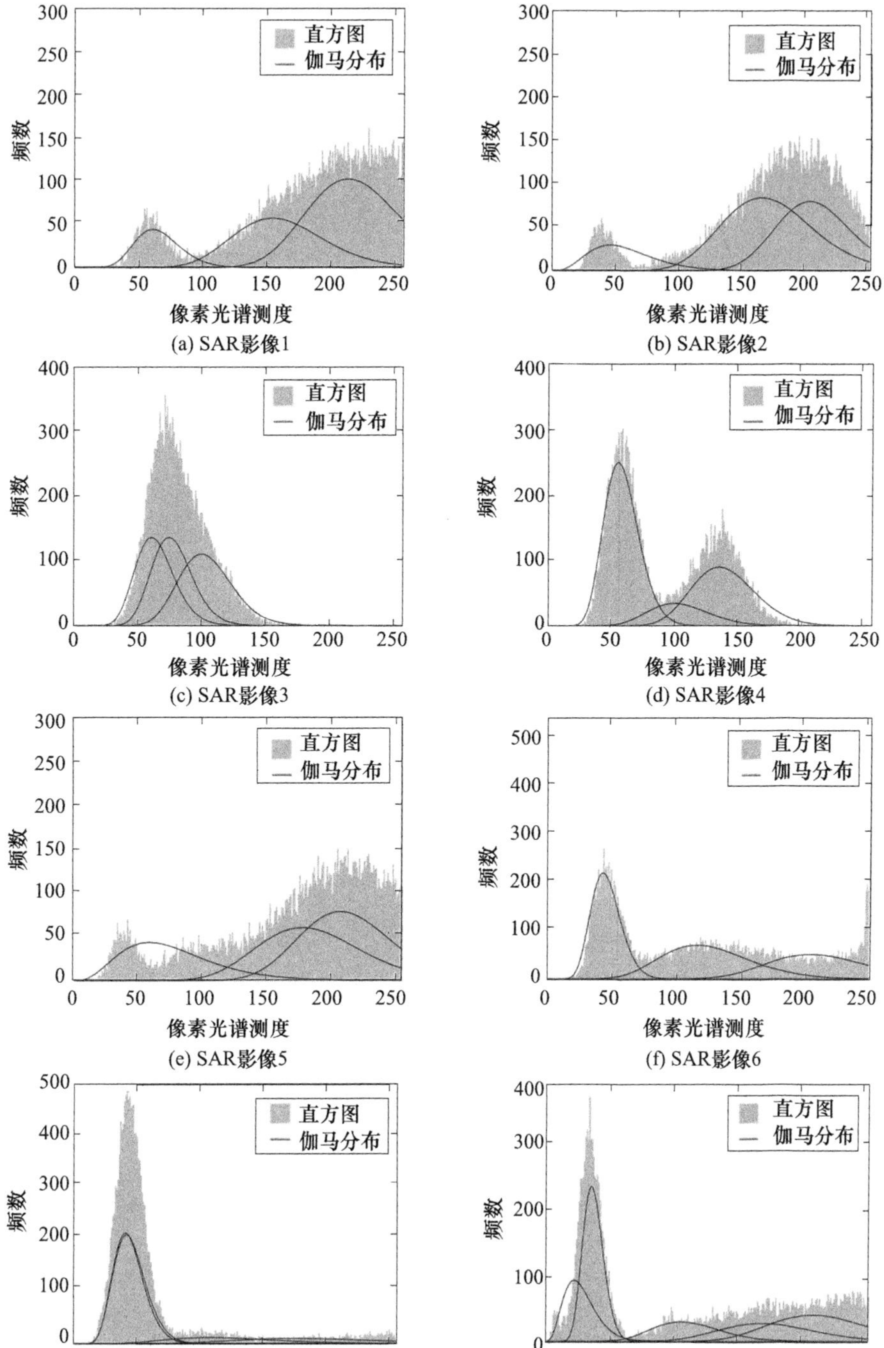

(a) SAR影像1　(b) SAR影像2　(c) SAR影像3　(d) SAR影像4　(e) SAR影像5　(f) SAR影像6　(g) SAR影像7　(h) SAR影像8

图 5.60　伽马算法拟合高分辨率 SAR 影像灰度直方图的结果

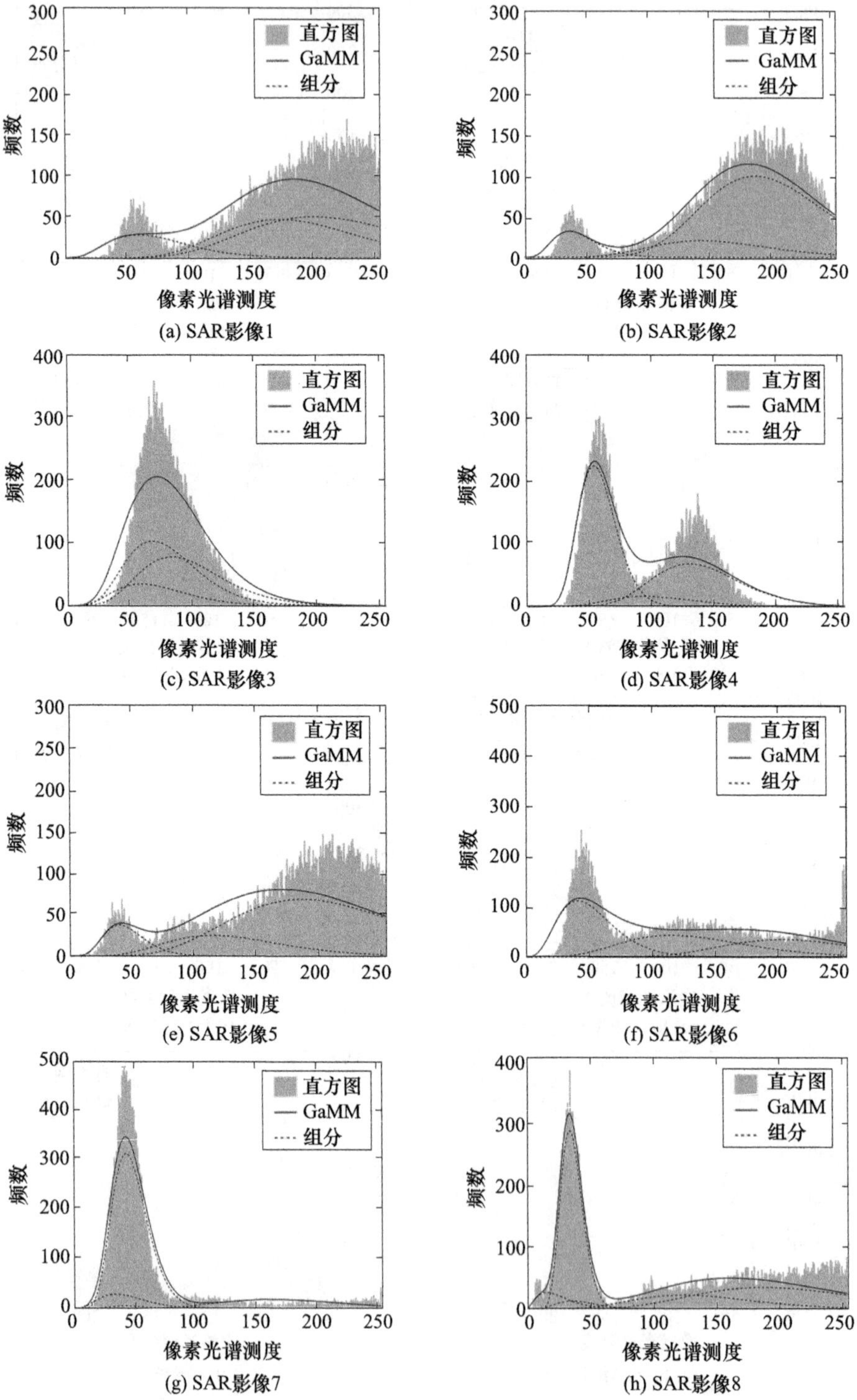

图 5.61　GaMM 算法拟合高分辨率 SAR 影像灰度直方图的结果

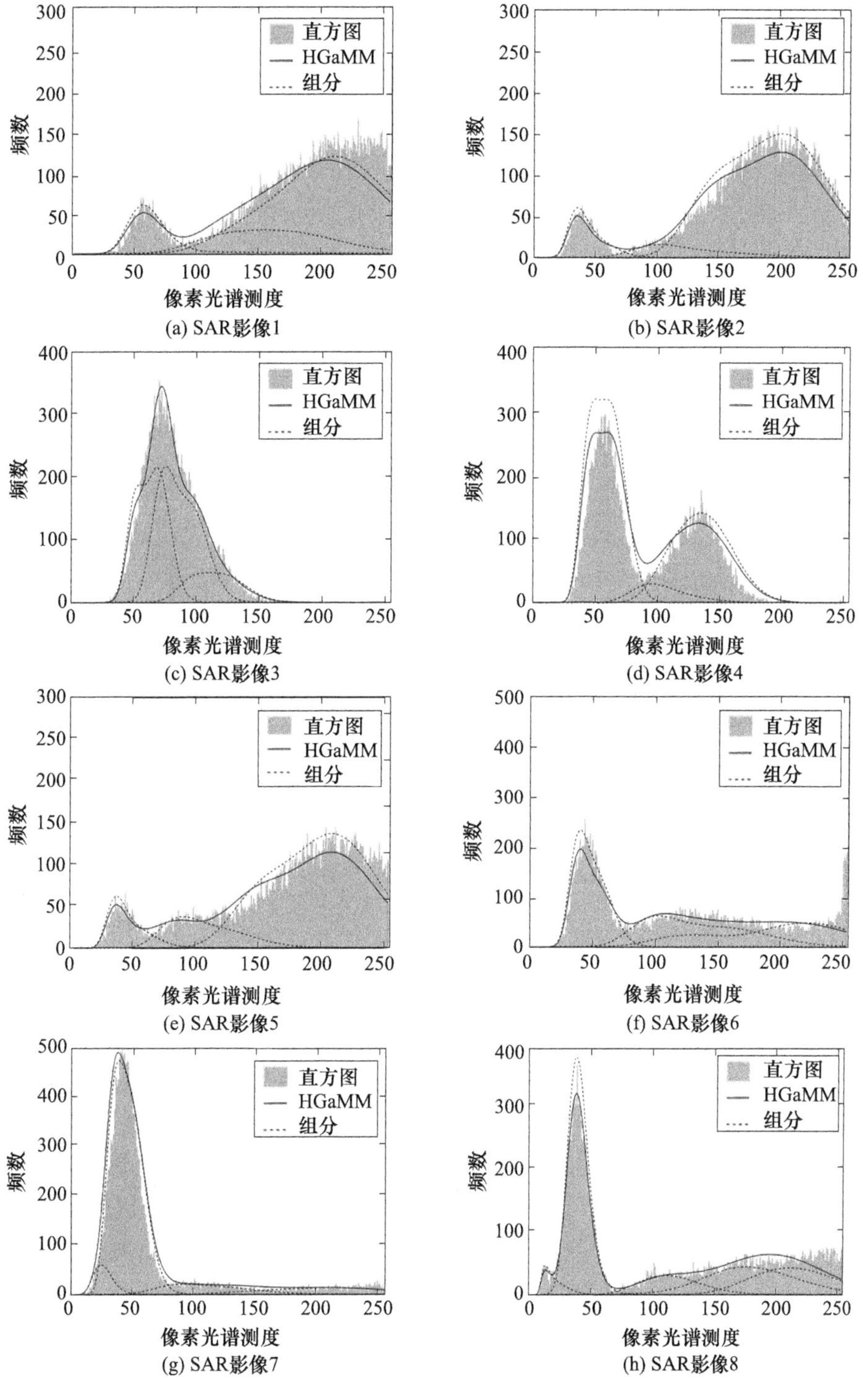

图 5.62　HGaMM 算法拟合高分辨率 SAR 影像灰度直方图的结果

表 5.26 和图 5.63 为伽马分布算法、GaMM 算法和 HGaMM 算法拟合 SAR 影像灰度直方图的拟合误差表及其柱状图，可以定量评价 HGaMM 算法的统计建模能力。从图 5.63 可知，伽马分布算法、GaMM 算法和 HGaMM 算法的拟合误差分别在 6.02% 到 16.95%、

1.93%到4.62%和1.23%到3.83%，通过比较可知HGaMM算法的拟合误差比较低，比伽马分布算法低2.43%到13.68%，比GaMM算法低0.31%到2.36%。其中，伽马分布算法难以拟合SAR影像7灰度直方图的尖峰峰值，导致其拟合误差较大；GaMM算法难以拟合SAR影像6灰度直方图的尖峰和截断性的峰值，导致其拟合误差较大。从拟合误差柱状图可直观地看出，伽马分布算法的拟合误差最大，而HGaMM算法的拟合误差最小。综上分析，HGaMM算法可获得较高的拟合精度，具有准确建模像素光谱测度复杂统计分布的能力。

表5.26 高分辨率SAR影像灰度直方图拟合误差

算法	拟合误差/%							
	影像1	影像2	影像3	影像4	影像5	影像6	影像7	影像8
伽马分布算法	11.64	12.16	6.02	13.35	14.11	13.55	16.95	15.07
GaMM算法	3.51	2.10	3.59	3.04	3.37	4.62	3.27	1.93
HGaMM算法	2.72	1.62	1.23	2.06	1.77	3.83	2.39	1.62

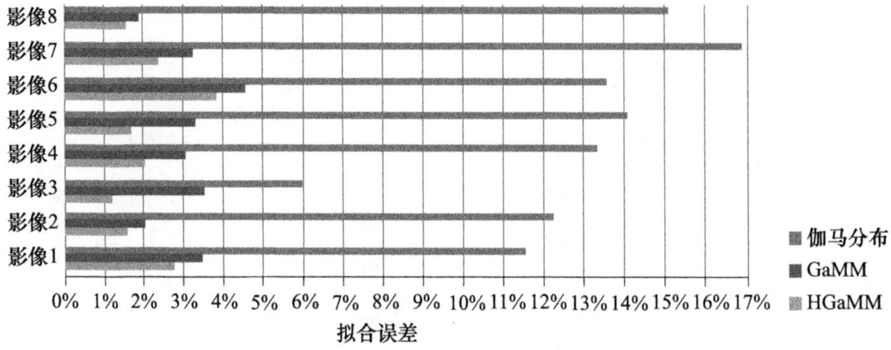

图5.63 高分辨率SAR影像灰度直方图拟合误差柱状图

表5.27和图5.64为伽马分布算法、GaMM算法和HGaMM算法分割高分辨率SAR影像的分割时间，以评价HGaMM算法分割SAR影像的分割效率。从表5.27可知，伽马分布算法的分割时间在720到780 s之间，GaMM算法的分割时间在1009到1200 s之间，HGaMM算法的分割时间在91到116 s之间。通过比较可知，HGaMM算法的分割时间低于伽马分布算法和GaMM算法，这是由于这两个对比算法均采用M-H算法模拟分割模型，而M-H算法需要在迭代中对参数执行许多次采样以优化参数，进而导致伽马分布算法和GaMM算法的分割效率比较低。而HGaMM算法利用EM/H-M方法求解分割模型，利用EM方法求解可显式表达的参数，可避免H-M方法效率低的缺陷，有效地提高了分割效率。综上分析，HGaMM算法具有较高的分割效率。

表5.27 高分辨率SAR影像的分割时间

算法	分割时间/s							
	影像1	影像2	影像3	影像4	影像5	影像6	影像7	影像8
伽马分布算法	727.48	737.81	770.18	740.58	739.34	760.60	766.39	780.89
GaMM算法	1013.98	1012.79	1009.23	1012.24	1102.17	1109.93	1112.76	1109.03
HGaMM算法	91.08	104.33	98.62	107.83	111.08	114.36	115.09	115.11

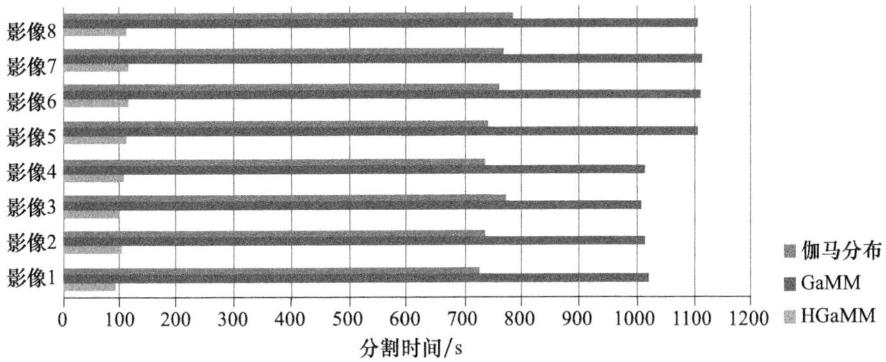

图5.64 高分辨率SAR影像分割时间及其柱状图

图5.65(a)和(b)为2幅512×512像素大小的高分辨率SAR影像,以验证HGaMM算法对大尺度SAR影像的分割性能。图5.65包含建筑区域、水域和农田等地物,各区域之间边界比较模糊,给分割算法带来较大的挑战。为了对分割结果进行定量评价,通过目视解译绘制图5.65中(a)和(b)的同质区域影像作为标准分割影像,见图5.65的(c)和(d),图中标号1～3为索引同质区域。

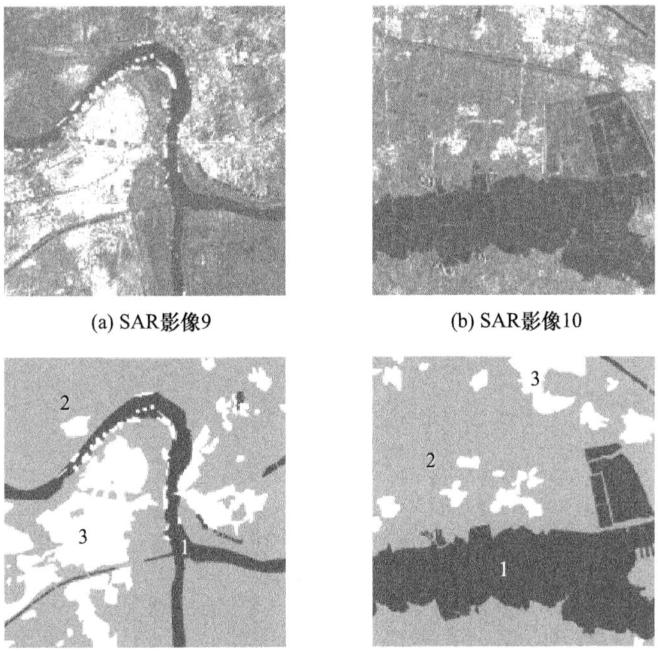

(a) SAR影像9　(b) SAR影像10

(c) SAR影像9标准分割影像　(d) SAR影像10标准分割影像

图5.65 大尺度高分辨率SAR影像及其标准分割影像

采用伽马算法、GaMM算法和HGaMM算法对图5.65(a)和(b)大尺度SAR影像进行分割实验,分割结果见图5.66～图5.68,根据目视解译将高分辨率SAR影像中目标区域数均设为3。从伽马分布算法分割结果可知,图中存在大量误分割像素,尤其是在城市区域和农田区域,对于强度值比较相近的城市和农田区域,该算法难以将这两个区域分割开,在视觉上难以识别出两个区域的边界;虽然水域可以被分割开,但结果中同样存在少量误分割像素。从GaMM算法分割结果可知,其分割结果与伽马分布的比较相似,结果同样存在较多误分割像素，且该算法难以将城市区域和农田区域分割开。从 HGaMM 算法的分割结果可知，HGaMM 算法可以将各区域准确分割开，对于像素强度值比较相近的农田和城市区域，同样可以分割开且边界非常清晰，分割结果中仅存在极少误分割像素，这是由于 HGaMM 算法结合 HGaMM 和 MRF 构建分割模型，可有效利用影像光谱信息和空间信息，进而获得最优分割结果。为了更加直观地评价 HGaMM 算法的分割结果，提取分割结果中各区域之间的轮廓线叠加在高分辨率 SAR 影像上，叠加结果见图 5.69。从叠加结果可看出，白色轮廓线与高分辨率 SAR 影像中各目标区域之间的边界线可以很好地重合在一起，尤其是农田和城市区域之间的边界线。综上分析，HGaMM 算法对大尺度高分辨率 SAR 影像同样可获得最优分割结果。

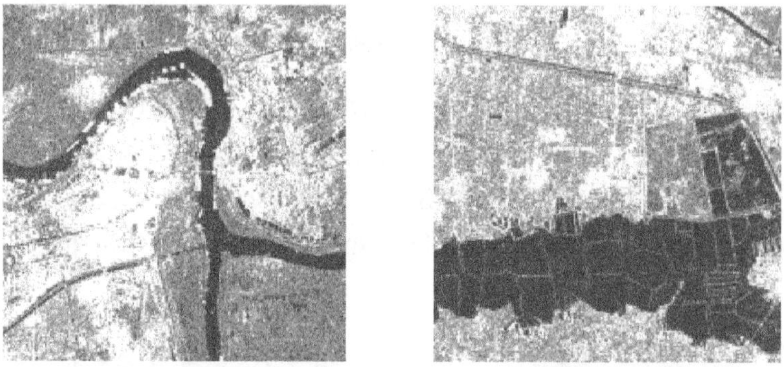

(a) SAR影像9　　(b) SAR影像10

图 5.66　伽马分布算法分割大尺度 SAR 影像的结果

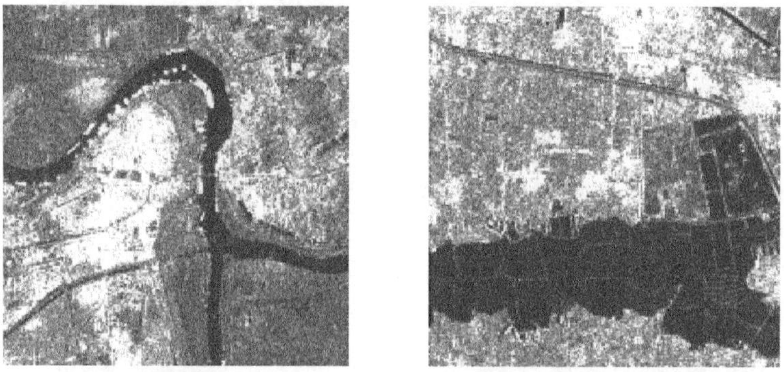

(a) SAR影像9　　(b) SAR影像10

图 5.67　GaMM 算法分割大尺度 SAR 影像的结果

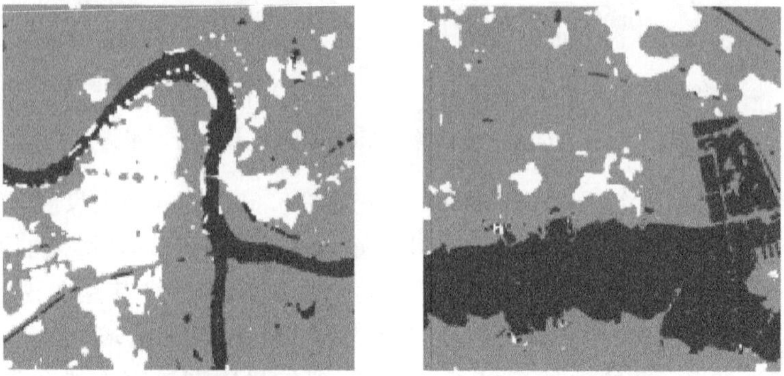

(a) SAR影像9　　(b) SAR影像10

图 5.68　HGaMM 算法分割大尺度 SAR 影像的结果

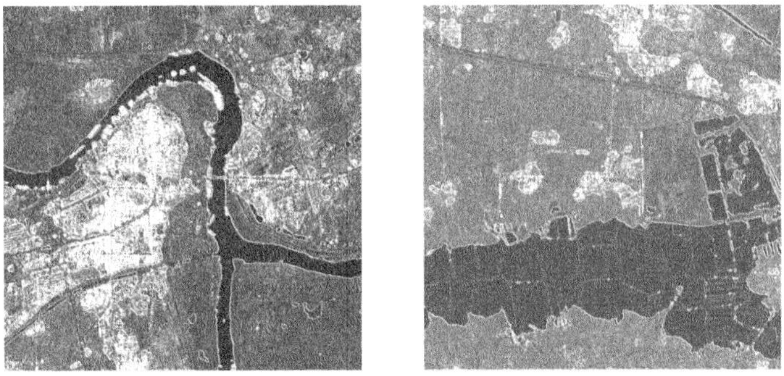

(a) SAR影像9　　(b) SAR影像10

图 5.69　HGaMM 算法分割大尺度 SAR 影像的轮廓线叠加结果

为了定量评价大尺度 SAR 影像分割结果，利用标准分割影像和各算法分割结果计算目标区域的产品精度和用户精度，以及整幅分割结果的总精度和 kappa 值，见表 5.28。从伽马分布算法分割两幅影像的精度可知，目标区域最低精度分别为 48.76%和 22.13%，总精度和 kappa 值分别在 69%和 0.55 左右，这说明伽马分布算法分割结果中存在较多误分割像素；从 GaMM 算法分割两幅影像的精度可知，目标区域最低精度分别为 35.88%和 23.94%，总精度和 kappa 值分别在 67%和 0.54 左右，这说明 GaMM 算法分割结果同样中存在较多误分割像素。另外，对于图 5.65(a)分割精度，伽马分布算法和 GaMM 算法均在区域 1 的产品精度和区域 3 的产品精度比较低；对于图 5.65(b)分割精度，伽马分布算法和 GaMM 算法均在区域 3 的产品精度比较低，这说明两个对比算法对亮区域分割精度比较低。从 HGaMM 算法分割两幅影像的精度可知，目标区域最低精度分别为 82.91%和 82.86%，总精度和 kappa 值分别在 93%和 0.86 以上，这说明 HGaMM 算法可以获得高精度的大尺度 SAR 影像分割结果。另外，HGaMM 算法对两幅影像的亮区域（区域 3）的分割精度相对其他区域比较低，在 82%左右，但仍然高于对比算法的精度，这说明 HGaMM 算法对亮区域的分割性能明显优于对比算法。综上分析，HGaMM 算法可以获得高精度 SAR 影像分割结果。

表 5.28　大尺度 SAR 影像的分割精度

算法	精度	影像 9			影像 10		
		区域 1	区域 2	区域 3	区域 1	区域 2	区域 3
伽马分布算法	产品精度/%	48.76	88.96	49.32	87.69	89.12	22.13
	用户精度/%	80.65	64.06	80.04	87.60	58.61	83.95
	总精度/%	69.02			69.54		
	kappa 值	0.52			0.55		
GaMM 算法	产品精度/%	35.88	87.13	57.59	75.41	91.62	23.94
	用户精度/%	84.36	63.82	72.18	90.05	52.98	84.37
	总精度/%	67.58			67.50		
	kappa 值	0.50			0.54		
HGaMM 算法	产品精度/%	91.57	97.04	82.91	93.03	96.02	82.86
	用户精度/%	90.85	93.44	93.45	94.69	96.35	88.78
	总精度/%	93.19			95.26		
	kappa 值	0.86			0.91		

为了验证 HGaMM 算法的建模能力，采用 HGaMM 算法拟合大尺度高分辨率 SAR 影像灰度直方图，拟合结果见图 5.70。图 5.70 中横坐标和纵坐标分别为像素光谱测度及其频数，灰色区域为各影像灰度直方图，实线分别为 GaMM 和 HGaMM 的拟合曲线，虚线为伽马分布、GaMM 和 HGaMM 组分的拟合曲线。从高分辨率 SAR 影像的灰度直方图可看出，该 SAR 影像内像素光谱测度统计分布具有非对称、重尾和平坦峰等特性，且各目标区域所对应灰度直方图的峰值并不明显，如图 5.70(a)中仅有一个明显的峰值，但影像中包括 3 类地物。从伽马分布算法的拟合结果可知，多个伽马分布难以准确拟合 SAR 影像灰度直方图，其中各分布难以拟合各峰值，见图 5.70(b)；且难以拟合灰度直方图重尾特性，如图 5.70(a)中灰度直方图右侧尾部。从 GaMM 算法的拟合结果可知，该算法以单一伽马分布拟合各峰值，以伽马分布加权拟合整个灰度直方图，其拟合结果中 GaMM 组分对各峰值的拟合不够准确，如图 5.70(b)左侧第二个峰值；且难以拟合灰度直方图的重尾特性，如图 5.70(a)右侧重尾分布。从 HGaMM 算法的拟合结果可知，由于 HGaMM 组分由多个伽马分量加权和构成，其具有建模

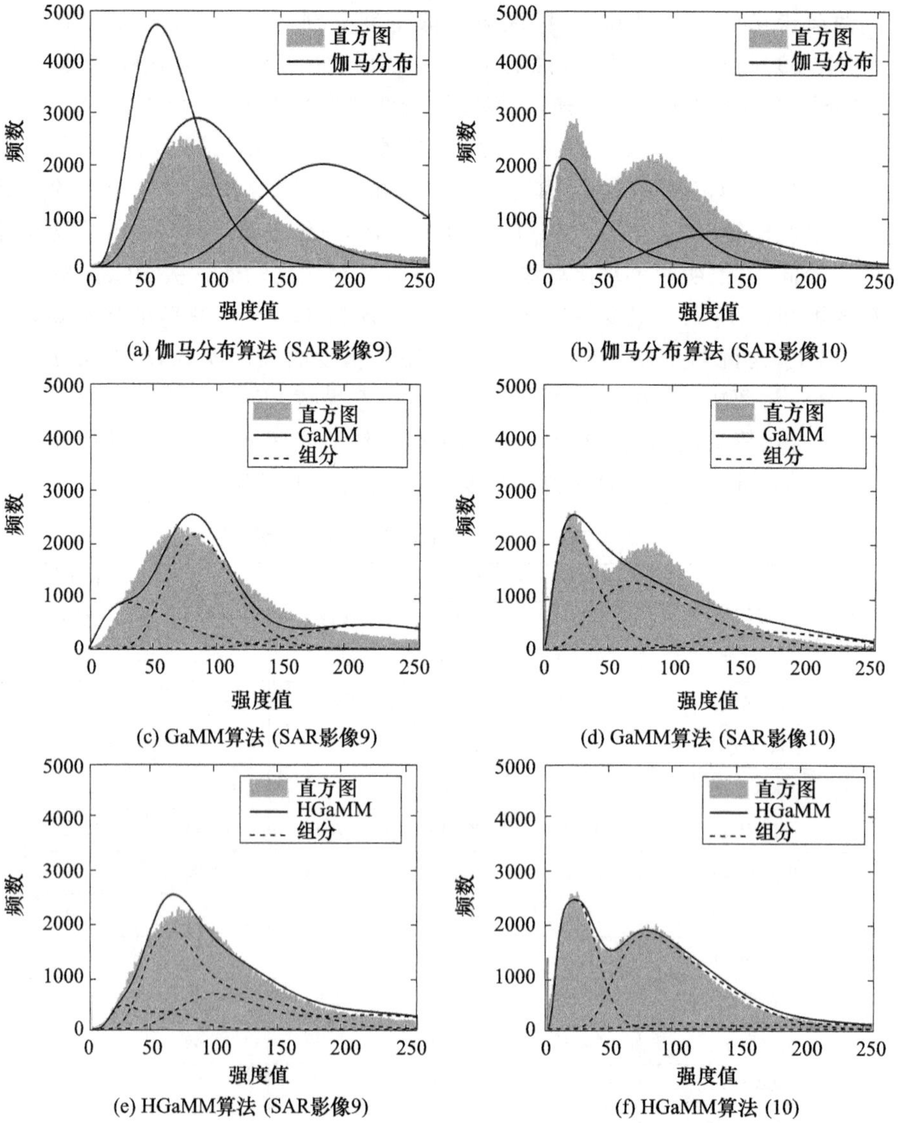

(a) 伽马分布算法 (SAR影像9)
(b) 伽马分布算法 (SAR影像10)
(c) GaMM算法 (SAR影像9)
(d) GaMM算法 (SAR影像10)
(e) HGaMM算法 (SAR影像9)
(f) HGaMM算法 (10)

图 5.70 大尺度 SAR 影像灰度直方图的拟合结果

非对称、重尾等复杂统计分布的能力，因此 HGaMM 组分可准确拟合各地物对应的灰度直方图，如虚线所示，进而 HGaMM 可准确拟合各 SAR 影像灰度直方图，其中对于图 5.70(e)灰度直方图不明显的 3 类地物的峰值，HGaMM 通过 3 个组分加权可准确拟合该灰度直方图；而对于两幅灰度直方图的右侧重尾，HGaMM 算法同样可以较准确地拟合。综上分析，HGaMM 算法具有准确建模高分辨率 SAR 影像内像素光谱测度复杂统计分布的能力。

参考文献

陈恩,2018. 一类修正的 DY 共轭梯度法[J]. 重庆理工大学学报(自然科学),32(2):213-217.

陈甦欣,张杰,李广涛,2020. 基于机器视觉的环状零件表面字符检测[J]. 组合机床与自动化加工技术(4):126-129.

杜雄,黄慧明,杨艳,2016. 基于黄金分割的共轭梯度法步长求取方法[J]. 科技通报,32(6):1-4,9.

段西利,2019. 工业工件复杂表面的字符识别方法研究[D]. 西安:西安理工大学.

何旭,王田田,苏子璇,2016. 改进最大类间方差的苗期农业图像分割方法研究[J]. 农业与技术,36(8):2-6.

何俊,吴从中,丁正龙,等,2019. 多尺度判别条件生成对抗网络的前列腺 MRI 图像分割方法[J]. 中国图象图形学报,24(9):1581-1587.

侯木舟,陈英皞,2019. 基于改进的水平集模型工业零件图像分割方法[J]. 中北大学学报(自然科学版),40(2):155-160,166.

黄巧义,张木,黄旭,等,2018. 基于可见光谱色彩指标 Otsu 法的水稻冠层图像分割[J]. 广东农业科学,45(1):120-125,3.

贾永红,2015. 数字图像处理[M]. 武汉:武汉大学出版社.

李德仁,2013. 高分辨率对地观测技术在智慧城市中的应用[J]. 测绘地理信息,38(6):1-5.

李德仁,2016. 展望大数据时代的地球空间信息学[J]. 测绘学报,45(4):379-384.

李德仁,童庆禧,李荣兴,等,2012. 高分辨率对地观测的若干前沿科学问题[J]. 中国科学:地球科学,42(6):805-813.

李德仁,沈欣,马洪超,等,2014a. 我国高分辨率对地观测系统的商业化运营势在必行[J]. 武汉大学学报(信息科学版),39(4):386-389,434.

李德仁,张良培,夏桂松,2014b. 遥感大数据自动分析与数据挖掘[J]. 测绘学报,43(12):1211-1216.

李德仁,王密,2020. 高分辨率光学卫星测绘技术综述[J]. 航天返回与遥感,41(2):1-11.

李恒恒,郁文贤,2017. 基于混合 Gamma 建模与 MRF 的 SAR 图像分割方法[J]. 信息技术(1):80-84.

李辉,2018. 基于峰值特征高斯混合建模的 SAR 目标识别[J]. 电子测量与仪器学报,32(8):103-108.

李琴洁,杨学志,吴克伟,等,2014. 区域 Gamma 混合模型的 SAR 图像分割[J]. 遥感学报,18(5):1024-1033.

李晓丽,赵泉华,李玉,2020. 基于可变形状参数 Gamma 混合模型的区域化模糊聚类 SAR 图像分割[J]. 控制与决策,35(7):1639-1644.

李艳灵,沈轶,2009. 基于共轭梯度法的快速 Mean Shift 图像分割[J]. 光电工程,36(8):94-99.

李永焯,戴曙光,2018. 改进分水岭算法在脑肿瘤 CT 图像分割中的应用[J]. 软件导刊,17(6):157-159.

李玉,张英海,赵雪梅,等,2017. 结合 BIC 准则和 ECM 算法的可变类 SAR 影像分割[J]. 中国矿业大学学报,46(6):1402-1410.

李玉,李杰,王玉,等,2018. 结合波利亚罐模型和 M-H 算法的遥感图像分割[J]. 信号处理,34(3):319-330.

林穗华,2017. 基于 PRP 公式修正的有效共轭梯度算法[J]. 西南大学学报(自然科学版),39(7):97-103.

林文杰,李玉,赵泉华,2018. 结合最小生成树划分的高分遥感图像分割[J]. 遥感信息,33(6):109-116.

刘金魁,张春涛,2017. 三项修正 LS 共轭梯度方法及其收敛性研究[J]. 应用数学学报,40(6):862-873.

刘伟峰,杨爱兰,2011. 基于 BIC 准则和 Gibbs 采样的有限混合模型无监督学习算法[J]. 电子学报,39(S1):134-139.

牛艺蓉,王士同,2015. 基于 Student's-t 分布的混合模型图像分割方法[J]. 计算机工程,41(10):204-209.

申小虎,吕导中,万荣春,2014. 空间可变有限混合模型[J]. 中国图象图形学报,19(12):1820-1828.

石雪,李玉,李晓丽,等,2017. 融入邻域作用的高斯混合分割模型及简化求解[J]. 中国图象图形学报,22(12):1758-1768.

石雪,李玉,赵泉华,2018. 基于层次 Gamma 混合模型的高分辨率 SAR 影像分割方法[J]. 模式识别与人工智能,31(7):591-601.

石雪,李玉,赵泉华,2019. 层次化高斯混合模型和 M-H 的遥感影像分割算法[J]. 中国矿业大学学报,48(3):668-675.

孙培蕾,张爽爽,李路,2019. 基于贝叶斯框架和 Gamma 分布的 SAR 图像分割[J]. 北京测绘,33(5):502-508.

王荔霞,谢维信,裴继红,2014. 多高斯模型特征空间覆盖学习的海洋航摄图像分割[J]. 电子学报,42(10):2117-2122.

王开荣,徐晓光,2017. Wolfe 线搜索下充分下降性的 FR 型共轭梯度法[J]. 西南大学学报(自然科学版),39(7):91-96.

王文哲,刘辉,王彬,等,2018. 基于背景建模与特征匹配的工业烟尘图像分割方法[J]. 传感器与微系统,37(8):37-39,42.

王玉,李玉,赵泉华,2014. 利用 RJMCMC 算法的可变类 SAR 图像分割[J]. 信号处理,30(10):1193-1203.

王玉,李玉,赵泉华,2015. 基于规则划分和 RJMCMC 的可变类图像分割[J]. 仪器仪表学报,36(6):1388-1396.

王玉,李玉,赵泉华,2016a. 可变类多光谱遥感图像分割[J]. 遥感学报,20(6):1381-1390.

王玉,李玉,赵泉华,2016b. 结合规则划分和 M-H 算法的 SAR 图像分割[J]. 武汉大学学报(信息科学版),41(11):1491-1497.

王玉,李玉,赵泉华,2018. 基于区域的多尺度全色遥感图像分割[J]. 控制与决策,33(3):535-541.

魏宏昌,王志娟,2019. 基于图像分割的船舶吃水深度检测方法[J]. 舰船科学技术,41(18):31-33.

文沃根,2001. 高分辨率 IKONOS 卫星影像及其产品的特性[J]. 遥感信息(1):37-38.

文政颖,于海鹏,2014. 基于多 Gamma 分布模型的 SAR 图像直方图分割算法[J]. 计算机工程与设计,35(6):2104-2108.

许新征,丁世飞,史忠植,等,2010. 图像分割的新理论和新方法[J]. 电子学报,38(S1):76-82.

徐超,詹天明,孔令成,等,2017. 基于学生 t 分布的鲁棒分层模糊算法及其在图像分割中的应用[J]. 电子学报,45(7):1695-1700.

杨秉新,2002. 美国 IKONOS 和 QuickBird2 卫星相机的主要性能和特点分析及看法[J]. 航天返回与遥感(4):14-16.

杨军,裴剑杰,2018. 一种改进的隐马尔可夫随机场遥感影像分割算法[J]. 遥感技术与应用,33(5):857-865.

姚巧鸽,夏银红,2017. 基于邻域算法的农业害虫图像分割[J]. 江苏农业科学,45(11):174-177.

张英海,李玉,赵雪梅,等,2016. ECM 算法的多视 SAR 影像分割[J]. 遥感学报,20(6):1391-1401.

张金静,李玉,赵泉华,2016. 多主体框架下结合最大期望值和遗传算法的 SAR 图像分割[J]. 中国图象图形学报,21(1):86-94.

张程,张红,王超,2018. 基于 PCDM 香农熵的全极化 SAR 图像船舶目标检测方法[J]. 遥感技术与应用,33(3):499-507.

张亚一,费鲜芸,王健,等,2020. 基于高分辨率遥感影像的建筑物提取方法综述[J]. 测绘与空间地理信息,43(4):76-79.

赵泉华,李玉,何晓军,2013a. 结合 EM/MPM 算法和 Voronoi 划分的图像分割方法[J]. 信号处理,29(4):503-512.

赵泉华,李玉,何晓军,等,2013b. 基于 Voronoi 几何划分和 EM/MPM 算法的多视 SAR 图像分割[J]. 遥感学报,17(04):841-854.

赵泉华,王玉,李玉,2016a. 利用 SAR 影像区域分割方法提取海洋暗斑特征[J]. 地理科学,36(1):121-127.

赵泉华,李晓丽,赵雪梅,等,2016b. 基于空间约束 Student's-t 混合模型的模糊聚类图像分割[J]. 控制与决策,31(11):2065-2070.

赵泉华,石雪,王玉,等,2017. 可变类空间约束高斯混合模型遥感图像分割[J]. 通信学报,38(2):34-43.

赵泉华,高郡,赵雪梅,等,2018. 结合 KL 距离与图像域分块的 SAR 图像分割[J]. 控制与决策,33(10):1767-1774.

赵晓晴,刘景鑫,张海涛,等,2019. 色彩空间变换和基于距离变换的分水岭算法在白细胞图像分割中的应用[J]. 中国医疗设备,34(7):5-9.

郑彩侠,张同舟,孙长江,等,2018. 图像分割方法在医学领域中的应用[J]. 中国医疗设备,33(6):1-5,11.

周莉莉,姜枫,2017. 图像分割方法综述研究[J]. 计算机应用研究,34(7):1921-1928.

朱峰,罗立民,宋余庆,等,2011. 基于自适应空间邻域信息高斯混合模型的图像分割[J]. 计算机研究与发展,48(11):2000-2007.

ANDRIEU C,FREITAS N D,DOUCET A,et al,2003. An introduction to MCMC for machine learning [J]. Machine Learning,50(1):5-43.

ASKARI G,XU A G,LI Y,2013. Automatic determination of number of homogeneous regions in SAR images utilizing splitting and merging based on a reversible jump MCMC algorithm[J]. Journal of the Indian Society of Remote Sensing,41(3):509-521.

BAN Z, CHEN Z, LIU J, 2018. Supervoxel segmentation with voxel-related Gaussian mixture model [J]. Sensors,18(2):128.

BANERJEE A,MAJI P,2017. Spatially constrained Student's-t distribution based mixture model for robust image segmentation[J]. Journal of Mathematical Imaging and Vision,60(3):1-27.

BHUYAN M K, 2019. Computer Vision and Image Processing: Fundamentals and Applications[M]. Boca Raton,Florida:Chemical Rubber Company(CRC) Press.

BI H, TANG H, YANG G, et al, 2018. Accurate image segmentation using Gaussian mixture model with saliency map[J]. Pattern Analysis and Applications,21(3):869-878.

BISHOP C M,2006. Pattern recognition and machine learning[M]. Berlin,Germany:Springer.

BLEKAS K, LIKAS A, GALATSANOS N P, et al, 2005. A spatially constrained mixture model for image segmentation[J]. IEEE Transactions on Neural Networks,16(2):494-498.

BOUDAREN M E Y, AN L, PIECZYNSKI W, 2016. Unsupervised segmentation of SAR images using Gaussian mixture hidden evidential Markov fields[J]. IEEE Geoscience and Remote Sensing Letters,13(12):1-5.

BOUGUILA N,ZIOU D,2010. A Dirichlet process mixture of generalized Dirichlet distributions for proportional data modeling[J]. IEEE Transactions on Neural Networks,21(1):107-122.

BOUROUIS S, MASHRGY M A, BOUGUILA N, 2014. Bayesian learning of finite generalized inverted Dirichlet mixtures: application to object classification and forgery detection[J]. Expert Systems with Application,41(5):2329-2336.

CHEN G,WENG Q,HAY G J,et al,2018. Geographic object-based image analysis(GEOBIA):emerging trends and future opportunities[J]. GIScience and Remote Sensing,55(2):159-182.

COMER M L,DELP E J,2000. The EM/MPM algorithm for segmentation of textured images: analysis and further experimental results[J]. IEEE Transactions on Image Processing,9(10):1731-1744.

DELLAPORTAS P,PAPAGEORGIOU I,2006. Multivariate mixtures of normals with unknown number of components [J]. Statistics and Computing,16(1):57-68.

DEMPSTER A,1977. Maximum likelihood from incomplete data via the EM algorithm[J]. Journal of the Royal Statistical Society,Series B,39(1):1-38.

DENG H,CLAUSI D A, 2004. Unsupervised image segmentation using a simple MRF model with a new implementation scheme[J]. Pattern Recognition,37(12):2323-2335.

DIPLAROS A,VLASSIS N,GEVERS T,2007. A spatially constrained generative model and an EM algorithm for image segmentation[J]. IEEE Transactions on Neural Networks,18(3):798-808.

FAN A C,FISHER J W,KANE J,et al,2007. MCMC curve sampling and geometric conditional simulation [C]//International Conference on Medical Image Computing and Computer-assisted Intervention. Brisbane, Australia:Springer-Verlag:477-485.

FLETCHER R,REEVES C M,1964. Function minimization by conjugate gradients[J]. Computer Journal,7: 149-154.

GAO G,WEN C,WANG H,2016. Fast and robust image segmentation with active contours and Student's-t mixture model[J]. Pattern Recognition,63:71-86.

GEMAN S, GEMAN D, 1984. Stochastic relaxation, Gibbs distributions, and the Bayesian restoration of images[J]. IEEE Transactions on Pattern Analysis and Machine Intelligence, 6(6):721-741.

GILKS W R,RICHARDSON S,SPIEGELHALTER D J,1996. Markov chain Monte Carlo in Practice [M]. London:Chapman and Hill.

GOODMAN N R,1963. Statistical analysis based on a certain multivariate complex Gaussian distribution(An introduction)[J]. Annals of Mathematical Statistics,34(1):152-177.

GREEN P J,1995. Reversible jump Markov chain Monte Carlo computation and Bayesian model determination [J]. Biometrika,82(4):711-732.

GREEN P J,LATUSZYNSKI K,PEREYRA M,et al,2015. Bayesian computation:a summary of the current state,and samples backwards and forwards[J]. Statistics and Computing,25(4):835-862.

HAGER W W,PARK S,2004. The gradient projection method with exact line search[J]. Journal of Global Optimization,30(1):103-118.

HASTINGS W K,1970. Monte Carlo sampling methods using Markov chains and their applications [J]. Biometrika,57(1):97-109.

HEDHLI I,MOSER G,SPERPICO S B,et al,2017. Classification of multisensor and multiresolution remote sensing images through hierarchical Markov random fields [J]. IEEE Geoscience and Remote Sensing Letters,14(12):2448-2452.

HOU Y,YANG Y,Rao N,et al,2011. Mixture model and Markov random field-based remote sensing image unsupervised clustering method[J]. Opto-Electronics Review,19(1):83-88.

HU C, FAN W, DU J, 2017. Model-based segmentation of image data using spatially constrained mixture models[J]. Neurocomputing,283:214-227.

JEONG J, YANG C, KIM T, 2015. Geo-Positioning accuracy using multiple-satellite images: IKONOS, QuickBird,and KOMPSAT-2 stereo images[J]. Remote Sensing,7(4):4549-4564.

JI Z,XIA Y,SUN Q,et al,2014a. Adaptive scale fuzzy local Gaussian mixture model for brain MR image segmentation[J]. Neurocomputing,134:60-69.

JI Z,LIU J,CAO G,et al,2014b. Robust spatially constrained fuzzy c-means algorithm for brain MR image segmentation[J]. Pattern Recognition,47(7):2454-2466.

JI Z,HUANG Y,XIA Y,et al,2017. A robust modified Gaussian mixture model with rough set for image segmentation[J]. Neurocomputing,266:550-565.

KATO Z,2008. Segmentation of color images via reversible jump MCMC sampling[J]. Image and Vision Computing,26(3):361-371.

KAUT H,SINGH R,2016. A review on image segmentation techniques for future research study [J]. International Journal of Engineering Trends and Technology,35(11):504-505.

KIM H C,GHAHRAMANI Z,2007. Bayesian Gaussian process classification with the EM-EP algorithm [J].

IEEE Transactions on Pattern Analysis and Machine Intelligence,28(12):1948-1959.

LAMBERT P C,DICKMAN P W,WESTON C L,et al,2010. Estimating the cure fraction in population-based cancer studies by using finite mixture models[J]. Journal of the Royal Statistical Society,59(1):35-55.

LAND K C,2001. Introduction to the special issue on finite mixture models[J]. Sociological Methods and Research,29(3):275-281.

LI S Z,2009. Markov random field modeling in image analysis[M]. New York:Springer-Verlag.

LI Y,LI J,CHAPMAN M A,2010. Segmentation of SAR intensity imagery with a Voronoi tessellation, Bayesian inference,and reversible jump MCMC algorithm[J]. IEEE Transactions on Geoscience and Remote Sensing,48(4):1872-1881.

LI X L,ZHAO Q H,et al,2019. Multilook SAR intensity image segmentation based on Voronoi tessellation and Gamma mixture model[J]. Remote Sensing Letters,10(3):254-263.

LONG T,JIAO W,HE G,et al,2014. Automatic line segment registration using Gaussian mixture model and expectation-maximization algorithm[J]. IEEE Journal of Selected Topics in Applied Earth Observations and Remote Sensing,7(5):1688-1699.

LV J,WU Y,CHEN X,2016. Segmentation optimization simulation of water remote congestion image of the ship[J]. Multimedia Tools and Applications,76(19):1-16.

MALLOULI F,2019. Robust EM algorithm for Iris segmentation based on mixture of Gaussian distribution [J]. Intelligent Automation and Soft Computing,25(2):243-248.

MARROQUÍN J L,BOTELLO S,CALDERÓN F,et al,2000. The MPM-MAP algorithm for image segmentation [C]//Proceedings 15th International Conference on Pattern Recognition ICPR-2000. Barcelona,Spain:IEEE: 303-308.

MCLACHLAN G J,MCGIFFIN D,1994. On the role of finite mixture models in survival analysis [J]. Statistical Methods in Medical Research,3(3):211-226.

MCLACHLAN G J,PEEL D,2000. Finite mixture models[M]. New York:John Wiley and Sons.

MCLACHLAN G J,KRISHNAN T,2017. The EM algorithm and extensions 2nd[M]. Hoboken,New York: John Wiley and Sons.

METROPOLIS N,ULAM S,1949. The Monte Carlo method[J]. Journal of the American Statistical Association,44: 335-341.

NAIK D,SHAH P,2014. A review on image segmentation clustering algorithms[J]. International Journal of Computer Science and Information Technology,5(3):3289-3293.

NGUYEN T M,WU Q M J,AHUJA S,2010. An extension of the standard mixture model for image segmentation[J]. IEEE Transactions on Neural Networks,21(8):1326-1338.

NGUYEN T M,WU Q M J,2011. Dirichlet Gaussian mixture model:application to image segmentation [J]. Image and Vision Computing,29(12):818-828.

NGUYEN T M,WU Q M J,2012. Robust Student's-t mixture model with spatial constraints and its application in medical image segmentation[J]. IEEE Transactions on Medical Imaging,31(1):103-116.

NGUYEN T M,WU Q M J,MUKHERJEE D,et al,2013a. A finite mixture model for detail-preserving image segmentation[J]. Signal Processing,93(11):3171-3181.

NGUYEN T M,WU Q M J,2013b. Fast and robust spatially constrained Gaussian mixture model for image segmentation[J]. IEEE Transactions on Circuits and Systems for Video Technology,23(4):621-635.

NIKOU C,GALATSANOS N P,LIKAS A C,2007. A class-adaptive spatially variant mixture model for image segmentation[J]. IEEE Transactions on Image Processing,16(4):1121-1130.

NIKOU C,LIKAS A C,GALATSANOS N P,2010. A Bayesian framework for image segmentation with spatially varying mixtures[J]. IEEE Transactions on Image Processing,19(9):2278-2289.

NIKOU C,GALATSANOS N,LIKAS A,et al,2015. Image segmentation with a class-adaptive spatially constrained mixture model[C]//14th European Signal Processing Conference. Florence,Italy:IEEE:1-5.

NOCEDAL J,WRIGHT S J,2006. Numerical Optimization[M]. New York:Spring.

PAL N R,PAL S K,1993. A review on image segmentation[J]. Pattern Recognition,26(9):58.

PAPASTAMOULIS P, ILIOPOULOS G, 2009. Reversible jump MCMC in mixtures of normal distributions with the same component means[J]. Computational Statistics and Data Analysis,53(4):900-911.

PAPADIMITRIOU K,SFIKAS G,NIKOU C,2018. Tomographic image reconstruction with a spatially varying Gamma mixture prior[J]. Journal of Mathematical Imaging and Vision,60(3):1-11.

POLAK E,RIBIERE G,1969. Note sur la convergence de methodes de directions conjuguees[J]. Revue Francaise d' Informatique et de Recherche Operationnelle,16:35-43.

SALADI S,PRABHA A N,2018. MRI brain segmentation in combination of clustering methods with Markov random field[J]. International Journal of Imaging Systems and Technology,28(3):207-216.

SANJAY-GOPAL S,HEBERT T J,1998. Bayesian pixel classification using spatially variant finite mixtures and the generalized EM algorithm[J]. IEEE Transactions on Image Processing,7(7):1014-1028.

SINGH J P,BOUGUILA N,2017. Spatially constrained non-Gaussian mixture model for image segmentation [C]//30th Canadian Conference on Electrical and Computer Engineering(CCECE). Windsor,Canda:IEEE: 1-4.

SOILLE P,1999. Morphological image analysis:principles and applications[J]. Sensor Review,28(5):800-801.

SONG W,LI M,ZHANG P,et al,2017. Unsupervised PolSAR image classification and segmentation using Dirichlet process mixture model and Markov random fields with similarity measure[J]. IEEE Journal of Selected Topics in Applied Earth Observations and Remote Sensing,10(8):3556-3568.

SUN J,ZHOU A,KEATES S,et al,2018. Simultaneous Bayesian clustering and feature selection through Student's-t mixtures model[J]. IEEE Transactions on Neural Networks and Learning Systems,29(4): 1187-1199.

TITTERINGTON D M,SMITH A F M,MAKOV U E,1985. Statistical analysis of finite mixture distributions [M]. Hoboken,New Jersey:Wiley.

TU Z,ZHU S C,2001. Image segmentation by data-driven Markov chain Monte Carlo[J]. IEEE Transactions on Pattern Analysis and Machine Intelligence,24(5):131-138.

WANG Y,LI Y,ZHAO Q H,2015. Segmentation of high-resolution SAR image with unknown number of classes based on regular tessellation and RJMCMC algorithm[J]. International Journal of Remote Sensing,36 (5):1290-1306.

WEI X,LI C,2012. The infinite Student's t-mixture for robust modeling[J]. Signal Processing,92(1):224-234.

WU Y,YANG X,CHAN K L,2003. Unsupervised color image segmentation based on Gaussian mixture model [C]// Conference on Joint Conference of the Fourth International Conference on Information,Communications and Signal Processing. Singapore:IEEE:541-544.

XIONG T,YI Z,ZHANG L,2013. Grayscale image segmentation by spatially variant mixture model with Student's-t distribution[J]. Multimedia Tools and Applications,72(1):167-189.

XU L L,WONG A,CLAUSI D A,2017. An enhanced probabilistic posterior sampling approach for synthesizing SAR imagery with sea ice and oil spills[J]. IEEE Geoscience and Remote Sensing Letters,14 (2):188-192.

ZHANG Y,BRADY M,SMITH S,2002. Segmentation of brain MR images through a hidden Markov random field model and the expectation-maximization algorithm[J]. IEEE Transactions on Medical Imaging,20(1): 45-57.

ZHANG Z,CHAN K L,WU Y,et al,2004. Learning a multivariate Gaussian mixture model with the reversible jump MCMC algorithm[J]. Statistics and Computing,14(4):343-355.

ZHANG H,WU Q M J,NGUYEN T M,2013a. Image segmentation by a new weighted Student's-t mixture model[J]. IET Image Processing,7(3):240-251.

ZHANG H,WU Q M J,NGUYEN T M,2013b. Incorporating mean template into finite mixture model for image segmentation[J]. IEEE Transactions on Neural Networks and Learning Systems,24(2):328-335.

ZHANG H,WU Q M J,NGUYEN T M,et al,2014a. Synthetic aperture radar image segmentation by modified Student's-t mixture model[J]. IEEE Transactions on Geoscience and Remote Sensing,52(7):4391-4403.

ZHANG H,WU Q M J,NGUYEN T M,2014b. Image segmentation by Dirichlet process mixture model with generalized mean[J]. IET Image Processing,8(2):103-111.

ZHAO J,ZHANG Y,DING Y,et al,2013. Accelerated Gaussian mixture model and its application on image segmentation[J]. Proceedings of SPIE-The International Society for Optical Engineering,8768:31.

ZHAO Q H,LI X L,LI Y,2017. Multilook SAR image segmentation with an unknown number of clusters using a Gamma mixture model and hierarchical clustering[J]. Sensors,17(5):1114.

ZHOU Z,ZHENG J,DAI Y,et al,2014. Robust non-rigid point set registration using Student's-t mixture model[J]. PLoS ONE,9(3):e91381.

ZHU H,PAN X,2016. Robust fuzzy clustering using nonsymmetric student's t finite mixture model for MR image segmentation[J]. Neurocomputing,175:500-514.

附录 A　变量和数学符号注释表

变量或数学符号	注释	变量或数学符号	注释
A	Gibbs 分布归一化常数	x_i	第 i 个数据值/像素 i 的光谱测度
A'	二维坐标点	x_{id}	波段 d 像素 i 的光谱测度
$\mathbf{A}$	$n\times n$ 对称正定矩阵	$\mathbf{Y}$	像素子区域标号随机场
$a(\cdot)$	接受率	Y_i	像素 i 子区域标号随机变量
$\text{argmax}\{\cdot\}$	最大化求参数函数	$\boldsymbol{y}$	像素子区域标号集合
B	多项式分布的实现数	y_i	像素 i 的子区域标号
B'	二维坐标点	$\mathbf{Z}$	不可观测随机场/隐含随机场/目标区域标号随机场
$\boldsymbol{b}$	$n\times 1$ 向量	Z_i	第 i 个隐含变量/像素 i 的目标区域标号随机变量
$\boldsymbol{C}$	像素的空间域	$\boldsymbol{z}$	隐含数据集/像素目标区域标号集
C'	二维坐标点	$\boldsymbol{z}_i$	第 i 个隐含数据/像素 i 的目标区域标号集
$\boldsymbol{c}$	指示标号集	z_i	像素 i 的目标区域标号
$\boldsymbol{c}_i$	像素 i 的指示标号集	$\boldsymbol{\alpha}$	形状参数集
c_{il}	像素 i 关于类别 l 的指示标号	$\boldsymbol{\alpha}^*$	候选形状参数集
D	维度数/波段数	$\boldsymbol{\alpha}_l$	组分 l 形状参数集
D'	二维坐标点	$\boldsymbol{\alpha}_l^*$	组分 l 候选形状参数集
d	维度索引/波段索引	α_l	组分 l 形状参数
$\boldsymbol{d}$	搜索方向集	α_l^*	组分 l 候选形状参数
$\boldsymbol{d}_{\boldsymbol{\Psi}}$	模型参数集 $\boldsymbol{\Psi}$ 的搜索方向集	α_{lj}	组分 l 内分量 j 形状参数
$\boldsymbol{d}_{\boldsymbol{w}}$	分量权重的搜索方向集	α_{lj}^*	组分 l 内分量 j 候选形状参数
$\boldsymbol{d}_{\boldsymbol{\mu}}$	均值矢量的搜索方向集	$\tilde{\alpha}$	形状参数估计值
$\boldsymbol{d}_{\boldsymbol{\Sigma}}$	协方差的搜索方向集	$\boldsymbol{\beta}$	尺度参数集合
$\boldsymbol{d}_{\boldsymbol{v}}$	自由度的搜索方向集	β_l	组分 l 尺度参数
d_η	平滑系数的搜索方向	β_l^*	组分 l 候选尺度参数
$\text{dist}(\cdot)$	欧式距离函数	β_{lj}	组分 l 内分量 j 尺度参数
E'	二维坐标点	$\tilde{\beta}$	尺度参数估计值
$E(\cdot)$	期望	$\boldsymbol{\delta}$	狄利克雷分布参数集
$E_{N^0}(\cdot)$	标准正态分布的期望	$\boldsymbol{\delta}_i$	像素 i 的狄利克雷分布参数集
$E_N(\cdot)$	高斯分布的期望	δ_{li}	狄利克雷分布参数
$E_G(\cdot)$	伽马分布的期望	γ_l	组分 l 的混合权重集

续表

变量或数学符号	注释	变量或数学符号	注释
$E_{HMM}(\cdot)$	层次化混合模型的期望	γ_{lij}	像素 i 在组分 l 内分量 j 混合权重
$E_{HGMM}(\cdot)$	层次化高斯混合模型的期望	$\boldsymbol{\eta}$	平滑系数集合
$E_{HGaMM}(\cdot)$	层次化伽马混合模型的期望	η_{lg}	在方向 g 上组分 l 的平滑系数
e	收敛误差	η	Gibbs 分布平滑系数
e_{li}	组分权重误差	η_l	组分 l 的平滑系数
e_μ	均值估计值误差	γ	泊松分布均值
e_σ	标准差估计值误差	ϕ_i	Jensen 不等式内权重
$\exp(\cdot)$	指数函数	$\boldsymbol{\mu}$	均值集合/均值矢量集合
$f(\cdot)$	函数	$\boldsymbol{\mu}_l$	组分 l 均值矢量
G	总方向数	μ_l	组分 l 均值
g	空间方向索引	μ_{ld}	波段 d 组分 l 均值
$\boldsymbol{g}$	梯度集	$\boldsymbol{\mu}_{lj}$	组分 l 内分量 j 均值矢量
$\boldsymbol{g}_{\boldsymbol{\Psi}}$	参数集 $\boldsymbol{\Psi}$ 的梯度集	μ_{lj}	组分 l 内分量 j 均值
$\boldsymbol{g}_{\boldsymbol{\pi}}$	组分权重的梯度集	μ_α	形状参数均值
$\boldsymbol{g}_{\boldsymbol{w}}$	分量权重的梯度集	μ_β	尺度参数均值
$\boldsymbol{g}_{\boldsymbol{\mu}}$	均值的梯度集	$\tilde{\mu}$	均值估计值
$\boldsymbol{g}_{\boldsymbol{\sigma}}$	方差的梯度集	$\hat{\mu}$	矩估计均值估计值
$\boldsymbol{g}_{\boldsymbol{\Sigma}}$	协方差的梯度集	$\boldsymbol{\pi}$	组分权重集
$\boldsymbol{g}_{\boldsymbol{v}}$	自由度的梯度集	$\boldsymbol{\pi}_i$	第 i 个数据组分权重/像素 i 的组分权重集
$\boldsymbol{g}_{\boldsymbol{\eta}}$	平滑系数的梯度	π_{li}	组分 l 内像素 i 权重
H	随机变量	$\tilde{\pi}_{li}$	组分权重的预测值
h	随机变量 H 的实现	$\boldsymbol{\pi}^*$	候选组分权重集
h_i	第 i 个真实值	$\boldsymbol{\pi}_i{}^*$	像素 i 的候选组分权重集
$h(\cdot)$	模型拟合值	π_v	组分权重采样增量
IT	总迭代数	π	圆周率
i	数据索引/像素索引	$\pi(\cdot)$	细致平稳分布
i'	邻域像素索引	$\boldsymbol{\theta}$	分量参数集
$J(\cdot)$	损失函数	$\boldsymbol{\theta}_l$	组分 l 内分量参数集
j	子区域索引/分量索引	$\boldsymbol{\theta}_{lj}$	组分 l 内分量 j 的参数集
$\boldsymbol{K}$	随机变量 Z_i 的状态空间/组分标号状态空间	ρ_{li}	分量权重的拉格朗日乘子
k	目标区域数/类别数/组分数	ρ_i	组分权重的拉格朗日乘子
k^*	候选组分数	$\boldsymbol{\sigma}^2$	方差集合
$\mathrm{kurt}(\cdot)$	峰度	$\boldsymbol{\sigma}_{\boldsymbol{\Omega}}{}^2$	生成组分候选参数的方差
$L(\cdot)$	对数似然函数	$\sigma_l{}^2$	组分 l 的方差
l	目标区域索引/类别索引/组分索引	$\sigma_{lj}{}^2$	组分 l 内分量 j 的方差
$\ln(\cdot)$	对数函数	σ_α	形状参数采样的标准差

续表

变量或数学符号	注释	变量或数学符号	注释
$\boldsymbol{M}$	随机变量 Y_i 的状态空间/分量标号状态空间	$\sigma_{ld}{}^2$	维度 d 组分 l 方差
m	子区域数/分量数	σ_β	尺度参数的标准差
$\min\{\cdot\}$	最小值函数	$\tilde{\sigma}$	标准差的估计值
$\boldsymbol{N}_i$	像素 i 的邻域像素索引集合	$\hat{\sigma}$	矩估计标准差估计值
$\boldsymbol{N}_{ig}$	方向 g 上像素 i 的邻域像素索引集合	$\boldsymbol{\xi}$	多项式分布参数集
$N(\cdot)$	高斯分布/正态分布	$\boldsymbol{\xi}_i$	像素 i 的多项式分布参数集
n	像素数	ξ_{li}	多项式分布参数
$\boldsymbol{O}$	随机变量 X_i 的状态空间/像素光谱测度状态空间	κ	随机变量
o	像素光谱测度状态空间内最大值	ζ	随机变量
$p(\cdot)$	概率分布	λ	步长
$p_l(\cdot)$	组分概率分布	$\boldsymbol{\upsilon}$	自由度参数集合
$p_{lj}(\cdot)$	分量概率分布	υ_l	组分 l 自由度参数
$p_{lj}{}^{\mathrm{G}}(\cdot)$	高斯分量概率分布	υ_{lj}	组分 l 内分量 j 自由度参数
$p_{lj}{}^{\mathrm{Ga}}(\cdot)$	伽马分量概率分布	χ	共轭系数
$p_{lj}{}^{\mathrm{mG}}(\cdot)$	多元高斯分量概率分布	χ^+	PR 共轭系数
$p_{lj}{}^{\mathrm{mS}}(\cdot)$	学生 t 分量概率分布	$\boldsymbol{\Sigma}$	协方差集合
$Q(\cdot)$	目标函数	$\boldsymbol{\Sigma}_l$	组分 l 协方差矩阵
$Q_w(\cdot)$	分量权重目标函数	$\boldsymbol{\Sigma}_{lj}$	组分 l 内分量 j 协方差矩阵
$Q_\pi(\cdot)$	组分权重目标函数	$\boldsymbol{\Psi}$	模型参数集
q	标准正态分布原点矩阶数	$\boldsymbol{\Psi}_i$	像素 i 的模型参数集
$q(\cdot)$	马尔可夫链转移核函数	$\hat{\Psi}$	模型参数估计值
R	接受率系数	$\boldsymbol{\Omega}$	组分参数集
r	原点矩阶数	$\boldsymbol{\Omega}_l$	组分 l 参数集
S_{li}	平滑因子	$\boldsymbol{\Omega}^*$	候选组分参数集
$\boldsymbol{s}$	待求 $n\times1$ 向量	$\boldsymbol{\Omega}_l{}^*$	候选组分 l 参数集
s	半径	$\Phi(\cdot)$	Digamma 函数
s_α	形状参数采样半径	$\Gamma(\cdot)$	伽马函数
$\mathrm{skew}(\cdot)$	偏度	$\|\cdot\|$	对矩阵取行列式的运算符
T	转置符号	$\in$	属于
T	温度系数	$\#$	计算集合内元素数符号
t	迭代索引	$\rightarrow$	转移
$U(\cdot)$	能量函数	$\neq$	不等于
u	均匀分布采样值	∂	求偏导
u_{li}	像素 i 隶属于目标区域 l 的后验概率	∞	无穷大
$V(\cdot)$	势能函数	$\int$	积分
$\mathrm{Var}(\cdot)$	样本方差	$\propto$	近似于

续表

变量或数学符号	注释	变量或数学符号	注释
v_{lij}	像素 i 隶属于目标区域 l 内子区域 j 的后验概率	$\{\}$	集合
$\boldsymbol{w}$	分量权重集	$\mid$	条件
$\boldsymbol{w}_l$	组分 l 内分量权重集	$/$	除
w_{lij}	像素 i 隶属于目标区域 l 内子区域 j 的分量权重	Π	连乘
$\boldsymbol{X}$	可观测随机场/光谱测度随机场	Σ	求和
X_i	第 i 个随机变量/像素 i 光谱测度随机变量	$!$	阶乘
$\boldsymbol{x}$	随机场 $\boldsymbol{X}$ 实现/像素光谱测度集	$\geqslant$	大于等于
$\boldsymbol{x}_i$	第 i 个数据矢量/像素 i 的光谱测度矢量	∇	计算梯度符号

附录B　缩略语清单

缩略语	英文全称	中文译名
BIC	Bayesian Information Criterion	贝叶斯信息准则
DCM	Dirichlet Compound Multinomial	狄利克雷复合多项式
DEM	Digital Elevation Model	数字高程模型
EM	Expectation Maximization	最大化期望
GaMM	Gamma Mixture Model	伽马混合模型
GaMM-SC	GaMM Spatially Constraint	空间约束 GaMM
GD	Gradient Descent	梯度下降
GMM	Gaussian Mixture Model	高斯混合模型
MGMM-CD	Multivariate GMM Conjugation Direction	多元 GMM 和共轭方向
GMM-SF	GMM Smoothing Factor	GMM 和平滑因子
HGMM	Hierarchical GMM	层次化 GMM
HGaMM	Hierarchical GaMM	层次化 GaMM
HmGMM	Hierarchical multivariate GaMM	层次化多元 GMM
HmSMM	Hierarchical multivariate SMM	层次化多元 SMM
MCMC	Markov Chain Monte Carlo	马尔可夫链蒙特卡洛
MRF	Markov Random Field	马尔可夫随机场
MS	Multispectral	多光谱
PAN	Panchromatic	全色
RJMCMC	Reversible Jump MCMC	可逆跳 MCMC
SAR	Synthetic Aperture Radar	合成孔径雷达
SMM	Student's t Mixture Model	学生 t 混合模型
SWIR	Shortwave Infrared	短波红外波段